海南主要用材树种木材鉴定图谱

董晓娜　洪少友　陈毅青　陈飞飞　黄川腾　林　玲　编著

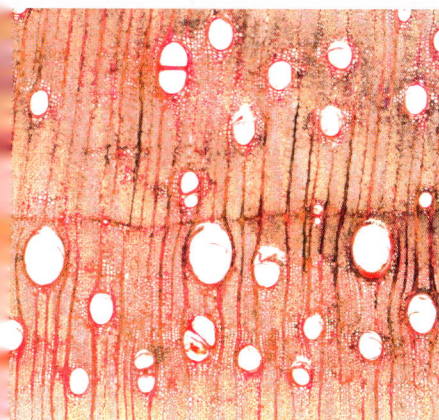

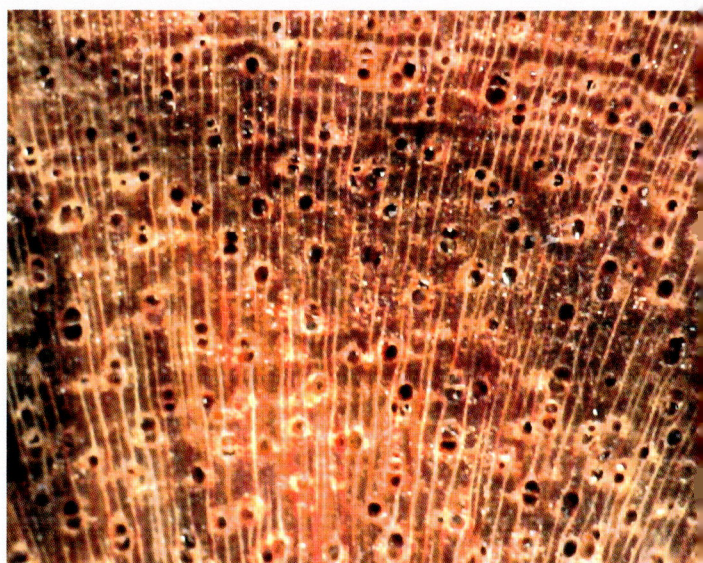

中国林业出版社
China Forestry Publishing House

图书在版编目（CIP）数据

海南主要用材树种木材鉴定图谱 / 董晓娜等编著.
-- 北京：中国林业出版社, 2023.12
ISBN 978-7-5219-2580-7

Ⅰ. ①海… Ⅱ. ①董… Ⅲ. ①主要树种—木材识别—
海南—图谱 Ⅳ. ①S781.1-64

中国国家版本馆CIP数据核字（2024）第023758号

策划编辑：许玮
责任编辑：许玮
装帧设计：刘临川

出版发行：中国林业出版社
　　　　　（100009，北京市西城区刘海胡同7号，电话010-83143576）
电子邮箱：cfphzbs@163.com
网址：https://www.cfph.net
印刷：河北京平诚乾印刷有限公司
版次：2023年12月第1版
印次：2023年12月第1次
开本：787mm×1092mm　1/16
印张：14.25
字数：340千字
定价：120.00元

编委会

本书编研出版得到以下项目支持：

海南省林业科学研究院（海南省红树林研究院）基础性科研工作（SQKY2022-0003）

内容说明

1. 本书主要介绍海南地区常见的特类材和一至四类材。每类材均配有文字说明和三切面图片。

2. 树种名称包括中文名和学名。

3. 本书中木材的宏观图片采用 Dino-lite AM7915 手持显微镜拍摄，显微图片为倒置荧光显微镜 EVOS M5000（4X）拍摄。

4. 为便于检索，书末配有中文名（拼音、笔画）、学名索引。

木材解剖分子及木材材性分级标准：

项目	等级					来源
树皮厚度（毫米）	薄，<4		中，4~10		厚，>10	《木材学》
髓心大小（毫米）	小，<5		中，5~10		大，>10	
管孔大小（毫米）	小，<0.1，肉眼可见或略可见		中，0.1~0.3，肉眼下不见至略明晰		大，>0.3，肉眼下明晰至显著	
管孔个数（个/毫米）	甚少，≤2	少，3~5	略少，6~20	略多，21~60	多，61~100	甚多，>100	《中国热带及亚热带木材》
木射线密度	稀，≤5	中，6~9	略密，10~13	密，14~20	甚密，>20	
木射线宽度（毫米）	细、极细，0.05~0.1，肉眼下不见至略明晰		中，0.1~0.2，肉眼下略明晰至明晰		宽，>0.2，肉眼下明晰至显著	《木材学》
木材重量(克/立方米)	轻，<0.5		中，0.5~0.8		重，>0.8	
木材硬度	软，指甲刻后有明显深痕		中，指甲刻划出现浅痕		硬，指甲刻划后无划痕或不明显	
木材结构	极细、很细	细	中等	较粗	很粗	
外皮形态	平滑或几近平滑（外皮不论老嫩都不开裂，不粗糙，也不呈鳞片状）	粗糙（外皮不平滑，但也不呈块状或沟状开裂，更不具凸起）	开裂 纵裂（开裂走向与树干方向一致）	横裂（开裂走向与树干方向垂直）纵横裂（块状裂）	凸刺（外皮具尖刺、鼓钉刺、瘤状凸起）皮孔	
木材腐朽力	极耐腐	耐腐性强	中等耐腐	耐腐	易腐	

木材结构：指组成木材的各种细胞大小的差异程度，常以细致度表示。如早、晚材急变的木材结构为不均匀，早、晚材缓变的木材结构均匀或略均匀。

木材纹理：指木材纵向细胞排列情况，有直纹理、斜纹理和乱纹理之分。

木材花纹：指木材结构、纹理等在木材纵切面上所表现的图案。直纹理常不显花纹，或为年轮等结构特征形成的条状花纹；乱纹理（不规则纹理）常呈波状、鸟眼状、卷曲状等各种花纹。

变色菌变色：木材真菌变色的一种，是渗入木材表面的变色菌变色。

单宁反应：单宁，是一种有机鞣酸，易溶于水，遇铬、锰、铁、铅等金属盐类能发生化学反应而变成带色的有机盐类。某些木材中含有单宁，所以可利用单宁来进行识别。

前　言

　　海南岛位于北纬18° 09′~20° 10′，东经111° 04′~103° 35′，为我国第二大岛，面积33556平方千米。海南地处低纬度，与大陆接近，又受海洋和大陆季风影响，与东南亚热带岛屿气候有所不同，年温差大，干、湿季分明，属稍带海洋性的热带季风岛屿气候。

　　海南岛植被多分布于海拔700m以上的山坡，介于山顶矮林、山谷热带雨林之间，为热带常绿林，是海南岛原始森林蓄积量最高的森林群落，在五指山、尖峰岭、吊罗山、霸王岭、七指岭、鹦哥岭、黎母岭等林区均有大面积分布。林相茂密整齐，林木高耸挺秀，有102科250属700多种，成为建群种的有37科133属436种。其中，最重要的有樟科Lauraceae、大戟科Euphorbiaceae、杜英科Elaeocarpaceae、龙脑香科Dipterocarpaceae青梅属 *Vatica* 和坡垒属 *Hopea*、山茶科Theaceae柯属 *Lithocarpus*、金缕梅科Hamamelidaceae蕈树属 *Altingia*、木兰科Magnoliaceae木兰属 *Magnolia*、桃金娘科Myrtaceae蒲桃属 *Syzygium* 及裸子植物罗汉松科Podocarpaceae陆均松属 *Dacrydium* 等，为海南岛热带雨林主要优势植物，构成海南岛热带雨林植物区系特色。

　　海南岛自古盛产优质木材，曾为人民大会堂、故宫等修建提供大量木材。1988年前，由于海南岛常住人口增加，民用建筑，尤其是渔业木船、养殖业渔排砍伐大量木材。1958年，大炼钢、砍树种胶，导致海南岛成熟林被毁坏殆尽。封山育林举措的实施终结了海南岛全岛木材的破坏性采伐，历经30多年的休养生息，如今海南岛森林覆盖率接近1958年前水平。

　　1966年2月由海南行政公署林业局组织林仰三等专家编写出版的《海南木材价格树种分类》，把海南有价值的木材分为六大类，269个商品材458个树种。特类有5个商品材5个树种，一类有28个商品材34个树种，二类有32个商品材48个树种，三类有67个商品材119个树种，四类有61个商品材104个树种，五类有76个商品材148个树种。

　　为了更好地利用海南岛木材，本书以1980年海南行政公署林业局木材检验员学习资料《海南商品材分类识别》（油印本）为蓝本，利用海南省林业科学研究院（海南省红树林研究院）木材标本馆现存馆藏标本，对152种海南珍贵木材进行木材结构观察，做到有书可查，有图可对，便于后续相关行业人员的使用。

　　全书共五章，152个树种，其中特类材5个树种，一类材24个树种，二类材29个树种，三类材56个树种，四类材38个树种。

　　本书着重论述木材识别的基本特征，主要包括树皮特征，木材宏观、微观特征，同时涉及与生产实际相关的木材性质和用途等。本书可供从事木材研究、教学、利用，林学、植物专业等有关人员参考。

　　本书编著时间仓促，编者学术水平有限，难免有错漏之处，敬请同行、专家批评指正！

编委会

2023年10月

目　录

第三章 二类材 ·· 041

第五章 四类材 ················· 145

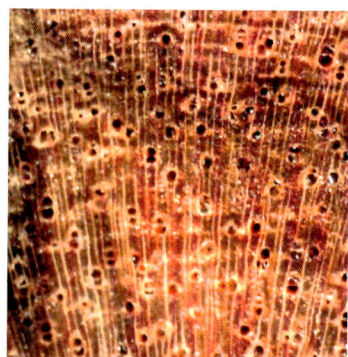

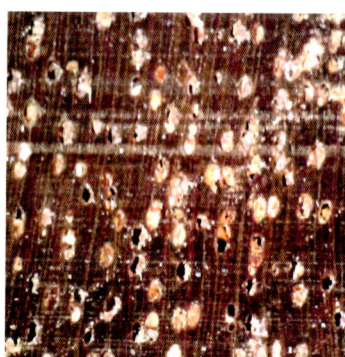

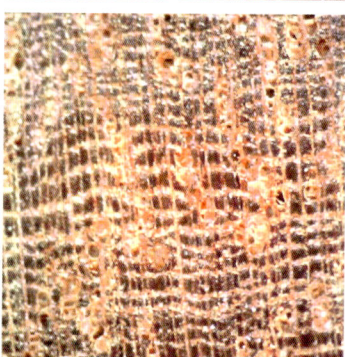

第一章 特类材

降香黄檀

Dalbergia odorifera T.Chen　　蝶形花科黄檀属

别名：降香、花梨木、花梨母、降香檀

树皮： 厚约5毫米，暗灰黄色，粗糙且有细槽纹，木栓不发达，石细胞不见，皮面灰黄，内皮黄褐色，韧皮纤维发达，可层分，剥开皮略具草腥气味，新枝圆柱形，略被柔毛，老时无毛，具密集黄色皮孔。

木材： 散孔材至半环孔材。心边材区别明显，界限分明。心材大（老龄树），约占直径的50%，紫棕色；边材黄色–稻草色，纵切面较淡。生长轮明显，年轮界通常分明。管孔大至中等大小，肉眼可见，10倍放大镜（以下简称10倍镜）下计算，单管孔占多数，复管孔普遍，局部占多数，以径向复管孔为主，由3~4个或4~6个管孔组成，有少数斜列；管孔团偶见，由3~4个管孔组成。管孔分散分布，年轮交界处局部呈弦向排列，年轮处局部显著少和小，可借以确定年轮界。管孔少，每平方毫米2~3个，侵填体偶见，呈强反光点，无色，显著；心材普遍具深红色似树胶的内含物，反光强，显著；弦切面上导管线肉眼可见，呈小沟，显微镜下偶见侵填体。薄壁组织丰富，肉眼可见，10倍镜下可判别，以傍管型为主，多数呈翼状和聚翼带状薄壁组织，在年轮内部较为显著，有时连成不规则的带；离管型的轮界薄壁组织稍比射线宽，常局部断续难区分；薄壁组织带不规则地分布于局部位置，通常轮末较为显著，长短不一，带数不定；星散薄壁组织呈小点和极短的细线，密布于年轮的局部位置，离管型常与傍管型相连。木射线叠生。单列射线少，多数为多列

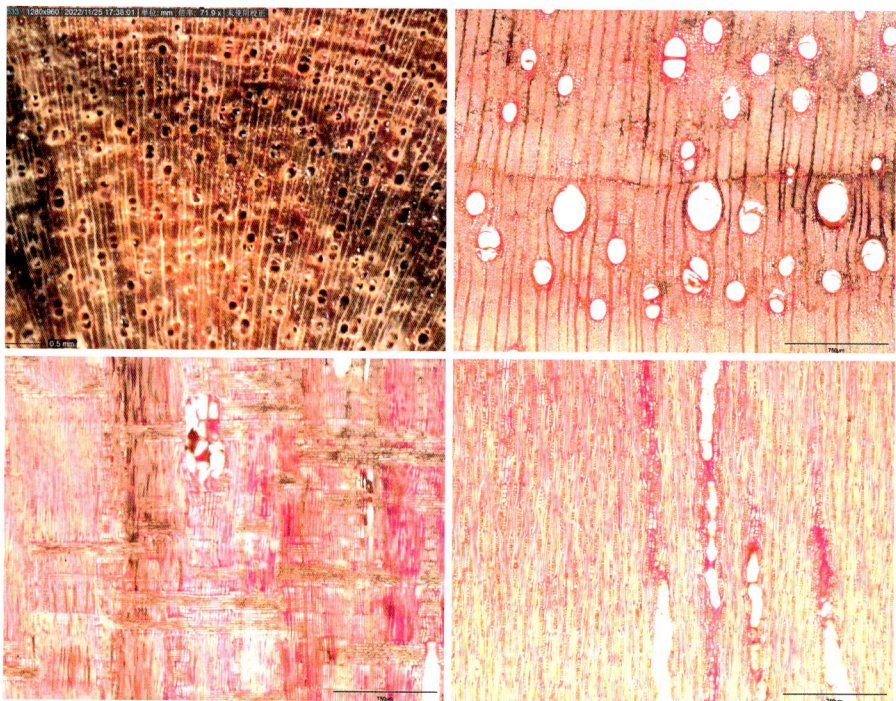

射线，宽2细胞。射线极窄，肉眼不见，10倍镜下易计算。射线大小一致，间距近等，很多，每毫米11~12条。弦切面上隐约可见，规整的层状排列（波痕）于10倍镜下清楚，射线色稍深，不显著，层与层的界限稍凹陷，每厘米约60层。

辅助特征：

（1）心材具香气，可以从打磨后嗅之，或用火烧嗅之。

（2）木材（心材）用火烧或烤之有油溢出（可提取降香油）。

（3）心材燃烧时灰烬为白色。

（4）手握（拿）木材较沉手感，比重为0.8~1.01克每立方厘米。

（5）板面或材身纹理清晰，木线流向分明，板具美丽的花纹、鬼脸、波状纹、涡纹、绸缎纹。

（6）木材因产地不同或树龄不同，有近淡黄、黄褐、黑褐、棕褐或紫褐等材色。

木材利用： 海南岛各地均可种植，岛外广西、广东等地亦有引种，但材质均不如原始森林中的花梨木材。木材纹理交错、结构细致，心材重至极重，加工稍难。各切面光滑，干燥后不开裂、不变形、极耐腐。纵切面、弦切面随部位不同，弦切面花纹变化多端，具光泽，生长轮呈现花纹颜色，深沉红润、瑰丽绚烂，随着各部位不同，切面有变化万端的花纹，十分雅致，且有百年不灭的香味。海南岛花梨木材多出自黎峒、黎母山、黎母山，当地居民多用于农用的牛犋、牛犁等农具，本地尚存有百年以上的桌椅和神龛、菩萨雕像。木材心材大，适于制作名贵家具、装饰、镶嵌乐器，制作精美工艺品。小料可制作各式各样的工艺品。

木材蒸馏的降香油，油味清香隽永，历久不挥发，可做香料上的定香剂。花梨木亦可药用，即为中药"降香"。

野荔枝

Litchi chinensis Sonn.

别名：山野枝、荔枝母

无患子科荔枝属

特类材 **02**

树皮： 厚3~5毫米，棕褐色至黑褐色。平滑无纤维，稍脆硬，一折就折。局部有细碎的薄片脱落，木栓不发达。皮面有红色、各色的斑点混杂，皮内浅红。石细胞砂粒状略作细密的层片状。大乔木，多具板根。

木材： 散孔材。心边材区别显著，界限不明显。心材大，约占直径的80%，深红褐色，纵切面同色；边材色较浅，纵切面同色。生长轮不明显，略现波浪形，因轮末有较深色纤维层略现，年轮界局部较难确定。髓心淡红褐色，圆形，直径约1毫米，结实。管孔中等大至小，肉眼隐约可见，10倍镜下易计算，单管孔占多数，复管孔普遍，局部占多数，以径向复管孔为主，由2~3个或5个管孔组成；管孔团偶见，由3~5个管孔组成。管孔常局部倾向于斜向排列，年轮末通常较少和小，局部显著，有助于确定年轮界。管孔中等多，每平方毫米9~10个。侵填体隐约可见，

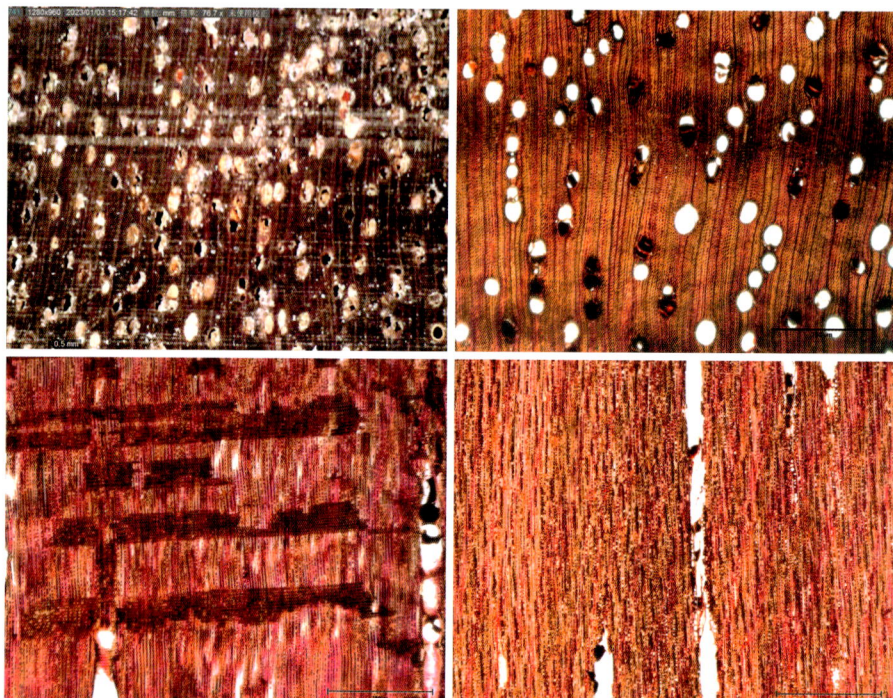

呈白点状，固体堆积物普遍，色为淡黄带褐；弦切面上导管线肉眼可见，呈小沟，10倍镜下偶见侵填体，乳白色且略反光，普遍具少量固体堆积物，局部较多，淡黄色带褐色，导管线上清楚可见管孔分子横隔。薄壁组织不丰富，肉眼不可见，10倍镜下可见傍管型为主，仅少数管孔具有环管薄壁组织，宽度比管孔小；离管型轮界薄壁组织不显著，偶见于局部轮界上。射线极窄，木射线非叠生，以单列射线为主，少数多列射线宽2细胞，肉眼不见，10倍镜下难计算。射线大小一致，间距不等，很多，每毫米12~14条；弦切面上隐约可见，10倍镜下也不清楚，局部倾向于呈层状构造，每厘米约20层。木材呈单宁反应，反应较慢，变化过程不明显，10倍镜下可观察，见管孔周围先变色，固定后黑色，纵向面上色较淡，见射线先变色。野荔枝易与细子龙混淆，细子龙色浅材稍轻、纵切面射线比野荔枝稍密。

木材利用： 纹理交错，结构细密，材质坚硬且极重甚韧。工较难，干燥后少开裂，稍有变形，极耐腐。切面平滑且略具光泽，材色略鲜明且美观，为特别密致且耐磨的强材。尤其适合做木船、桥梁、车辆机械器具、运动器械、上等家具、美术雕刻、细木工用料。

坡垒

Hopea hainanensis Merr. & Chun

龙脑香科坡垒属

别名：海梅、石梓公、坡雷、海南柯比木

树皮： 厚5~6毫米，淡黄褐色，略具腥甜气味。韧皮纤维发达，石细胞不见，韧、不易折断，能剥成长条。皮可层分。树皮横切面呈火焰状，树脂似青皮，而量甚少。

木材： 散孔材。心边材区别略明显，界限分明。心材大，约占直径的90%，浅棕褐色，纵切面色较淡且带黄，边材色较淡。生长轮不明显，因薄壁组织带存在，使年轮界常难确定。髓心淡棕色，圆形，直径约2毫米。管孔中等大小至小，肉眼隐约可见，10倍镜下易计算，单管孔占多数，复管孔普遍，以径向复管孔为主，由2~3个管孔组成，有少数斜向；管孔团常见，由3~5个管孔组成。管孔分散分布，局部常倾向于列和斜列，分布颇均匀，轮末梢较少，局部较显著，可借以确定年轮界。管孔很多，每平方毫米24~32个。木射线非叠生，单列射线少，多列射线宽2~5细胞。

木材利用： 纹理交错，结构密致，材质坚硬且极重甚韧。加工稍难，但各切面均平滑，干燥后少开裂且不变形。各切面显出油润的光泽，材色略鲜明，颇美观。极耐腐，为极珍贵的工业用材。适用范围广，可作桥梁、水工建筑、造船车辆、运动器械、机械木附件、上等家具、雕刻以及其他细木工等用材。当地过去为极贵重棺木用材，土埋地下四十余年仍无丝毫腐朽，一经刨去表面，复见其光泽。海南坡

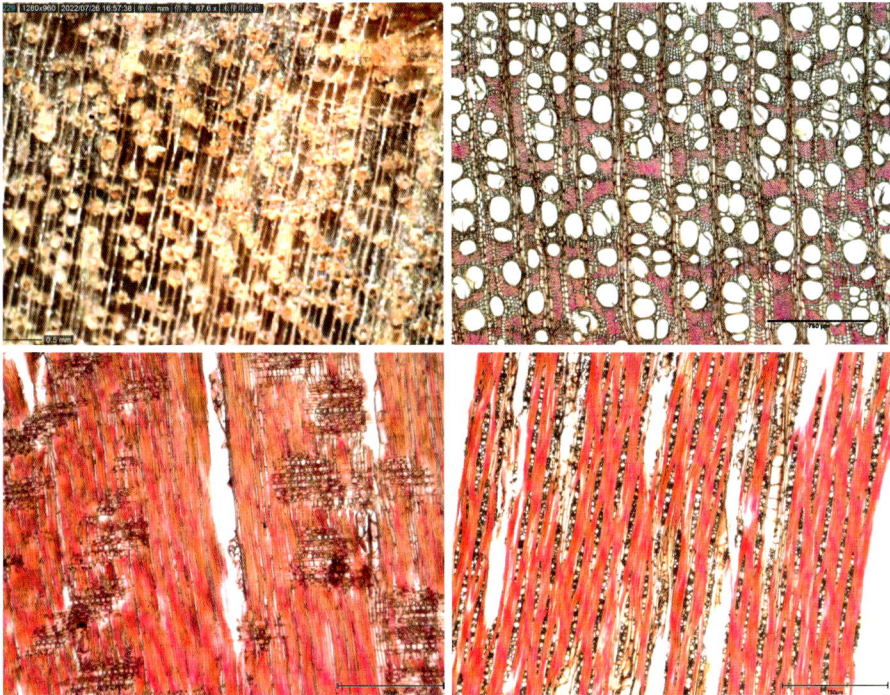

垒比青皮木材硬度大，耐水、耐浸、耐日晒，不受虫蛀。几乎与进口坤甸铁樟木
（*Eusideroxylon zwageri* Teijsm. & Binn.）材质相当，是海南极珍贵树种。

海南紫荆木

Madhuca hainanensis Chun & How

山榄科紫荆木属

别名：子京木、毛兰、胶根（尖峰）、海南马胡卡

\特类材/
04

树皮： 厚5~6毫米，皮面暗灰褐色或棕褐色，呈纵排的长方格裂，内皮褚褐色，砍开分泌浅黄白色黏性乳汁，略带甜味。外层石细胞脆、砂粒状，内层纤维质。原木材端外层有树胶凝聚。

木材： 散孔材。心边材区别显著，界限不分明。心材约占直径的70%，深红褐色，纵切面同色；边材棕褐色，纵切面色较淡。生长轮不明显，年轮界不分明，很难确定。髓心暗褐色，近圆形，宽近3毫米，结实。管孔小，肉眼不见，10倍镜下可计算。复管孔占多数，以径向复管孔为主，管孔倾向于火焰状排列，常呈径向和弯曲的斜向排列，多由4~7个管孔组成。管孔团仅偶见，由3~4个管孔组成。管孔

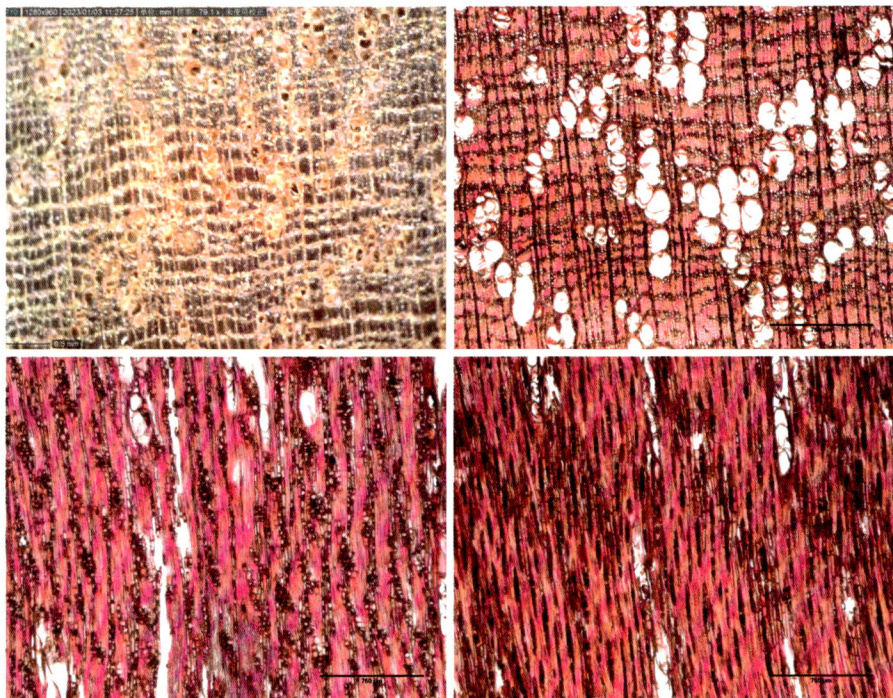

分布均匀，中等多，每平方毫米7~8个。侵填体偶见，反光，心材普遍具固体堆积物，深红褐色，少量呈黄白色。薄壁组织丰富，肉眼隐约可见，10倍镜下可判别，仅离管型。薄壁组织呈长短不一的纤细线，星散薄壁组织呈极短的细线和小点，不规则地分布于年轮中，通常稀疏，每毫米2~3行，局部比较明显地呈现出轮末或年轮处显著较疏，可借以确定年轮界。射线极窄，木射线非叠生，以单列射线为主，少数为多列射线，宽2细胞，肉眼不见，10倍镜下可计算。射线大小一致，间距近等，很多，每平方毫米15~17条，弦切面上，在10倍镜下可判别，不呈纺锤形。环管管胞不显著，10倍镜下可判别，仅少数管孔具有，似窄的环管薄壁组织，但比薄壁组织稍暗。

木材利用： 木材纹理交错，结构极密致且均匀，材质极韧且坚硬。加工困难，干燥后少开裂，但稍有变形，极耐腐。切面平滑，略具光泽，弦面色调均匀。心材大，边材材质也甚好，为少见的特好强材，亦为迄今已知的海南树种中最重者。木材的坚韧与光滑油润仅次于坡垒，为海南重要的商品材。适应范围广，尤其适于作强度要求很大的用材。过去用于制作炸药用之盅炸药用具，现多用于农机具、特种家具、运动器械、美术和工艺用材。立木砍后流出的胶质汁液可作电线原料；树皮含单宁，可提取栲胶，种子可榨油，作食用或工业用油。

母生

Homalium ceylanicum (Gardn.) Benth. 天料木科天料木属

别名：麻生、天料、龙角、海南天料、高根、摩天树

特类材 05

树皮： 厚4~6毫米，树皮面灰褐色，稍平滑、不脱落。大树树皮淡花生酸气（树叶酸气）。以石细胞为主，纤维不见或极少，石细胞长条状（牙签状）、刺手，生皮石细胞呈浅黄线条。

木材： 散孔材。心边材显著，界限分明。心材小，约占直径的30%。树龄越大心材越大，红褐色，纵切面同色；边材淡红棕色，纵切面同色。生长轮不明显，年轮界不分明，常难确定。髓心红褐色，圆形直径约1毫米，结实。管孔小，肉眼不见，10倍镜下可计算，复管孔占多数，以径向复管孔为主，由2~3个或4个管孔组成，偶见斜列；管孔团偶见，由3个小管孔组成。管孔分散分布，局部呈径向排列或倾向于此，分布均匀，在年轮末梢较少，局部略现纤维层，可借以确定年轮界。管孔很多，每平方毫米21~22个，侵填体偶见，呈极小反光点，心材局部有白色固体堆积物，局部普遍黄褐色。薄壁组织很不丰富，肉眼不见，10倍镜下可判别，仅傍管型，少数管孔具环管薄壁组织，并仅呈很窄的环或不完整环。射线极窄，木射线非叠生，单列射线少，以多列射线为主，宽2~5细胞，肉眼不见，10倍镜下可计算。射线大小一致，间距不等，很多，每毫米11~12条，弦切面上在10倍镜下才较清楚，不呈纺锤状。此外，白色固体堆积物呈碳酸钙反应，纵切面上相同。木材呈单宁反应，反应较慢，观察不出变化过程，固定后呈灰黑色，纵切面上较淡。

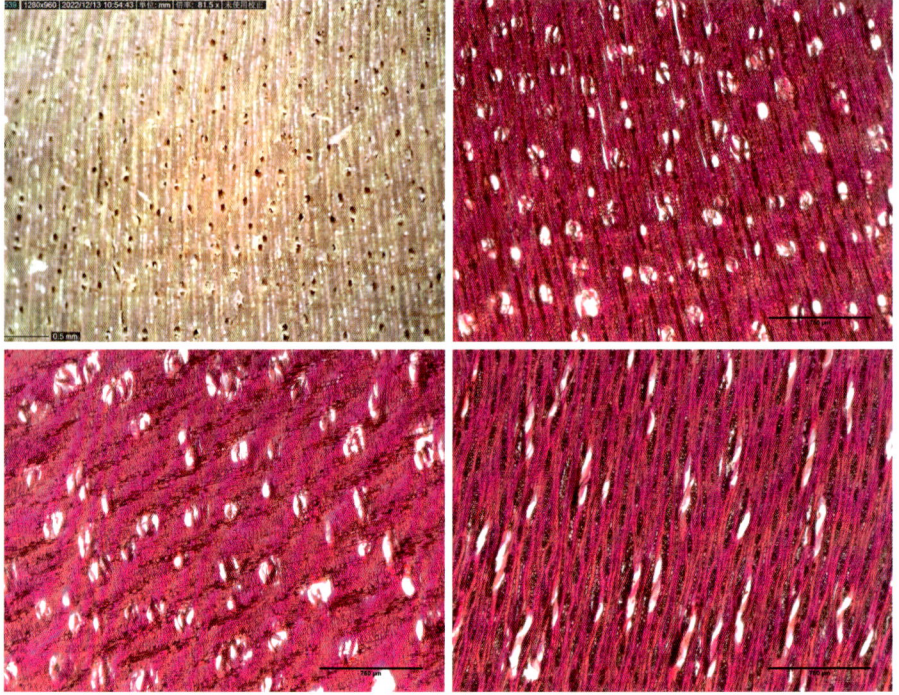

　　木材利用： 木材纹理交错，结构密致且均匀，木质坚硬，很重且韧。干燥后不开裂亦不变形，很耐腐。材色一致，切面具光泽且平滑，为珍贵的工业用材，为已发现的同科树种中最佳者。尤适合作为木船、水工柱木、车辆、地板等用材；家具、农具机械器具、运动器械用具、雕刻细木工用材亦佳。

　　辅助特征： 具创伤色斑（母生胆），灰色，导管线白色，太阳光下反光。

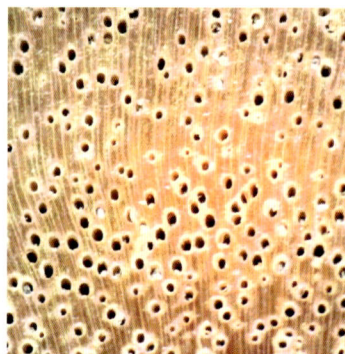

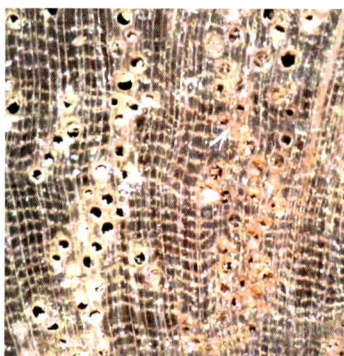

第二章 一类材

小叶罗汉松

Podocarpus pilgeri Foxw.

罗汉松科罗汉松属

\一类材/
01

别名: 小叶竹叶松(吊罗山)、短叶罗汉松、竹叶松

树皮: 皮薄,内皮粉红色,久变褐色,韧,可剥成长条,可层分。

木材: 暗淡红褐色带黄,纵切面较淡。生长轮略明显,但显得絮乱,每个年轮内常有1~2个不连续的假生长轮,使年轮很难确定。髓心暗红褐色,近星形,宽1毫米,松软。早晚材不明显,晚材率很低,且难确定。管胞在10倍镜下可见,随着早材至晚材过渡,大小变化不显著,弦切面上管胞壁反光强。木射线单列,射线极窄,肉眼不见,10倍镜下也不清楚。射线大小不一致,间距不等,每毫米8~11条,在弦切面上10倍镜下也难判别。

木材利用: 木材纹理通直,结构细致均匀。早晚材强度一致。木材有韧性,加工容易,干后不开裂、不变形、耐腐。油漆性能好,宜作家具门窗、地板、文化用具、乐器雕刻等用材。

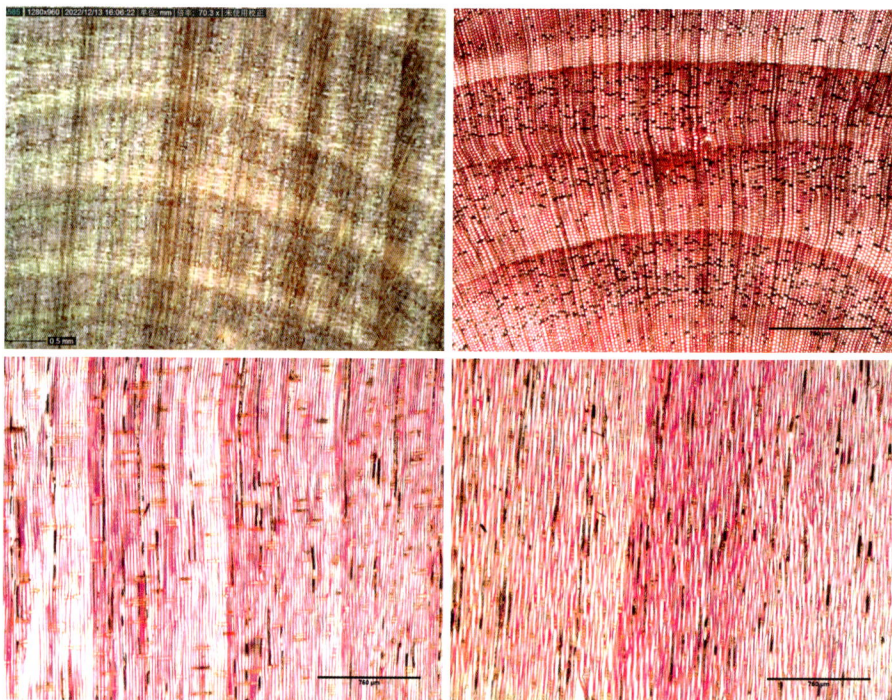

竹柏

Nageia nagi (Thunberg) Kuntze

别名：罗汉柴

罗汉松科竹柏属

\ 一 类 材 /
02

树皮：暗灰白色。

木材：纵切面淡红色，晚材稍深红色，生长轮明显。除少数具假年轮外，年轮界通常易于确定。早晚材明显，晚材率很低，局部可达 1/10。管胞腔 10 倍放大镜下可见，随着早材向晚材过渡，管胞腔变化不大，弦切面上管胞壁反光强。木射线单列，多数 5~15 个细胞。射线极窄，肉眼不见，10 倍镜下观察。纵切面分布颇密的含树脂的薄壁组织，呈小点状，多数纵向，红棕色显著。

木材利用：木材纹理通直，结构细致。材质颇软而轻，加工性能良好，干后不变形、不开裂，不很耐腐。纵切面平滑且具光泽，生长轮略现花纹，材色鲜淡且均匀，美观雅致。适合作门窗、地板、车轮器具等用材，尤适宜上等家具、天花板、高级箱盒、文具、乐器雕刻等用材。

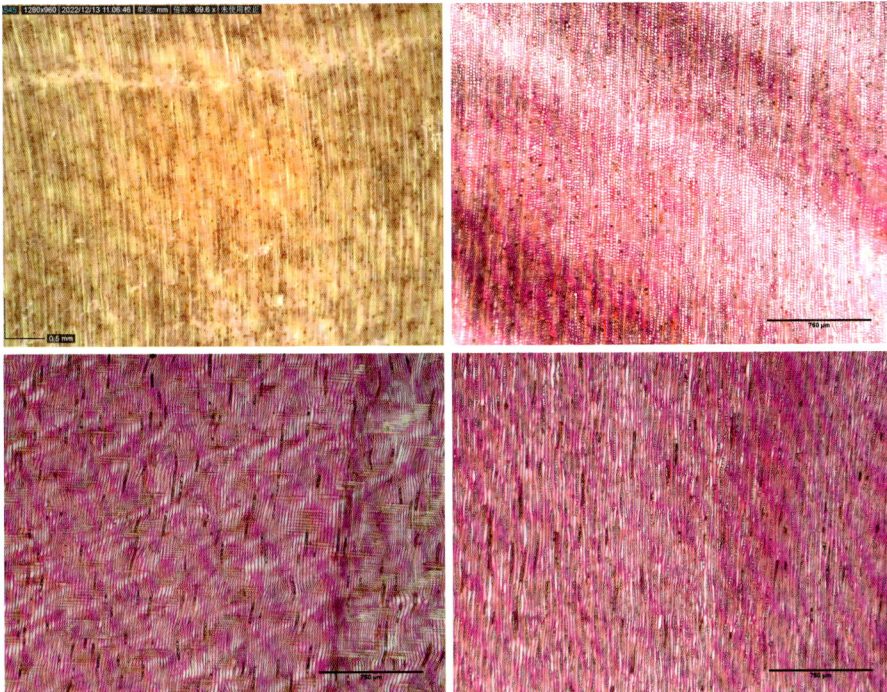

陆均松

Dacrydium pectinatum de Laubenfels 罗汉松科陆均松属

别名：红松、山松、马尾松

树皮： 红褐色，略粗糙，具浅裂纹，薄片状剥落，树皮分泌树脂，干后呈黑褐色。

木材： 心边材显著，界限分明。心材大，约占直径的70%，棕褐色带黄，纵切面色较淡；边材淡褐色，纵切面黄棕色带红。生长轮不明显，年轮界不分明，常局部有假轮存在，难确定，仅局部晚材带较明显，可借以确定年轮界。髓心褐色，圆形，直径1毫米，松软。早晚材不明显，晚材率难确定。管胞腔在10倍镜下隐约可见，随着早材向晚材过渡，管胞腔大小变化不显著；弦切面上管胞壁反光强。木射线单列、单列–对列（偶2列），高多数3~7细胞。射线窄，肉眼仅隐约可见，10倍镜下也难以准确计算。射线大小一致，间距近等，每毫米7~9条，在弦切面上10倍镜下也难辨别。此外，10倍镜下纵切面在边材的内部（与心材接近的部分）分布颇密的小斑，多数呈纵向长形，红褐色，似为含树脂的薄壁组织，在其他部位未发现。木材呈单宁反应，但反应很缓慢，10倍镜下观察不出变化过程，固定后呈蓝黑色，纵切面上色较淡。

木材利用： 纹理通直，结构细致而均匀。早晚材强度一致，材质稍硬而重，具韧性，易于加工。干燥后不开裂亦不变形，极耐腐，油漆性能良好。切面光滑且具光泽，生长轮略现花纹，材色略鲜明，颇美观。适于作桥梁、造船、车辆、枕木及

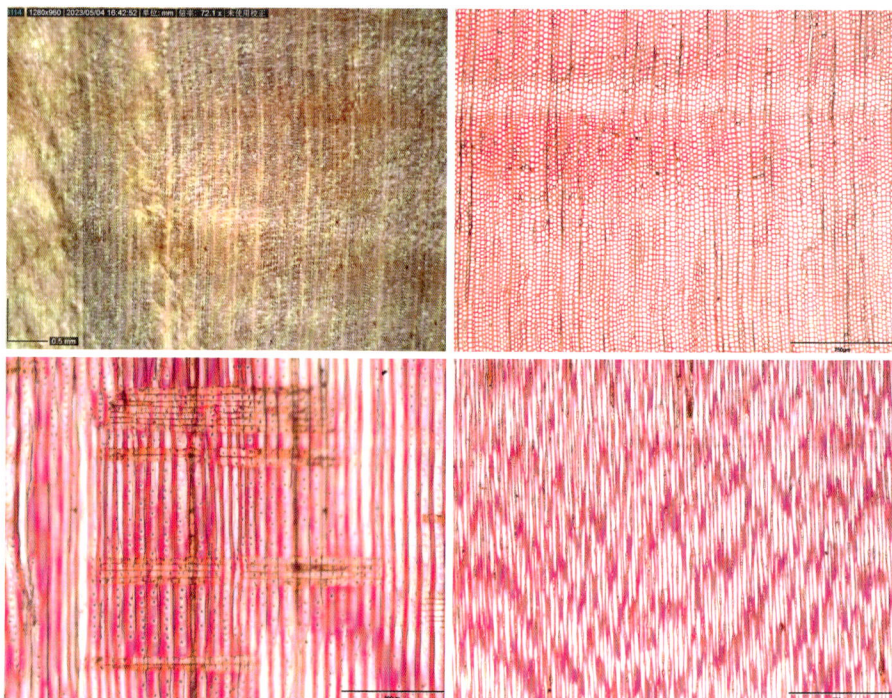

建筑等用材，亦为上等家具材、细工木料，并为优良的文具用材，如木尺、笔杆等。本种多产直径达1米的大径材，心材占绝大部分。据调查，其原木或大板材存放1~2年，其边材仅局部腐朽，心材完全无损。过去亦为上等棺木用材之一，其材质略次于小叶罗汉松，而优于鸡毛松。

海南油杉

Keteleeria hainanensis Chun & Tsiang 　松科油杉属

别名：油松

树皮： 皮面灰黄褐色，纵裂，木栓层明显（黄白至褐色），内皮红褐色，石细胞米粒状，具松脂气。

木材： 黄色，心边材不明显，树脂道分布不均匀，多至2~3个弦列。生长轮甚明显，早材至晚材急变。木射线单列，多数3~10个细胞。

木材利用： 汁液可点燃，是海南木材中茎较大的树木之一。适于作家具、文具、体育用具、房屋建筑、装饰等用材。

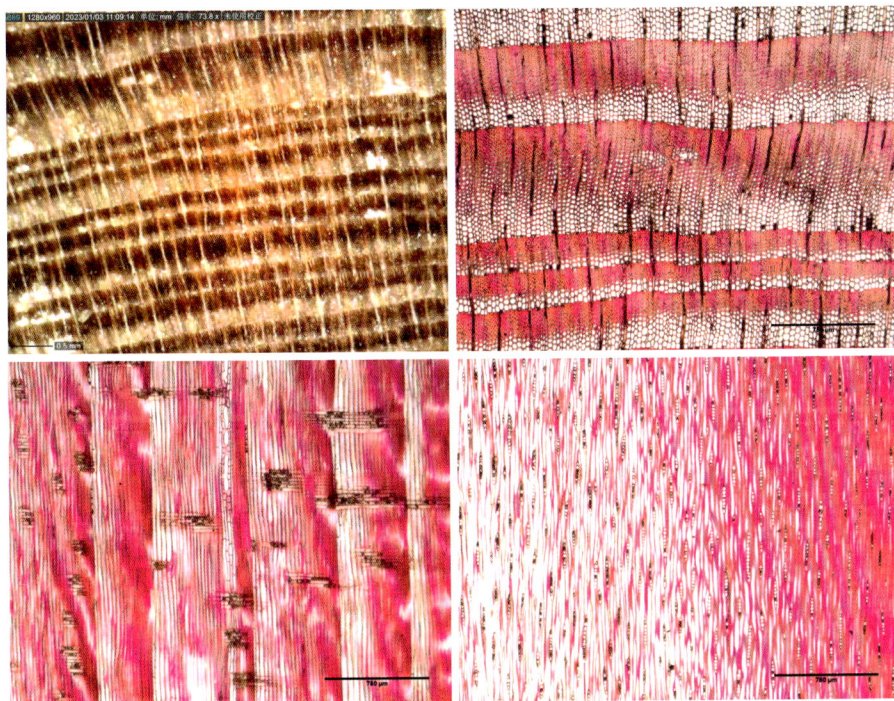

海南木莲

Manglietia fordiana var.hainanensis (Dandy) N.H. Xia

木兰科木莲属

\一类材/
05

别名：绿兰、绿楠

树皮： 灰白色，具苦及香气（橄榄），淋晒后变臭腥气（略似咸鱼气），味仍苦，软而韧，麻质，无石细胞，能剥成长条状。

木材： 散孔材。心边材显著，界限略分明。心材大，略占直径的60%，黄褐色，纵切面青黄色；边材黄色带绿。管孔肉眼隐约可见，多数为单管孔，复管孔普遍可见。以薄壁组织离管型为主，具轮界薄壁组织带，薄壁组织带常难区别，仅局部轮末呈现较深色纤维层，可借以确定年轮界。傍管型的薄壁组织，仅少数管孔具有，常与离管型相连。木射线非叠生，单列射线甚少，多列射线为主，以宽2~3细胞。射线窄，肉眼隐约可见，大小不一致，间距也不等，中等多，每毫米6~7条，弦切面肉眼隐约可见，10倍镜下呈纺锤形。木材干后具微辛辣气味，横切面较显著。

木材利用： 木材通直，结构细致均匀。材质稍轻软，易加工，干燥后少开裂，生长轮略现花纹，心材极耐腐。可作各种家具、文具、雕刻、家装用材，拥有海南第一名材的美誉。

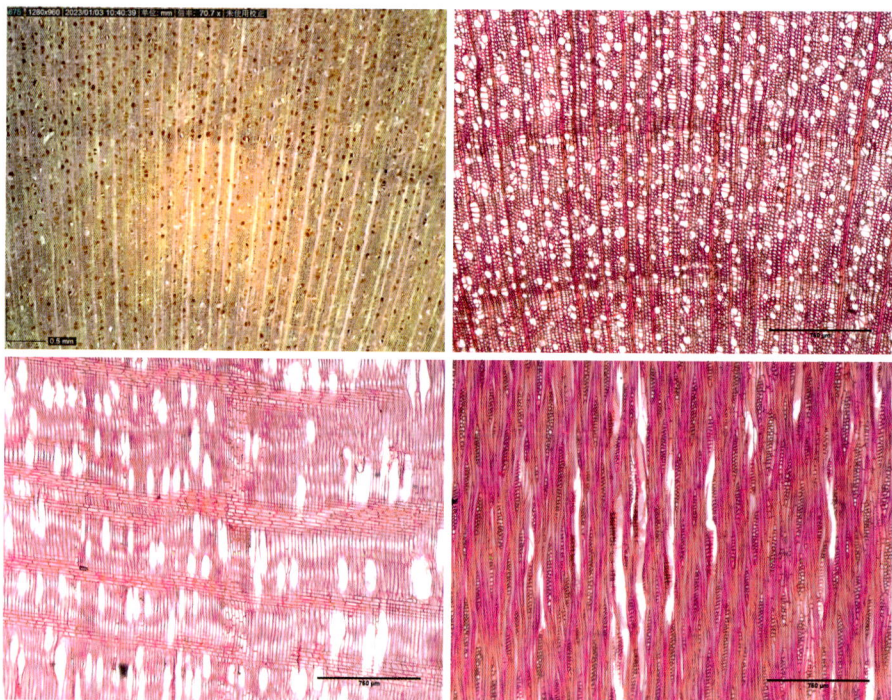

白花含笑

Michelia mediocris Dandy

别名：苦梓

木兰科含笑属

\ 一类材 /
06

树皮：厚4~6毫米，外皮暗灰褐色，平滑，不脱落；内皮黄色，具辛辣味。小枝黑色，幼时密被锈褐色柔毛，老时脱落，具有疏散的白色皮孔。

木材：散孔材。心边材显著，界限分明。心材，约占直径的30%，褐色，局部深黄，纵切面同色；边材淡黄棕色。生长轮略明显，因常有薄壁组织带存在，年轮界难确定。管孔中等大小至小，肉眼局部隐约可见，10倍镜下可计算，单管孔占多数，复管孔不普遍，其中以径列复管孔为主，由2~3个或5个管孔组成；管孔团仅偶见，由3~4个管孔组成。管孔分散分布，常倾向于呈径列排列，分布不均匀，局部疏或密，仅局部轮末显著比较少，可借以确定年轮界。管孔多，每平方毫米17~20个，侵填体偶见，呈小反光点，心材的管孔多数充满，呈白色，不反光。弦切面上导管线肉眼隐约可见，呈细线，10倍镜下见普遍具少量侵填体，反光强，心材的导管线普遍充满白色。薄壁组织丰富，肉眼局部可见，10倍镜下可以判别，以离管型为主。薄壁组织带的宽度，比射线稍大或与之相仿，分布不规则，通常每厘米有带7~15条，且局部断续或相连。轮界薄壁组织与薄壁组织带同，常难区分，局部轮末呈现较深色纤维层，有助于鉴定轮界。傍管型环管薄壁组织仅少数管孔具有，有时与离管型相连。木射线非叠生，单列射线甚少，多列射线以宽2~3细胞为主。射线窄，肉眼不见，10倍镜下可计算。射线大小不一致，间距也不等，中等多，每

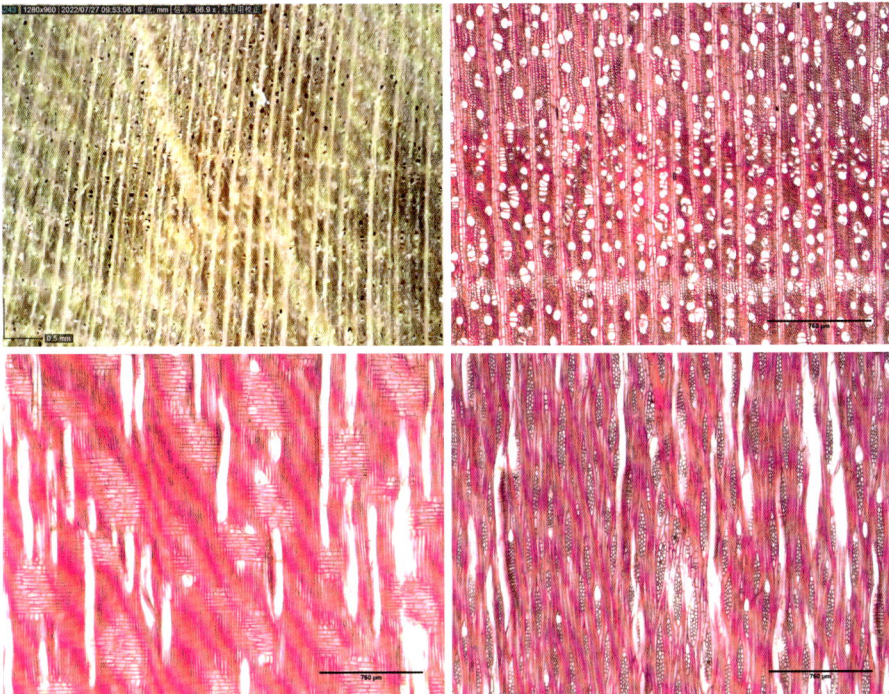

毫米5~6条，弦切面上隐约可见，10倍镜下清楚，呈纺锤形。此外，木材干后仍可嗅到带辛辣味的甜气味，颇浓（有人认为是木兰香味），横切面上尤为显著。

木材利用： 木材纹理通直，结构细致均匀。材质稍软而稍重。纵切面平滑，横切面欠光滑。生长轮略现花纹，材质清新美观，适合做上等家具、文具及细木工艺品，可供刨切制作胶合板板面。在海南以耐腐耐用出名，多为名贵家具和棺材用材。

| 油丹 | *Alseodaphnopsis hainanensis* (Merr.)H.W.Li & J.Li |
| | 樟科油丹属 |

\ 一类材 /
07

别名： 黄丹（吊罗）、黄丹公（尖峰）、三次香、硬壳果

树皮： 厚5~8毫米，暗灰褐色，平滑，薄片状脱落，内皮砍开时为黄白色，后变黄褐色。木栓发达，石细胞层片状，脆，有绒状毛，具芳香气。

木材： 散孔材。黄褐色，纵切面金黄色带棕，髓心附近渐成红褐色。生长轮略明显，年轮界不分明。髓心黄褐色，近圆形，宽2毫米，结实。管孔中等大小，肉眼隐约可见，10倍镜下易计算。单管孔占多数，复管孔普遍，以径向复管孔为主，少数斜向，由2~3个管孔组成，管孔团未发现。管孔呈不同方向排列或少许倾向，

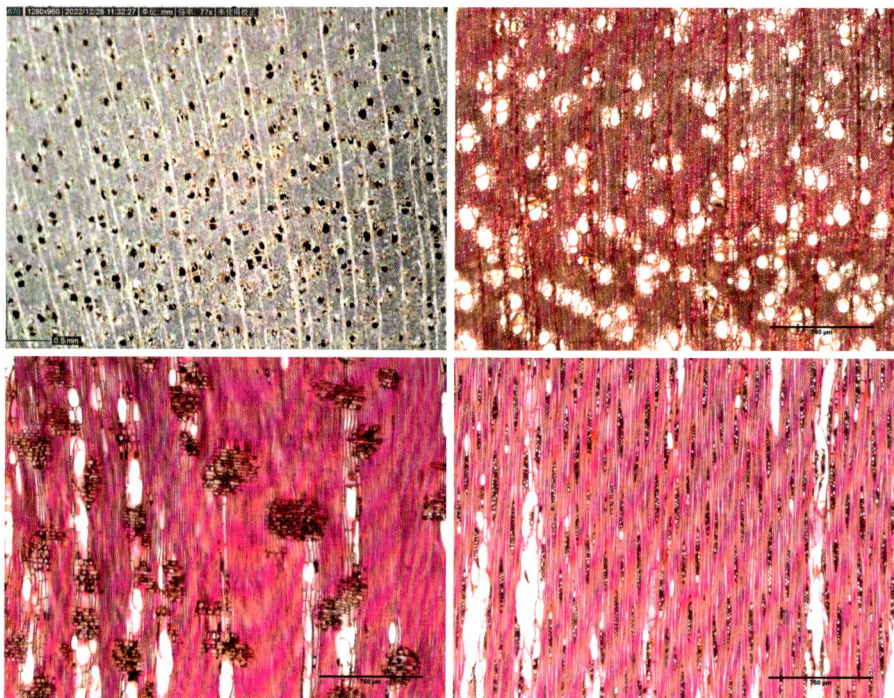

常局部分散分布，分布不均匀，局部轮末较显著少，略现窄的纤维层，可借以确定年轮界。管孔多，每平方毫米12~13个，侵填体偶见，呈极小反光点，固体堆积物普遍。薄壁组织丰富，肉眼隐约可见，10倍镜下易判别，仅傍管型，全部管孔具有环管薄壁组织，宽度比管孔大或小。木射线非叠生，单列射线较少，以多列射线为主，宽2~3细胞。射线极窄，肉眼隐约可见，10倍镜下可计算。射线大小一致，间距不等，中等多，每毫米6~7条，弦切面上隐约可见，10倍镜下清楚，呈纺锤形，常局部倾向于梯形排列。油或黏液细胞很多，10倍镜下清楚可见的不多，呈不显著黄色小点，主要分布于环管薄壁组织中，射线也有。此外，横切面大部分呈黄色油渍，纵切面更油润，但辨别不出油或黏液细胞的个体。

木材利用： 木材纹理通直，结构细致均匀。材质中等硬重，具韧性，加工容易，不开裂，也不变形。含油或黏液细胞丰富，色泽油润。极耐腐，有香气，干燥后香味稍减，纵切面具光泽，很美观。其木材适用面很广，特别适宜于耐腐和韧的用途，如作水工、造船、桥梁、枕木、桩木等用材，也可用于农机具，更适于家具和雕刻等细木工用材。

尖峰润楠
Machilus monticola S.Lee　　樟科润楠属

别名：荔枝桢楠、荔枝槁、香港楠木

\一类材/
08

树皮： 皮面灰白至灰红褐色，微纵裂或小格裂。皮孔明显，木栓发达，削开表层见红褐色，内皮浅红褐色。有白纤毛，石细胞米粒状，皮层可见，略呈层片状（纤毛、石细胞生材时不明显），气淡，具微弱姜辣气味。

木材： 散孔材。心边材区别明显，界限略分明。心材小，约占直径的20%，暗绿色带黄，纵切面色较淡且绿；边材淡绿色带灰黄，纵切面淡黄棕色，生长轮明显（绿色纤维层），生于轮末。髓心淡棕色，近圆形，宽约2毫米，结实。管孔大小一致，肉眼隐约可见，10倍镜下可计算，单管孔占多数，复管孔普遍，其中以径向复管孔为主，由2~3个管孔组成，偶见管孔团。管孔分散排列，常倾向于斜向排列，局部明显，分布均匀。管孔多，每平方毫米9~10个。侵填体偶见，呈小反光点，固体堆积物偶见，淡黄色，弦切面上导管线肉眼可见，呈细线状，具少量侵填体，反光强。薄壁组织宽度比管孔小，通常很窄，少数具不完整的环包围管孔，离管型薄壁组织呈纤维短线，分布于局部射线旁。木射线非叠生，以多列射线为主，单列射线较少，宽2~3细胞。射线极窄，肉眼隐约可见，10倍镜下可计算。射线呈纺锤形状，黏液细胞和油细胞多，10倍镜下呈较淡的小点，分布于环管薄壁组织及射线中。此外，有时可见髓斑。

木材利用： 木材纹理通直，结构细致。材质稍软、稍重，加工容易，干燥后稍开裂，不变形。各切面油润光滑，耐腐，可刨切，材色鲜明，适合做各种高档家具、文具、农机具、房建、造船等用材。

| 青梅 | *Vatica mangachapoi* Blanco | 龙脑香科青梅属 | \一类材/ |
| | 别名：青皮 | | **09** |

树皮： 厚4~5毫米，青灰色，有淡绿色的块状斑印，近光滑，内皮红褐色，具略腥辣带甜的气味，木质部含清香的树脂，立木砍开有树脂凝聚，树脂可点燃。

木材： 散孔材。心边材显著，界限略分明。心材大，约占直径的50%，黄棕色，纵切面色较淡；边材淡黄棕色，纵切面色较淡。生长轮不明显，界限不分明，常难确定。管孔中等大小至小，肉眼不见，10倍镜下可见、可计算。几乎全为单管孔，偶见由2个管孔组成的斜向复管孔，另有由于管孔分子末端重叠形成的孔对。管孔分散分布，局部倾向于径向排列或斜向排列，分布均匀，轮末较少，呈现很窄的纤维层，可借以确定年轮。管孔多，每平方毫米约11个，心材部分固体堆积物普遍，淡黄色，少量白色。弦切面上导管线肉眼隐约可见，呈细线状，具少量侵填体，反光，普遍具有固体堆积物。薄壁组织丰富，肉眼可见，10倍镜下易判别，以傍管型为主。全部管孔具环管薄壁组织，一般比管孔窄。离管型薄壁组织呈小点或极细短线状，均匀分布于生长轮中，常与射线和傍管型薄壁组织接触。木射线非叠生，单列射线较少，以多列射线为主，宽2~5细胞。射线极窄，肉眼不见，10倍镜下可见、可计算，射线大小不一致，间距也不等，少，每毫米4~5条，弦切面上在10倍镜下

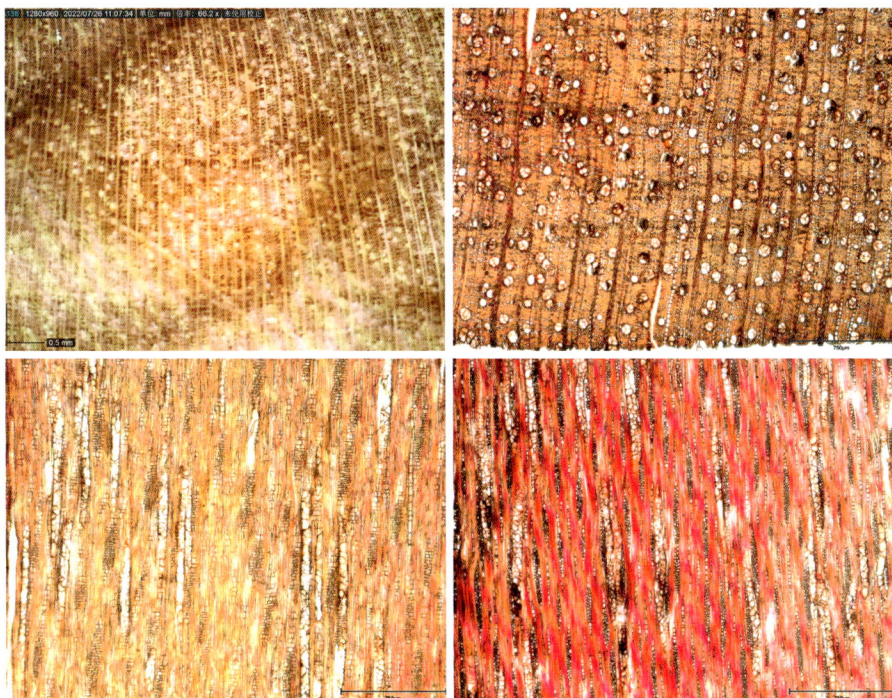

判别，呈纺锤形。

木材利用： 木材纹理交错，结构密致。心材坚硬、很重，具韧性，加工容易，切面光滑、有光泽，干燥后稍开裂，不变形，很耐腐，适合作造船、桥梁、水工、建筑等用材。

注： 海南岛民间将青梅心材结构分为"蜂蜡格""乌糖格"和"芒花格"，质量最好为"蜂蜡格"，最差的为"芒花格"。

焕镛蒲桃

Syzygium chunianum Merr. & Perry

桃金娘科蒲桃属

别名：乌营、陈氏蒲桃、密脉蒲桃

\ 一类材 /
10

树皮： 皮面灰色，不裂且有浅疤（似蜂巢壳），内皮褐色，砍开后变黑褐色，纤维交错，黏，略呈层片状，具有粉白色细条纹。

木材： 散孔材。心边材显著，界限分明，呈不规则锯齿形。心材大，占直径的50%以上，暗棕褐色，纵切面黄棕而带灰色；边材深黄色，局部棕褐带黄色，纵切面深黄色，局部黄棕。生长轮明显，年轮末纤维层通常较显著，10倍镜下可确定。管孔中等大小至小，肉眼隐约可见，10倍镜下可计算，单管孔占多数，复管孔普

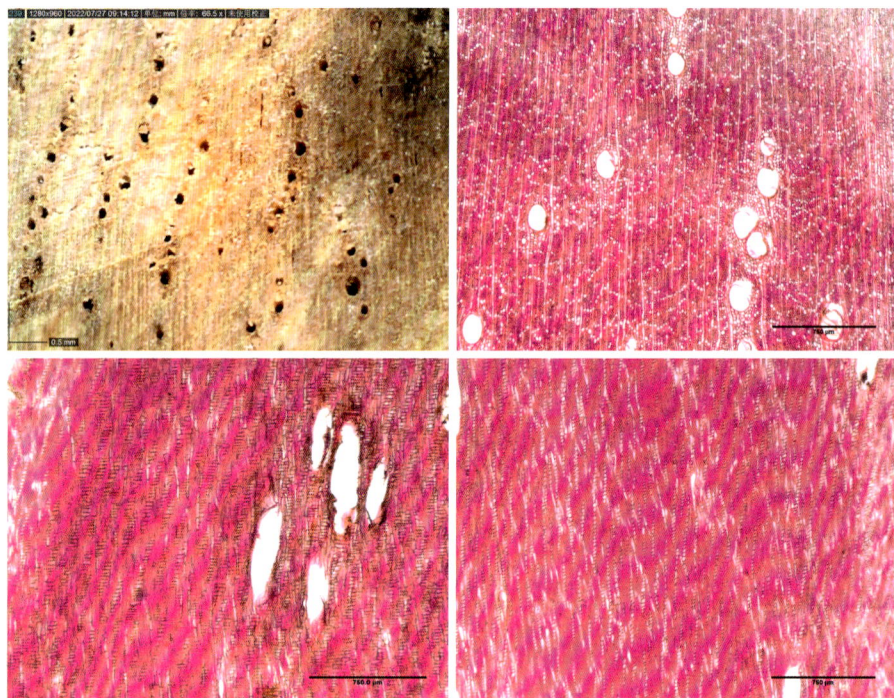

遍，以径向复管孔为主，由3个以上管孔组成。管孔分散分布，常局部倾向于斜向排列，分布均匀，年轮末常较少，呈现窄的纤维层，局部呈现窄的无管孔带，可借以确定轮界，但少数年轮中局部有类似纤维层，易与年轮混淆。管孔多，每平方毫米18~19个，侵填体普遍，呈极小反光点，固体堆积物普遍，淡黄褐色。弦切面上导管线肉眼可见，呈细线，10倍镜下呈侵填体，乳白色反光，普遍具淡黄褐色固体堆积物。薄壁组织丰富，肉眼隐约可见，10倍镜下可判别，以傍管型为主。大多数管孔具环管薄壁组织，宽度比管孔小或大，常呈不完整的环包围管孔，少数形成短翼状薄壁组织。离管型的星散薄壁组织呈极短的细线和小点，分布于管孔与射线的两侧，常与傍管型接触，似翼状薄壁组织，有时会难以区分。木射线非叠生，以单列射线为主，多列射线宽2细胞，少，同一个射线有时出现2次多列部分。射线有窄和极窄2种，肉眼隐约可见，10倍镜下可以计算，以极窄射线占多数。间距近等，射线多，每毫米11~13条，弦切面上10倍镜下也不清楚，呈纺锤形。此外，呈单宁反应，反应迅速，10倍镜下观察横切面，见薄壁组织立即变成蓝黑色，固定后呈深蓝黑色；纵切面反应也快，且显著，见薄壁组织和固体堆积物首先变色。切面上加水滴，较易溢出黄色物质，边材尤为显著。

木材利用： 木材纹理交错，结构细致、均匀。木材重硬，加工容易。各切面平滑，干燥后少开裂，不变形，很耐腐。材色较鲜明，但色调不均匀，纵切面明显具光泽，缺点是较易脱水脱色。适合作梁柱、桁桷、门窗、地板及造船、车辆用材，更适合作水下结构用材和硬木家具用材。木材因单宁较高，可供研究开发利用。

海南榄仁

Terminalia nigrovenulosa Pierre 使君子科榄仁树属

别名：鸡尖、鸡珍、鸡针木

\ 一类材 /
11

树皮： 皮面黄灰色，浅纵裂。幼龄树径20厘米以下，树干有刺。内皮黄红色、艳，韧皮纤维韧（手折不断），材身波状起伏有钉凸。

木材： 散孔材。心材显著，界限分明。心材近椭圆形，小，约占直径的10%，黑棕色，切面深棕色；边材淡黄带棕色，纵切面较淡。生长轮明显，呈现规则的波浪形，年轮界常局部分明。管孔小，肉眼不见，10倍镜下可计算。单管孔占多数，复管孔不普遍，其中以径向复管孔为主，由2~3个偶达8个管孔组成，偶见斜向；管孔团仅偶见，由3个管孔组成。管孔分散分布，局部倾向于呈斜向排列或不规则的波浪形，年轮内部较外部密，轮末稀少，通常局部形成无管孔的纤维层，可借以确定年轮界。管孔很多，每平方毫米30~33个，弦切面上管孔隐约可见呈细线，10倍镜下偶见少量侵填体。薄壁组织丰富，肉眼可见，10倍镜下可判别，以傍管型为主。全部管孔具有环管薄壁组织，少数为短翼状至翼状；离管型薄壁组织呈小点或短细线，常与傍管型相连。木射线非叠生，以单列射线为主，多列射线宽2细胞。射线极窄，肉眼不见，10倍镜下可计算。射线大小近一致，间距不等，每平方毫米13条，弦切面上10倍镜下可判别，不呈纺锤形。此外有髓斑存在，另外偶有伤原垂直胞间道，比管孔大，近卵形，充满深色树胶。木材有单宁反应且反应极速。

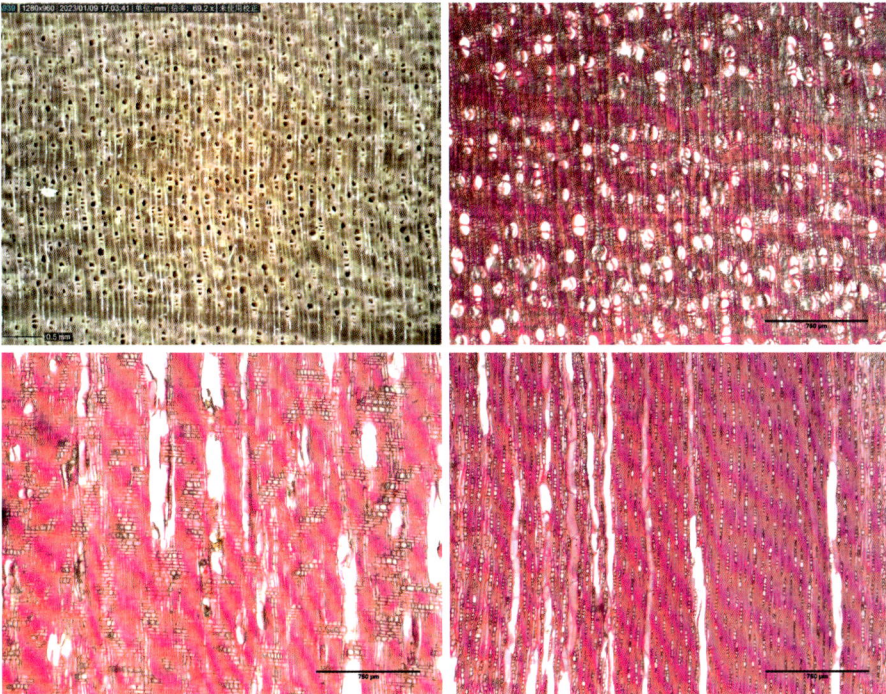

木材利用： 木材纹理交错，常作纵向波浪形扭曲。材质硬、重，加工较困难。但切面光滑，干燥后不开裂并不变形，很耐腐，但易失水脱合。纵切面具光泽、颜色美观，为优良的工业用材，适合作造船、桥梁、枕木、车辆、机械农具、运动器材用材，并适宜作雕刻及细木工用材。本材种多中小径材，少见大径材。

红厚壳

Calophyllum inophyllum L.　　藤黄科红厚壳属

\一类材/
12

别名：琼崖海棠、海棠木、胡桐、君子树

树皮： 厚1.5厘米，灰黑褐色，深纵裂，内皮淡红色，皮底白色，有黄色黏液。

木材： 散孔材。心边材略现，界限不分明。心材大，约占直径的70%，深红棕色，纵切面较鲜艳；边材比心材色淡，纵切面同色，较淡而鲜。生长轮不明显，年轮界不分明，很难确定。髓心红褐色，菱形，对角线长4~5毫米，松软，10倍镜下清楚可见其间的分泌道，呈小孔，多数充满黑色分泌物，纵切面也显著呈小沟。管孔大至中等大小，头5轮的管孔小，肉眼多数可见。10倍镜下可计算，几乎全为单管孔，复管孔偶见，径向或斜向排列，轮末通常较少，可借以确定年轮界。管孔中等多，每平方毫米4~7个。木射线非叠生，以单列射线为主。弦切面上导管线清楚可见，呈小沟，10倍镜下普遍具少量侵填体，无色，反光强，固体堆积物局部普

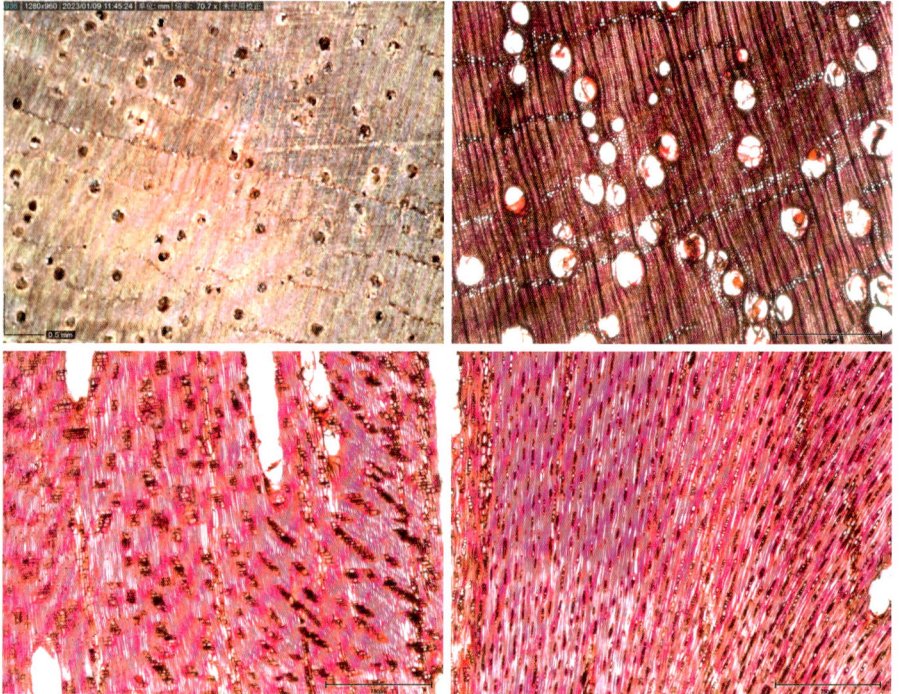

遍，淡黄色，导管线普遍发亮，有少量深红色的内含物，似树胶。薄壁组织丰富，肉眼隐约可见，10倍镜下可判别，仅离管型。薄壁组织带比射线宽，常局部断续，不均匀分布于年轮中，常与环管管胞相连，每毫米2行，仅局部轮末显著疏离，可借以确定年轮界。射线每毫米10条，弦切面肉眼隐约可见，10倍镜下清楚，呈纺锤形。环管管胞显著，10倍镜下可见，多数管孔具有，似窄的环管薄壁组织。木材呈单宁反应。

木材利用： 木材纹理交错，局部扭曲，结构细致；材质硬而稍重，加工困难。心材大，横切面平滑，干燥后不开裂、不变形、极耐腐，且耐海水浸渍，不受海虫蛀蚀，为良好的造船材。适合制作门窗、桁桷、桥梁、枕木、车厢，也宜制作高级家具。树皮含单宁12%~19%，可作鞣料原料。

蝴蝶树

Heritiera parvifolia Merr.

别名：加卜、高根、小叶达里木

梧桐科银叶树属

\ 一类材 /
13

树皮： 外皮银灰色，稍平滑。皮孔锈黄色，呈圆形或唇形。内皮浅红色。韧皮纤维发达，可分层，皮断后见辐射火焰状、细沙纹，皮剥成长条，边缘齿状。

木材： 散孔材。心边材略现，界限不分明，径切面上则显著且界限较分明。心材大，约占直径的60%，浅红褐色；纵切面红褐色带棕色，边材色较淡，年轮界常难确定。管孔中等大小至大，肉眼隐约可见，10倍镜下易计算。单管孔占多数，复管孔普遍。边材常由8~10个较小的管孔团组成。边材局部复管孔占多数，以径向复管孔为主，由2~3个或6个组成，管孔分散分布，轮末较少和较小，局部显著，可借以确定年轮界。管孔少，每平方毫米4个，侵填体偶见，呈小反光点；固体堆积物普遍，黄白色。弦切面导管线肉眼可见，呈小沟，10倍镜下偶见侵填体，乳白色略反光，局部普遍具固体堆积物，黄白色。薄壁组织丰富，肉眼不见，10倍镜下可判别，以离管型为主。星散薄壁组织呈小点或极短的弦向线，分布于射线间和射线旁，颇规则地密布于生长轮中，每毫米约16条，生长轮开始处显得较疏，呈现纤维层，一个年轮内常有1~2层，易与年轮混淆。傍管型环管薄壁组织，仅少数管孔具有，常为很窄的环或不完整的环包围管孔。木射线非叠生，单列射线少，以多列射线为主，宽2细胞。射线宽至极窄，肉眼隐约可见，10倍镜下易计算，以宽射线占多数；间距不等，中等多，每毫米5~6条，弦切面上肉眼可见，呈纺锤形，高可达2毫米。弦切面呈现规整的层状构造，每毫米28~31层，每层的界限略现凹面，较窄的射线略呈层状，径切面射线斑痕明显。心材的局部位置在10倍镜下可观察到每层由3~5层微小点构成。此外，有伤原垂直胞间道存在，比管孔稍大，近矩形，出现于最外几轮，沿生长轮切向密集成行，多充满树胶，纵切面呈纵向的直而长的小沟（原木断面常见"泥鳅孔""天牛虫眼"）。

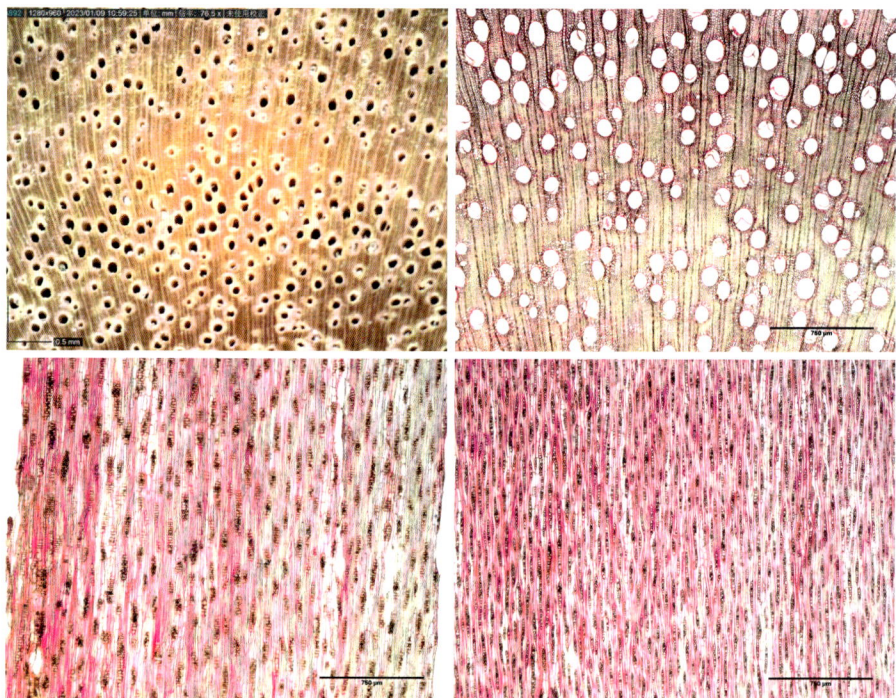

　　木材利用： 木材纹理通直，结构细致。木质韧而坚硬，且很重，加工较难。干燥后不开裂，且不变形，耐腐。纵切面平滑且具光泽，心材大，色调鲜明。为耐腐的工业强材，尤适于作造船、桥梁、水工、桩木、枕木等用材，也可作梁、柱、门窗、地板、车辆、上等家具、农具、机械器具、运动器械、把柄、工艺和细木工用材，在海南多为造船造材。

海红豆

含羞草科海红豆属

\一类材/

14

别名：落青藤、孔雀豆

　　树皮： 灰红褐色，微纵裂，间有片状。脱落，具环纹，内皮浅棕红色，略有薄荷叶气味，木材具沙葛气（凉薯气）。

　　木材： 散孔材。心边材显著，界限分明。心材小，约占直径的30%。黄棕色，横切面金黄色，边材灰棕色，纵切面淡灰棕带紫色。生长轮明显，局部轮木有较深色的纤维层呈现，年轮界局部分明。髓心棕色，圆形，直径4毫米，结实。管孔大至中等大，肉眼可见，10倍镜下易计算；管孔团偶见，由3或5个管孔组成。管孔分散分布，年轮外部倾向于斜向排列，分布均匀，轮末局部显著较少，呈现纤维

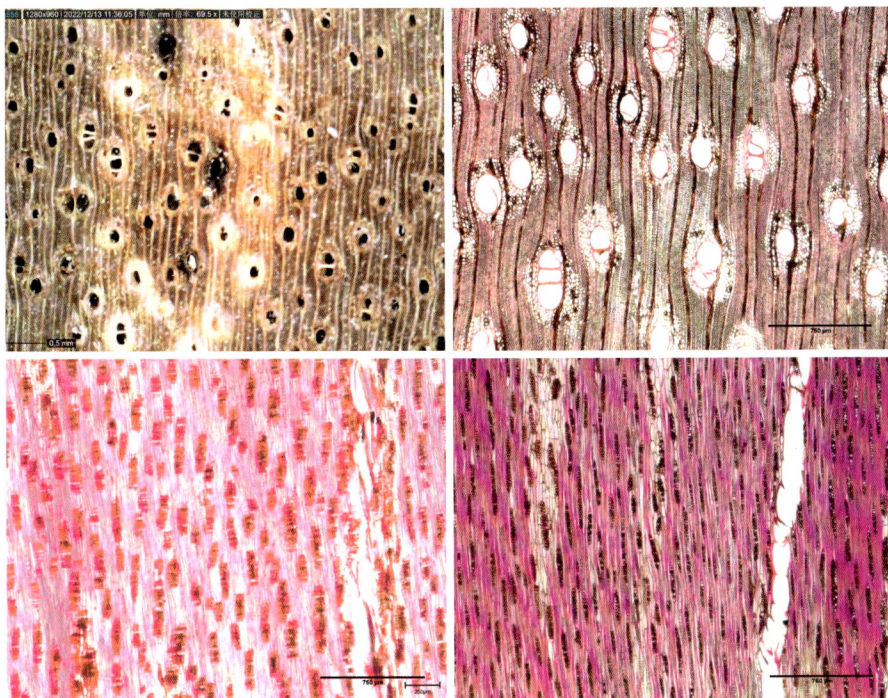

层，可借以确定年轮界。管孔少，每平方毫米3~5个；侵填体偶见，呈极小的反光点，固体堆积物普遍，褐色。弦切面上导管线肉眼可见。薄壁组织10倍镜下易判别，以傍管型为主，全部管孔具有环管薄壁组织，部分呈翼状，宽度比管孔大。离管型薄壁组织呈弦向细线状，长短不一，不规则地分布于年轮中或轮界上；星散薄壁组织呈小点，分布于纤维间，局部较显著。木射线非叠生，以多列射线为主，宽2~3细胞。射线极窄，肉眼隐约可见，10倍镜下易计算。射线大小一致，间距不等，多，每毫米9~10条，弦切面上肉眼隐约可见，10倍镜下清楚，不呈纺锤形，常局部倾向于呈层状构造。此外，心材呈单宁反应，反应缓慢，10倍镜下观察不出变化过程，固定后呈黑色，纵切面上色较淡。

木材利用： 木材纹理略通直，结构细致。材质硬且重，加工容易。干燥后稍开裂，亦稍有变形，边材不耐腐，易被虫蛀，但心材很耐腐。切面平滑，有光亮的色泽，材色鲜明美观。心材可作上等家具及其他美工等用材。

银珠

Peltophorum dasyrrhachis var. *tonkinensis* (Pierre) K. Larsen & S. S. Larsen

苏木科盾柱木属

别名：田螺掩、双翼豆、油楠

树皮： 皮面棕灰色，粗糙，具环纹。内皮红褐色，具腥臭气。大树皮似红楝（局部莺蜂巢壳状）。

木材： 散孔材。心边材略现，界限不分明。心材大，约占直径的50%，红褐色，纵切面较淡且鲜明，边材淡红褐色。生长轮明显，因轮末有较深色的纤维层呈现，年轮界分明。髓心红褐色，形状不规则，宽约8毫米，结实。管孔大至中等大小，肉眼可见，10倍镜下易计算。单管孔占多数，复管孔普遍，以径向管孔为主，由2~3个或4个管孔组成；管孔团偶见，由3~5个较小管孔组成。管孔分散分布，生长轮外部常呈斜向排列或倾向于此，轮末通常较少。管孔少，每平方毫米3~4个；侵填体偶见，呈小的反光点，褐色和淡褐色，固体堆积物普遍。弦切面上导管线肉眼显著可见，呈小沟，10倍镜下偶见侵填体，反光，普遍具少量固体堆积物，褐色和淡黄褐色。薄壁组织丰富，肉眼可见，10倍镜下易判别，以傍管型为主，全部管孔具有，多数为短翼状薄壁组织，余为环管薄壁组织，宽度比管孔大；离管型薄壁组织约与射线等宽，常断续，常有薄壁组织带不规则地分布于一些生长轮中；星散薄壁组织呈小点，分布于纤维内，局部较显著。木射线非叠生，单列射线较少，以多列射线为主宽2细胞。射线极窄，肉眼隐约可见，10倍镜下易计算，射线大小一致，

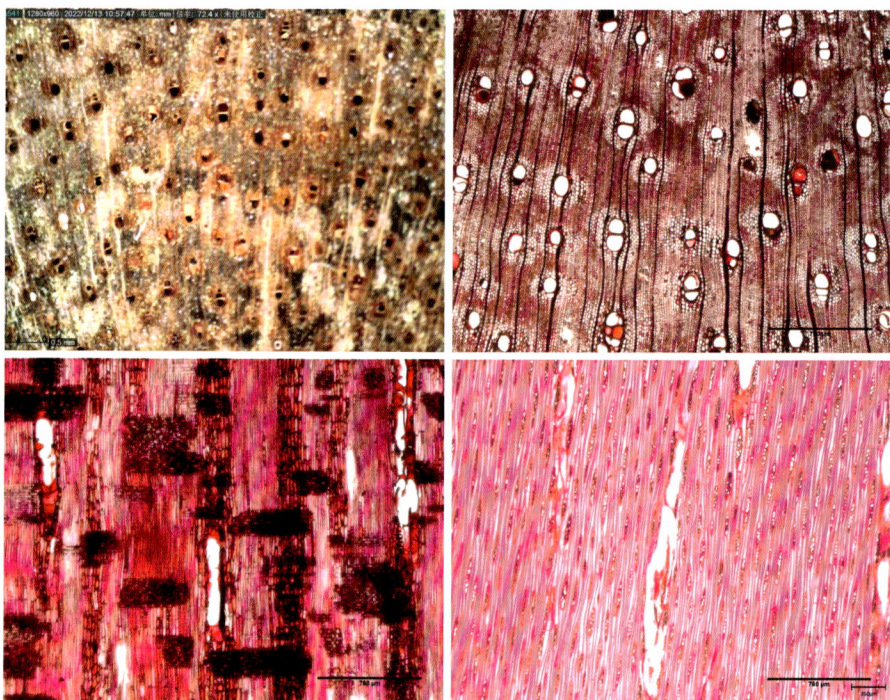

间距不等，多，每毫米7~8条，弦切面上隐约可见，10倍镜下较清楚，局部倾向于层状结构。此外，木材呈单宁反应，反应缓慢，10倍镜下观察不出变化，固定后呈青黑色，纵切面上色较淡。

木材利用：木材纹理通直，结构细致。材质硬且重，加工容易，干燥后少开裂，且不变形。边材较易受变色菌侵染。切面平滑、略有光泽，生长轮呈现花纹，美观。最适于制作上等家具，也可作造船、车辆内部装修和建筑、农具用材。木材由于构造特征（主要是管孔排列方式）在纵切面上呈现花纹，为用户所喜爱。

红锥

Castanopsis hystrix J.D.Hooker & Thomson ex A.De Candolle

壳斗科锥属

别名：吊罗锥

\一类材/ **16**

树皮：皮面黄灰或灰褐色，鳞片状，似盘壳青冈。内皮淡红色，黏，韧皮纤维发达。材身沟槽浅而密，微弯曲，分布不均匀。

木材：环孔材或半环孔。边材暗红褐色、鲜红褐或砖红色。木材有光泽，无特殊气味和滋味。生长轮略明显，宽木射线处下凹呈波浪形，宽度不均匀，每毫米1.7轮。早材管孔中至略大，肉眼下可见至明显，排列不连续，高10个管孔，列宽1~3

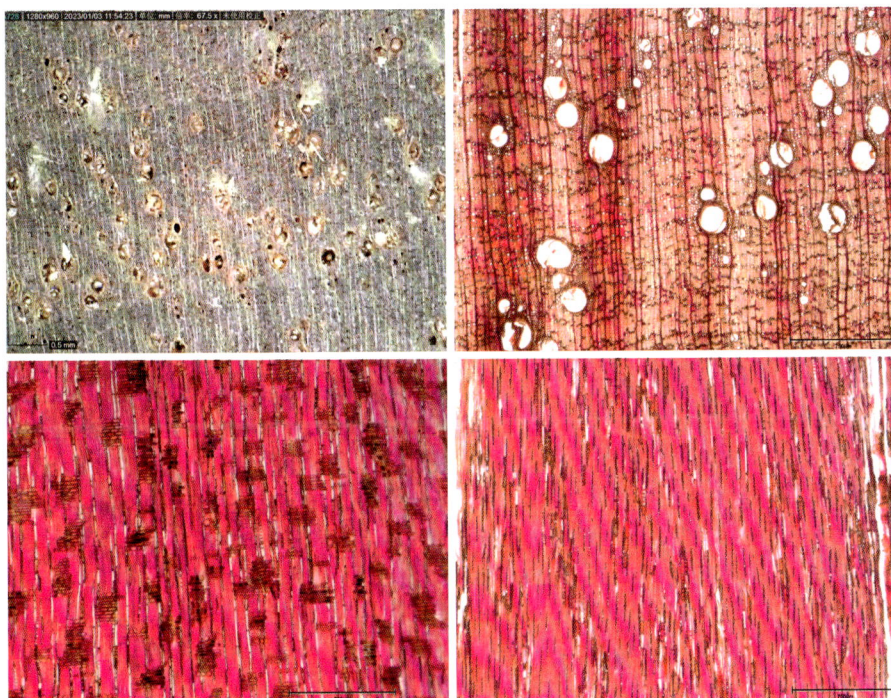

个管孔，具侵填体；早材至晚材渐变，晚材管孔略小，10倍镜下可见，径列宽1个管孔。轴向薄壁组织、10倍镜下可见，离管带状（细弦线最多）及似傍管状。木射线非叠生，以单列射线为主。木射线密至略密，通常为窄木射线（聚合射线偶见），极细，10倍镜下可见。肉眼下材身或弦切面呈斑点状，径切面射线斑纹不明显、波痕及胞间道缺如。

木材利用：干燥困难，干燥速度缓慢，微裂，耐腐性强，浸注较难。切面光滑，胶易粘，油漆光滑，性良好。适于作船舶用材，如船壳、龙骨、龙筋、肋骨等，并可作房屋建筑材料及农机具和硬木家具用材。

红柯	*Lithocarpus fenzelianus* A.Camus	壳斗科柯属	\一类材/ **17**
	别名：红椆、红楣、杏叶柯		

树皮：皮面棕黄间灰白色，条片状纵裂，木栓发达，固有强韧纤维，似龙眼或倒吊笔，脱落层脆，可捏碎（木栓）。内皮黄红色，砍开时略变紫色，皮层干后为黄褐色，味略苦。材身槽纹短线状，手摸材身不刺手（具平滑感）。

木材：散孔材。心材棕褐色，纵切面色较淡。生长轮不明显，年轮界不分明。仅从管孔的分布大致可以确定最外几轮。管孔大，肉眼可见，10倍镜下易计算，全

为单管孔，常聚集成弯曲的径向和斜向行列，也常聚集成小群，通常年轮内部稍较多，但仅局部稍较显著，可借以确定年轮界。管孔少，每平方毫米3~5个，侵填体局部普遍，固体堆积物局部显著。弦切面上导管线肉眼可见，呈小沟，10倍镜下偶见侵填体呈小点，局部普遍具固体堆积物，褐色。薄壁组织丰富，肉眼可见，10倍镜下可判别，仅离管型。星散薄壁组织呈纤细的短线和小点，分布于射线两侧，聚集作带状，颇均匀地分布于年轮中，每毫米有7行；另有一些分布于管孔周围。木射线非叠生，以单列射线为主，宽射线和极窄射线聚合而成，也有由宽射线聚合而成的射线。极窄射线10倍镜下清楚，大小近一致，间距不等；宽射线肉眼清楚可见，呈纺锤形，高度达10毫米。环管管胞不显著，10倍镜下可判别，仅少数管孔具有，似环管薄壁组织，但此薄壁组织稍暗，有较多的星散薄壁组织，分布于其附近及当中。木材呈单宁反应，反应较慢，10倍镜下观察，只有管孔周围的薄壁组织变色，固定后呈深蓝色。纵切面上见薄壁组织，射线和固体堆积物先变色，径切面上反应快且较易观察。

木材利用：木材纹理交错，结构曲致。材质硬且重，加工较难，干燥后局部显著开裂，亦稍变形，很耐腐。切面平滑且略具光泽，置后，材色变深暗。为工业强材，适于作梁柱、桩木、枕木、水工、桥梁、造船和建筑等用材，也可作机械器具、农具和家具用材。

曲梗崖摩

Aglaia spectabilis (Miquel) S.S.Jain & Bennet
楝科米仔兰属

别名：红椤、粗枝崖摩

树皮：皮面灰白或灰褐色，稍平滑或有浅凹痕。表层下有绿色薄层，内皮红色，略有涩气。砍开有白汁渗出，皮较脆，易折断，折口平齐，扒皮后材身仍粘有麻质纤维。老树材身波状起伏，材色粉红至红褐色，无香气。

木材：散孔材。心边材略现，界限不分明。心材大，约占直径60%。红褐色，纵切面鲜褐红色；边材较淡，纵切面淡棕红色。生长轮明显，年轮界不分明，常有似轮末深色纤维层呈现，年轮界难确定，但从管孔分布情况可大体确定。髓心红褐色，椭圆形，长径6毫米，短径4毫米，结实。管孔中等至大，肉眼可见，10倍镜下易计算。单孔占多数，复管孔普遍，以径向复管孔为主，由2~3个或4个管孔组成；管孔团偶见，由3~4个管孔组成。管孔分散分布，局部呈径向或斜向排列，分布不均匀，年轮末通常显著少和稍小。管孔少，平均每平方毫米4~5个，侵填体未发现，固体堆积物局部普遍，淡黄褐色和红褐色。弦切面上导管线肉眼可见，呈小沟，10倍镜下可见油滑似树胶的内含物，乳白带黄色，反光强；局部普遍具固体堆积物，红褐色。薄壁组织丰富，肉眼可见，10倍镜下可判别，以傍管型为主，多数管孔具有，大部分为环管薄壁组织，通常仅为窄环，少量为短翼状；离管型薄壁组织不规

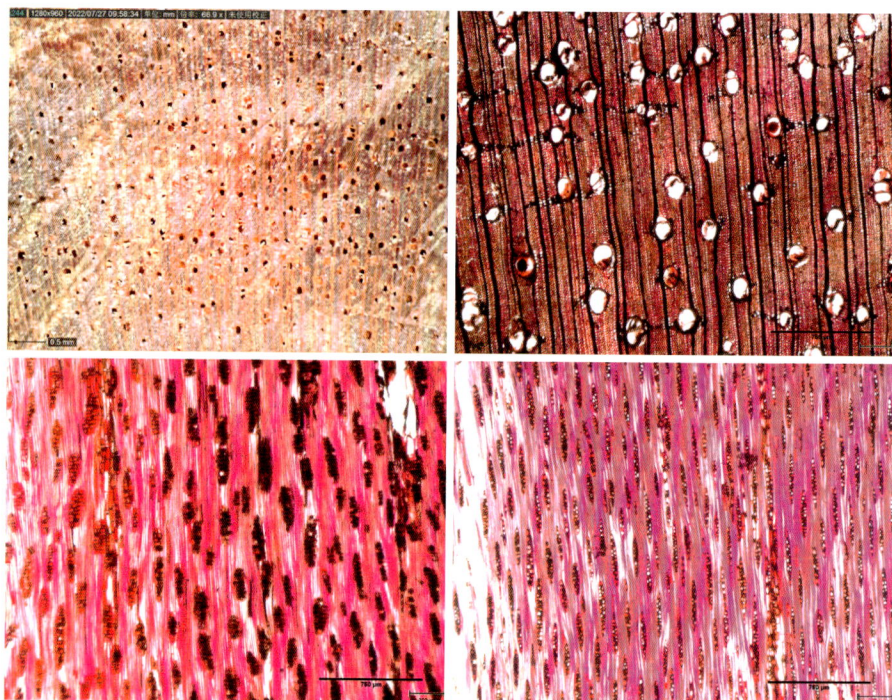

则地分布于个别年轮的局部轮界上，与傍管型相连。木射线非叠生，单列细胞较少，以多为主宽2~3细胞列射线。射线极窄，肉眼不见，10倍镜下可计算。射线大小一致，间距不等，多，每毫米8~9条，弦切面上肉眼隐约可见，10倍镜下清楚，呈纺锤形。

　　木材利用： 木材纹理通直，结构细致且均匀。木质稍硬、稍重，易加工，干燥后极少开裂，且不变形，很耐腐。切面平滑，且有明亮光泽，心材和边材均红润鲜艳，美观，切面久置仍不失其美丽色泽。为有名的造船用材，适用于上等家具、室内细木装饰镶嵌木料、乐器文具等，亦适用于梁、门窗等，用途广泛，是不可多得的木材，有"中国桃花心木"美称。

石梓

Gmelina hainanensis Oliv.

别名：石积、海南石梓

马鞭草科石梓属

树皮：灰黑褐色，深纵裂，易片状剥离。内皮黄白色，石细胞黄白米粒状，带微甜气，能长条状剥离。

木材：半环孔材。心边材显著，界限分明。心材大，约占直径的80%，淡蓝灰带红色，纵切面色较淡，淡灰黄色。生长轮较明显，年轮界分明。髓心暗棕色，圆形，质松软。管孔大至中等大小，肉眼可见，10倍镜下易计算，单管孔占多数，复管孔不普遍，以径向复管孔为主，由2~3个组成，有少数斜向；管孔团偶见，由3个管孔组成。管孔分散分布，常局部倾向于斜向排列，年轮中自轮始到轮末管孔显著减少和变小。管孔每平方毫米3~4个，侵填体普遍，呈小反光点，常充满心材管孔。弦切面上导管线肉眼可见，呈小沟。薄壁组织10倍镜下可判别，以傍管型为主，多数管孔具有环管薄壁组织，通常呈很窄的环和不完整环包围管孔。离管型轮界薄壁组织比射线窄，不显著，常局部断续。木射线有叠生趋势，单列细胞较少，以多列为主宽3细胞射线，射线窄，肉眼隐约可见，10倍镜下易计算。射线大小不一致，间距亦不等，中等多，每毫米5~6条，弦切面上肉眼可见，10倍镜下清楚，呈窄纺锤形。

木材利用：木材纹理通直，结构细致。材质韧而稍硬、稍重，加工较难，干燥后少开裂，亦不变形，很耐腐。切面有光泽，材色一致，心材色较淡，生长轮现花纹，很美观。适用于造船、桥梁、桩木、枕木、车辆、房建梁柱及地板、家具、农具、机械器具等，为优良的建筑材和家具材，与世界名木柚木一样受人喜爱。

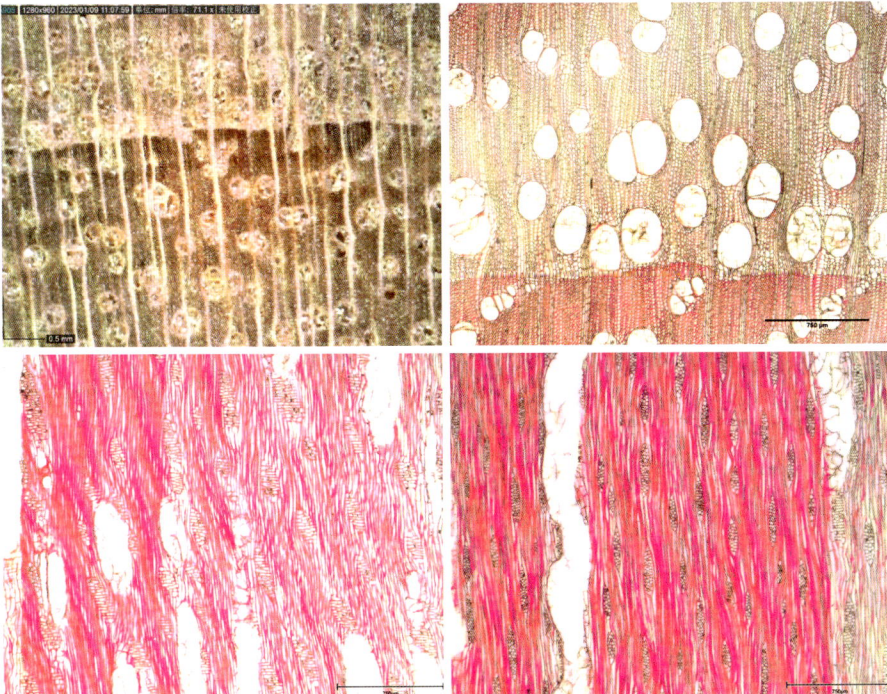

莺哥木

Vitex pierreana P. Dop

马鞭草科牡荆属

别名：拜氏荆、大叶莺歌、三叶莺歌

树皮：皮黄灰色，内皮莺歌绿色（故名），略黏，树皮石细胞层片状，树干不圆直。

木材：散孔材。心边材显著，界限不分明。心材大，约占直径的80%，为深褐色和棕黄色，纵切面较淡；边材棕带橙黄色，纵切面橙黄带棕色。生长轮不明显，因轮末有较深的纤维层呈现，年轮界分明。髓心淡黄色，矩形，边材4~5毫米，结实。管孔中等大小至小，肉眼隐约可见，10倍镜下易计算，单管孔占多数，复管孔不普遍，其中以径向复管孔为主，由2~3个或4个管孔组成。管孔团亦偶见，由3~4个管孔组成。管孔分散分布，常局部倾向于呈斜向排列，年轮末的管孔显著较少，可借以确定年轮界。管孔每平方毫米7~8个，局部可达10~11个，侵填体在心材普遍，呈反光点显著，淡黄棕色；固体堆积物普遍。弦切面上导管线肉眼可见，呈小沟，10倍镜下见心材呈侵填体白色并反光。薄壁组织丰富，肉眼隐约可见，10倍镜下易判别，以傍管型为主，全部管孔具有环状薄壁组织，宽度比较大的管孔小。离管型的薄壁组织比射线窄，常局部断续，局部年轮中有时有类似的薄壁组织带。木射线非叠生，单列细胞较少，以多列射线宽2~3细胞为主。射线窄，肉眼隐约可见，10倍镜下易计算。射线大小一致，间距不等，中等多，每毫米6~7条，弦切面上在10倍镜下能辨别。木材呈单宁反应，但10倍镜下仍观察不出变化过程，固定后呈黑

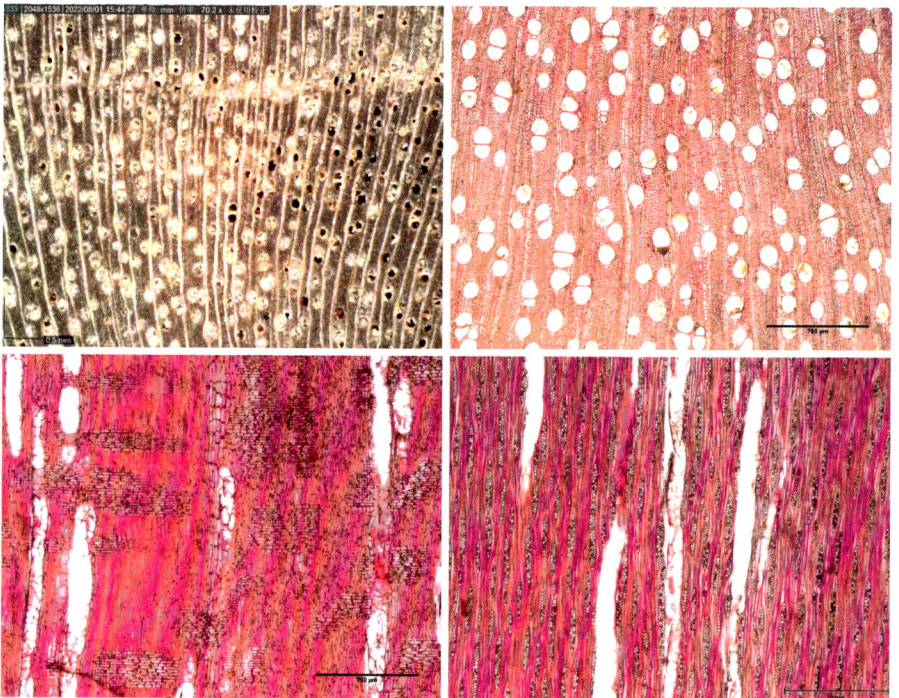

色，心材较淡，切面上反应较慢。

　　木材利用： 木材纹理交错，结构细致。材质坚硬且极重，加工较难，干燥后不开裂，亦不变形，很耐腐。切面平滑且具光泽，材色鲜艳，颇美观，为难得的工业强材之一。尤适于作水工、桥梁、造船、桩木、机械器具、运动器械用材，也可作房建中梁柱、门窗、地板、上等家具及把柄和美术细木工等用材。

麻楝	*Chukrasia tabularis* A. Juss.	楝科麻楝属	\一类材/
	别名：白椿、毛麻楝		**21**

　　树皮： 厚10厘米。皮面暗褐色，纵裂似黄杞，外皮木栓质，褐色至灰黑色；内皮粉红色，韧皮纤维发达可层分，韧皮灰白色。

　　木材： 散孔材。心边材略现，界限不分明。生长轮明显，因轮界薄壁组织显著，年轮界分明。心材约占直径的40%，暗淡褐色带紫，纵切面淡棕色，边材褐色带红，纵切面色较淡。髓心淡褐色带紫，近圆形，宽5毫米，结实。管孔中等大小，肉眼隐约可见，10倍镜下可计算。复管孔占多数，以径向复管孔为主，由2~3个或5个管孔组成，有少数斜向；管孔团仅偶见，由3~5个管孔组成。单管孔局部普遍，分散分布，常局部倾向于径向或斜向排列，年轮末通常较少和小。管孔多，每平方毫

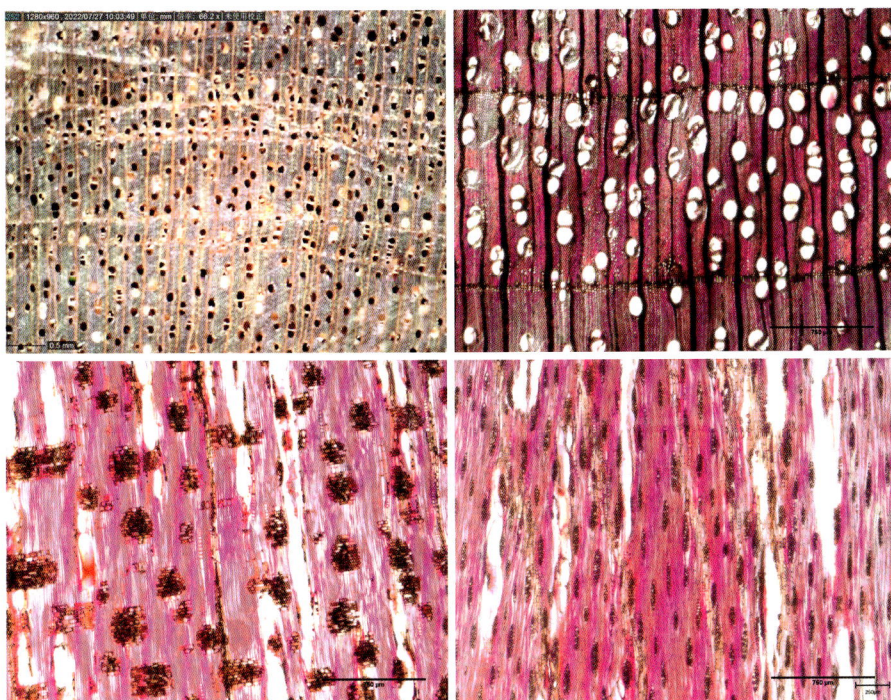

米12~13个，侵填体未发现，淡黄色固体堆积物普遍。弦切面上导管线肉眼可见，呈小沟状，10倍镜下见少量树胶内含物，乳色带黄，略反光，普遍见少量固体堆积物，淡黄褐色。薄壁组织丰富，肉眼隐约可见，10倍镜下可判别，以傍管型为主，多数管孔具有环管薄壁组织，宽度比管孔小，常仅为很窄的环或不完整环包围管孔；离管型薄壁组织稍比射线宽，显著，局部在年轮中出现，类似薄壁组织带，有时难区分。木射线非叠生，单列细胞较少，以多列为主宽2~3细胞射线。射线极窄，肉眼不见，10倍镜下易计算。射线大小一致，间距不等，中等多，每毫米6~7条，弦切面上肉眼隐约可见，10倍镜下清楚，呈纺锤形，常局部倾向于呈层状结构和梯阵排列。此外，有髓斑存在，颇普遍，径向宽达0.5毫米，弦向宽5~10毫米，纵切面呈长度不一的斑条，色泽深显著。木材呈单宁反应，反应颇慢，10倍镜下观察不出变化过程，固定后呈灰黑色，纵切面上色较深。

木材利用： 木材纹理略通直，结构细致。材质稍硬、稍重，加工容易，干燥后会稍开裂，但不变形，能耐腐。纵切面平滑，具明亮的光泽，材色鲜艳，生长轮呈现花纹，颇美观，切面久置后，心材较易变深色。适用于梁柱、门窗、天花板，也可作装修、车辆、造船和农具、上等家具等用材。

细子龙

Amesiodendron chinense (Merr.) Hu　无患子科细子龙属

别名：荔枝公、坡露、小龙眼

一类材 **22**

树皮： 皮面淡棕灰色，木栓不发达，皮稍平滑，灰白色的皮孔细且密。大树皮有浅凹痕（鳞片状脱落皮痕迹）。内皮粉红色，石细胞砂粒状及长条状，皮底似母生，"黄猄皮"而粗，皮薄，晒则纵裂，剥去后材身干净。

木材： 散孔材。红褐色，纵切面色较鲜淡。生长轮颇明显，因常有似轮末深色纤维呈现，年轮界常难确定，仅局部轮末纤维层较明显。管孔中等大至小，肉眼隐约可见，10倍镜下易计算。单管孔占多数，复管孔普遍，以径向复管孔为主，由2~3个或5个管孔组成，偶见斜向；管孔团亦常见，由3~4个管孔组成。管孔多，每平方毫米7~11个，侵填体未见，固体堆积物局部普遍，黄白色。弦切面上导管线肉眼可见，呈小沟，10倍镜下见局部普遍充满侵填体，乳色，略反光，普遍具少量固体堆积物，淡黄色。薄壁组织不丰富，肉眼不见，10倍镜下可判别，以傍管型为主，环管薄壁组织窄，而且仅少数管孔具有；离管型的轮界薄壁组织不显著，只局部可见。木射线非叠生，以单列细胞为主，偶见2列细胞。射线极窄，肉眼不见，10倍镜下可计算。射线大小一致，间距不等，很多，每毫米14~15条，弦切面上肉眼不见，10倍镜下尚清楚，不呈纺锤形。木材呈单宁反应，反应慢，变化过程不明显，10倍镜下观察，见管孔周围先变色，固定后呈蓝黑色，纵切面上色较淡，见射线先变色。

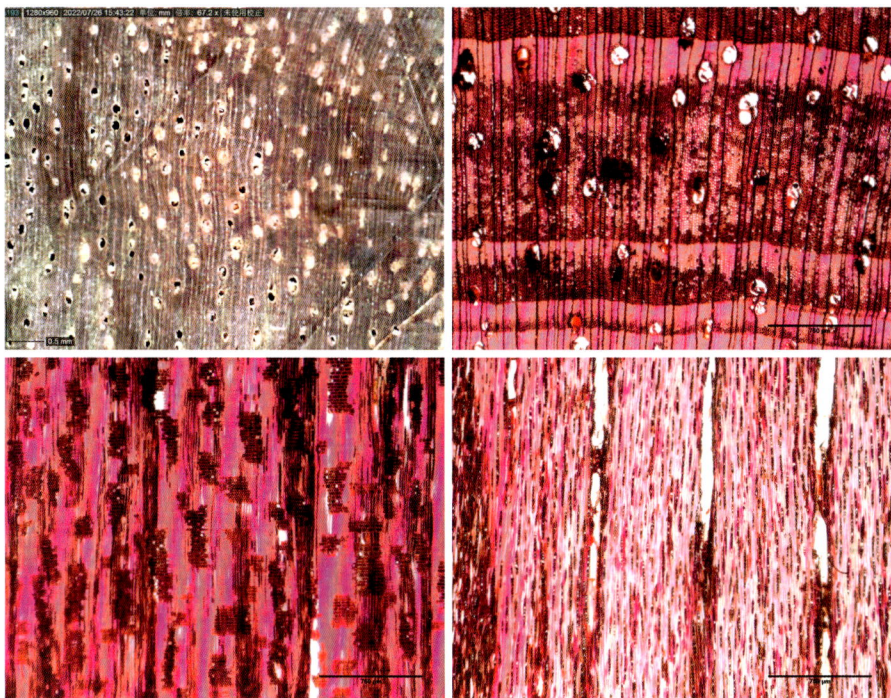

木材利用： 木材纹理交错，结构很细致。材质硬而极重，加工较难，干燥后局部稍会开裂，但不变形，耐腐且不受虫蛀。切面平滑且具光泽，材色鲜艳，生长轮略现花纹，颇美观。为工业强材，尤适用于造船、水工、桥梁、柱木、车辆，机械器具，上等家具、美工细木工、雕刻等用材。

褐叶柄果木

Mischocarpus pentapetalus (Roxb.)Radlk
无患子科柄果木属

别名：柄果木

树皮： 皮面灰褐色，内皮浅棕色，后变黄褐色。石细胞火焰状，似龙眼，材浅红褐色至深红褐色。

木材： 散孔材。红褐色，纵切面色较淡，似虾肉色。生长轮明显，因轮末有深色纤维层和轮界薄壁组织，年轮界较易确定。髓心淡红褐色，近圆形，宽度2毫米，结实。管孔小，肉眼不见，10倍镜下可计算，复管孔占多数，以径向复管孔为主，由2~3个管孔组成。管孔多，每平方毫米13~15个。侵填体未发现，普遍具有橙黄色固体堆积物。弦切面上导管线肉眼可见，呈细线状，普遍具少量固体堆积物。薄壁组织不丰富，肉眼不见，10倍镜下可判别，傍管型为主。环管薄壁组织仅少数管

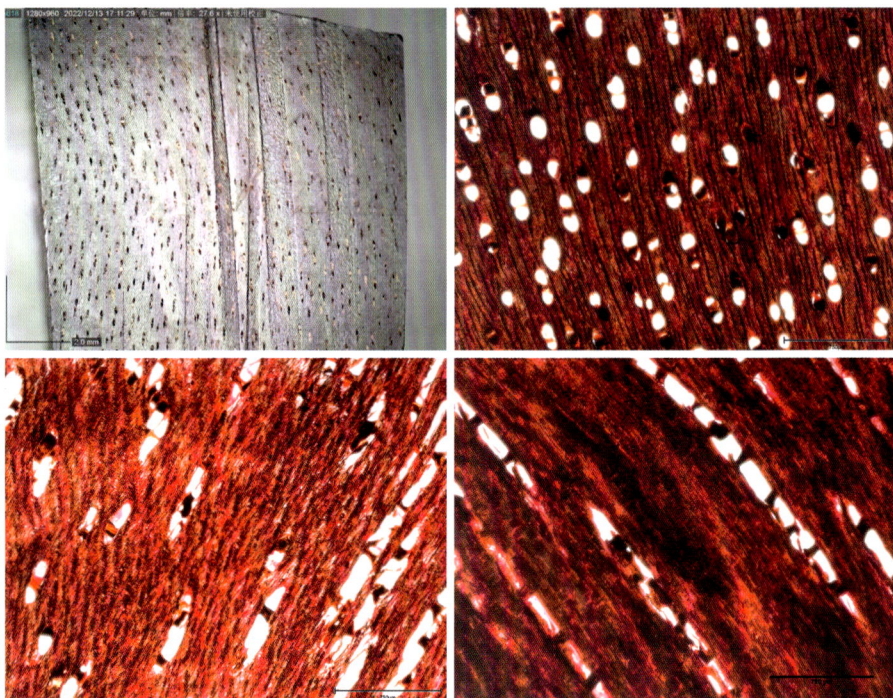

孔具有，常呈不完整的环；离管型的薄壁组织比射线稍宽，不显著，局部在年轮中亦有类似的带。木射线非叠生，单列细胞为主，射线极窄，肉眼不见，10倍镜下可计算，大小近一致，间距近等，很多，每毫米14~15条，弦切面上肉眼隐约可见，呈小点。此外，木材呈单宁反应，反应缓慢，固定后呈灰蓝色。

木材利用： 木材纹理交错、结构细致。材质硬且重，干燥后稍会开裂和变形，耐腐。材色鲜淡柔和、且具光泽，颇美致，为美观强材之一，适于上等家具、高级箱盒、装饰工艺用材，亦可供建筑、造船、车辆、把柄等用材。

观光木

Michelia odora (Chun)Nooteboom & B.L.Chen

木兰科含笑属

别名：观光木兰

树皮：灰褐色，平滑，似苦梓而带酸辣气。外皮硬碎，内皮韧皮纤维发达，材身有质附带。

木材：散孔材。心边材区别明显，界限略分明。心材占50%，心材绿黄褐色，边材灰黄褐色。木材有光泽，无特殊气味和滋味。生长轮略明显，轮间呈浅色细线，宽度略均匀，每厘米2.5~4个轮。管孔略多，甚小至略小，放大镜下明显，大小一致，分布均匀，散生，具白色沉积物。轴向薄壁组织，肉眼下可见，呈轮界状。木射线非叠生，单列细胞较少，多列为主宽2细胞射线。木射线细至甚细，密度中等，肉眼下略见，比管孔小，径向切面上射线斑纹明显，波痕及胞间通缺如。

木材利用：适于作房建材料，如屋架、梁柱、门窗框，由于木材耐腐，少变形，更适合于作上等家具、文具、雕刻用材。

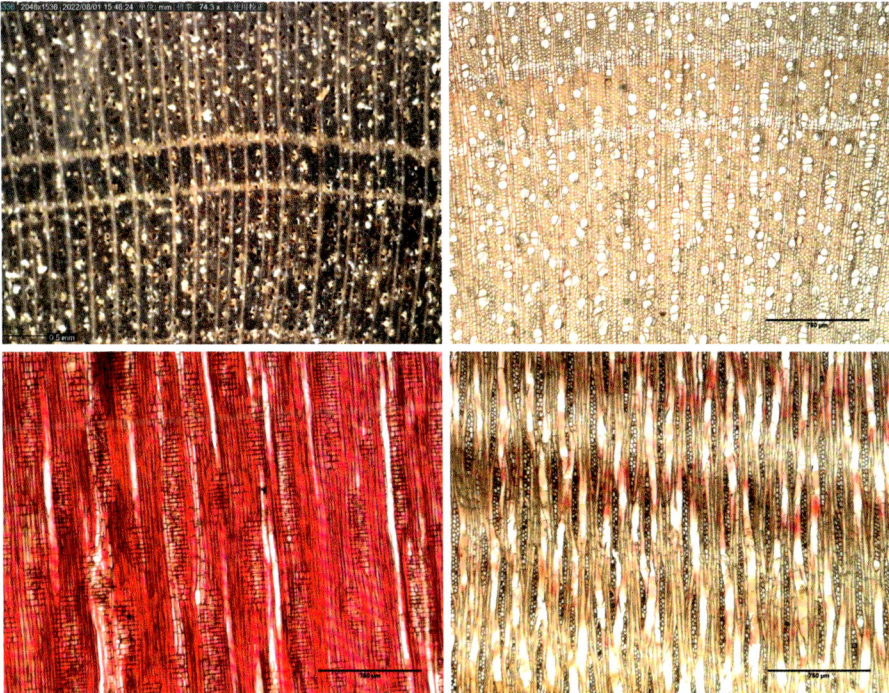

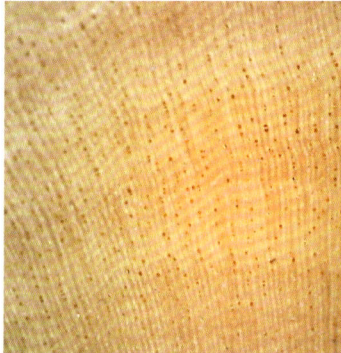

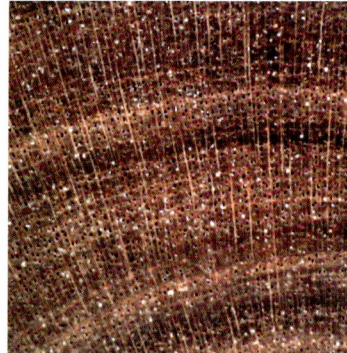

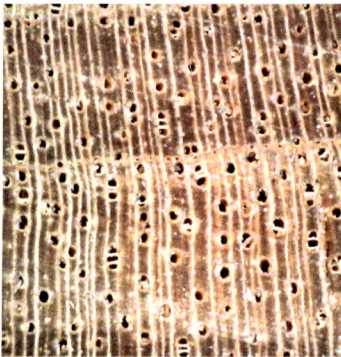

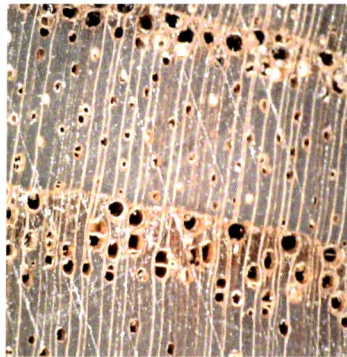

第三章 二类材

南亚松

Pinus latteri Mason

松科松属

别名：海南松、南洋二针松、越南松、油松、滨松

树皮：灰褐色，深纵裂，厚，松脂气味浓。

木材：心边材显著，界限分明。心材大，约占直径的70%，鲜红色带金黄，纵切面同色；边材淡黄棕色，纵切面同色。生长轮明显，年轮界仅部分分明。髓心淡红色，圆形、直径2毫米，结实。早晚材明显，晚材率变化大，通常为40%。管胞腔在10倍镜下可见，随着早材过渡至晚材，管胞腔逐渐变小至看不见，弦切面上在10倍镜下并不清楚。垂直树脂道肉眼局部可见，10倍镜下易计算，主要分布于晚材，倾向于呈弦向行，每平方毫米不够1个；纵切面上肉眼显著可见，呈小沟，充满树脂。单列细胞为主，高3~10细胞，偶见射线中间2列细胞。

木材利用：木材纹理局部交错，结构细致均匀。材质稍硬、轻、易加工。干燥后不开裂，亦不变形，能耐腐，气干后仍具香气。油漆性能良好，纵切面滑而有光泽，生长轮呈现花纹，心材颜色尤鲜艳夺目，适于用作桥梁、水工、桩木、枕木、造船、门窗、地板、车辆，又可作天花板、屏障、上等家具、装饰、美工艺用材。树脂丰富，可供采脂之用。

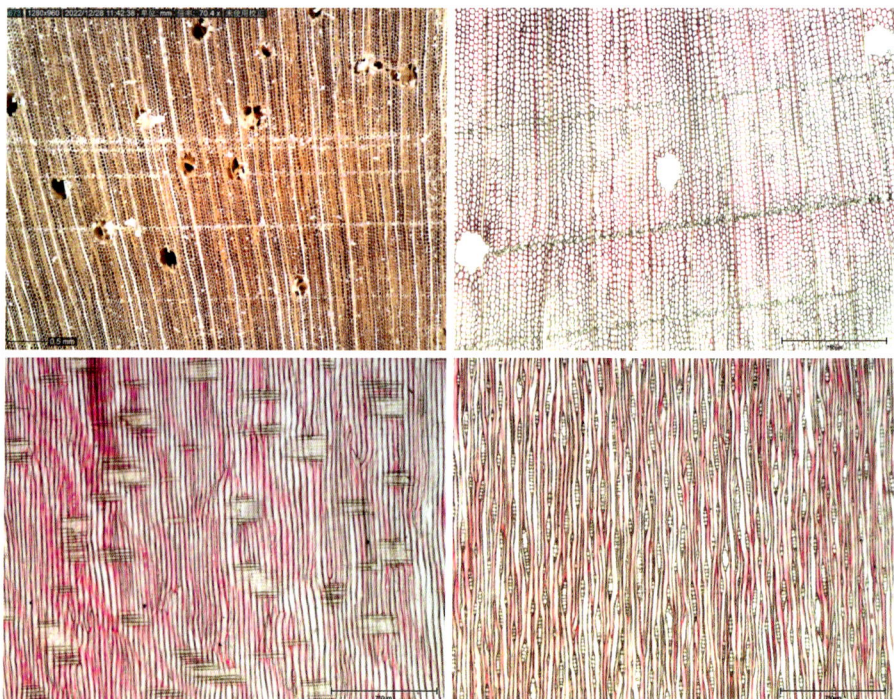

海南粗榧

Cephalotaxus hainanensis Li　三尖杉科三尖杉属

别名：红壳松、松树、石榴松

树皮： 厚约2毫米。暗灰褐色或红棕褐色，平滑，薄片状剥落。树皮剥开或刚剥落时，皮下呈红棕色（故称红壳松），久则变灰色或黑褐色，甚薄；内皮朱褐色，稍有松脂味。

木材： 淡黄带棕色，局部暗棕色，纵切面淡黄且带棕色。生长轮不明显，年轮界仅局部分明。髓心棕褐色，圆形、直径2毫米，松软。早晚材不明显，晚材带通常仅隐约呈现，稍深色带，晚材率很低，难确定。管胞腔在10倍镜下隐约可见，随着早材向晚材过渡，管胞腔大小变化不显著；弦切面管胞壁反光强。木射线非叠生，单列细胞为主，高2~8细胞。射线极窄，肉眼隐约可见，射线大小一致，间距不等，10倍镜下也难辨别。此外，10倍镜下观察，可见各切面均匀分布有红棕色树脂内含物的薄壁组织，呈小点，纵切面上多数纵向显著长。

木材利用： 木材纹理通直、结构细致，均匀。早晚材强度一致，稍重，硬，易加工。干燥后不开裂，亦不变形。油漆性能良好，纵切面光滑且有光泽，材色清淡调和，适于天花板、屏障、高级箱盒、上等家具用材；刨切性能良好，宜作木尺、笔杆、雕刻及其他细木工之用，并可作胶合板用材。树皮有药用价值，可提取抗癌物质。

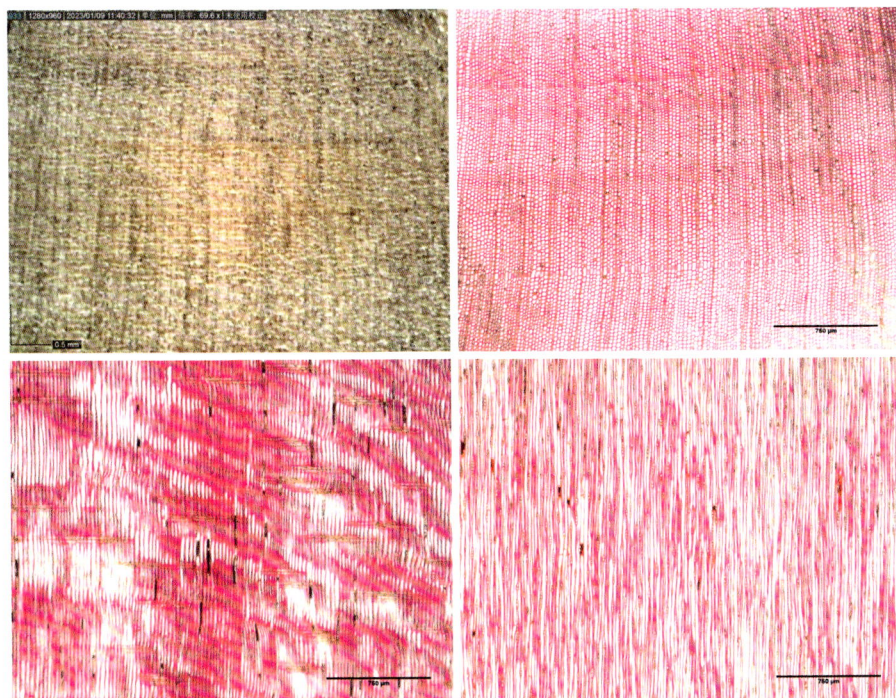

海南五针松

Pinus fenzeliana Hand.-Mzt.

别名：粤松

松科松属

\二类材/
03

树皮：棕红褐色，粗糙，沟纹或鳞片状开裂，小片剥落；内皮薄，黄棕色，松脂气味浓。

木材：心边材显著，界限分明。心材大，约占直径的70%，鲜红色带金黄，纵切面同色；边材淡黄色，纵切面同色。生长轮明显，年轮界仅局部分明。髓心淡黄色、圆形、直径2毫米，结实。早晚材不明显，晚材率变化大，通常为40%。管胞在10倍镜下可见，随着早材向晚材过渡，管胞腔逐渐变小至看不见；弦切面上管胞壁反光强。单列细胞为主，高3~10细胞，偶见射线中间2列细胞。射线极窄，肉眼隐约可见，射线大小一致，间距不等，10倍镜下也看不清楚。垂直树脂道局部可见，10倍镜下易计算，主要分布于晚材，倾向于呈弦向，每平方毫米不够1个，纵切面上肉眼显著可见，呈小沟，常充满树脂。

木材利用：木材纹理局部交错，结构细致均匀。材质稍硬，轻易于加工。干燥后不开裂，亦不变形，能耐腐，气干后仍具松香气。油漆性能良好，纵切面平滑且有光泽，生长轮呈花纹，心材颜色尤鲜艳夺目，适于用作梁柱、门窗、地板、水工桥梁、桩木、枕木、造船、车辆等，但供天花板、屏障、上等家具、装饰、美工等用材尤佳。树脂丰富，可供采脂之用。

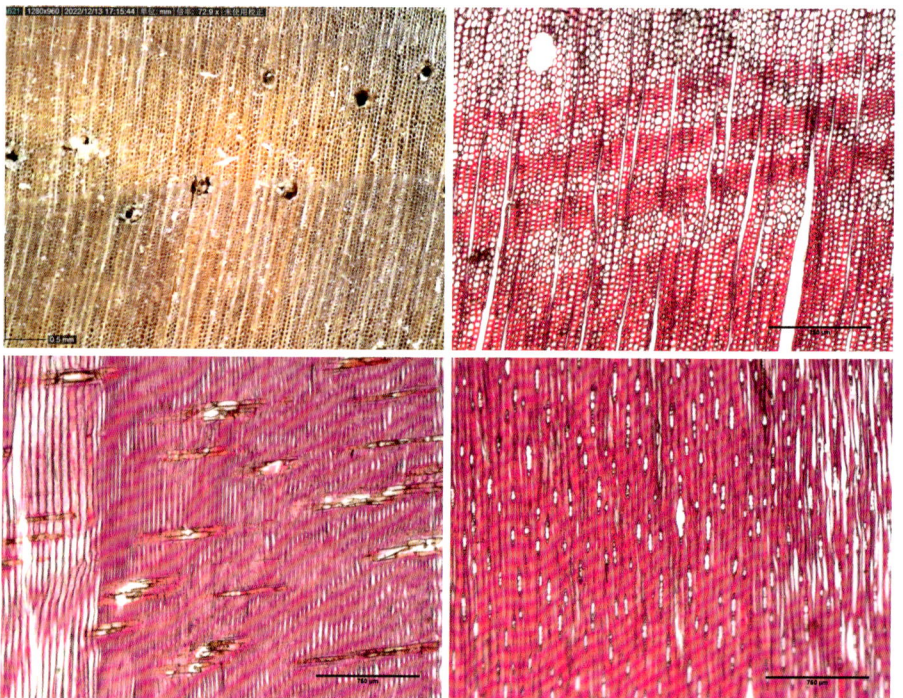

广东山胡椒

Lindera kwangtungensis (Liou)Allen
樟科山胡椒属

\二 类 材/
04

别名：柳槁、猪母楠、钓樟、广东钓樟、
粗钓樟、绒钓樟

树皮： 厚3~5毫米，灰黄色，具浅纵裂，韧皮棕褐色、脆，具有香樟的香气。外皮与坡垒相似，内皮黄色（树皮创伤后，可见甘草色），有白纤毛，石细胞和韧皮纤维不见，材身不光滑，具波浪状。

木材： 散孔材。心边材略见，界线不分明。心材大，占直径的60%，青褐色，纵切面淡而鲜；边材暗红褐色，局部呈显著的黄色，纵切面淡棕色带红。生长轮明显，因常有较深色的纤维层出现，年轮界难确定。髓心黄褐色，近圆形，宽8毫米，结实，脆而易脱落。管孔中等大小至小、肉眼隐约可见，10倍镜下易计算。单管孔占多数，复管孔局部普遍，以径向复管孔为主，由2~3个或达4个组成；管孔团仅偶见，由3~4个管孔组成。局部分散分布，常局部斜向排列或倾向于此，分布均匀，局部轮末显著地少，并呈现很窄的深色纤维层，可借以确定年轮界，但常在一个年轮内有1~2层类似的层次，易与年轮界混淆。固体堆积物局部普遍，暗褐色。弦切面上导管线肉眼可见，呈小沟，10倍镜下普遍具侵填体，乳白色并反光，局部充满颜色极深的固体堆积物。薄壁组织不丰富，肉眼不见，10倍镜下易辨别，仅傍管型。绝大多数管孔具有环管薄壁组织，宽度比管孔小，多数仅呈很窄的环包围着管孔。

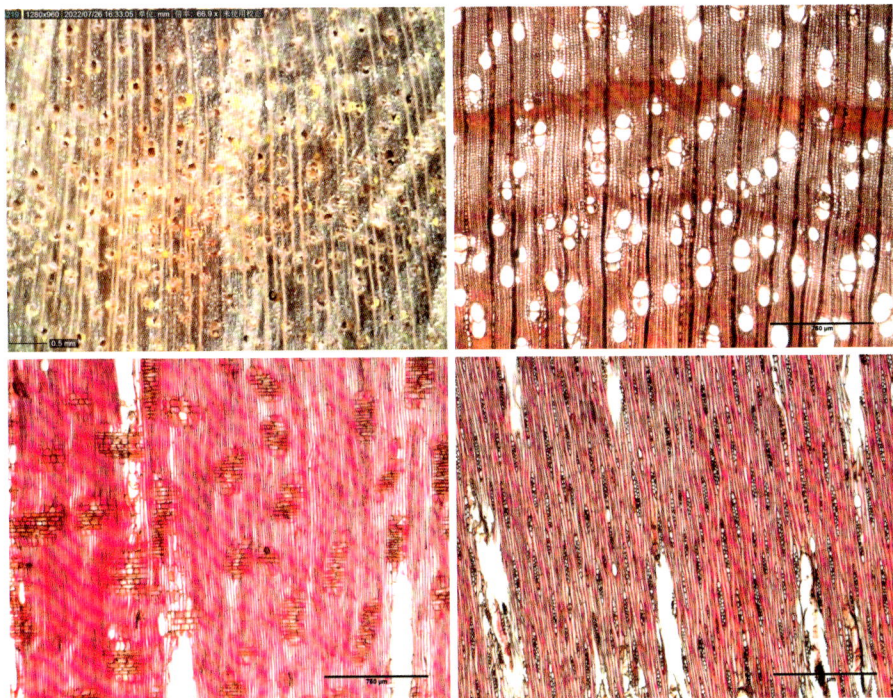

射线极窄，肉眼隐约可见，10倍镜下易计算。射线大小不一致，间距亦不等，多，每毫米7~8条。弦切面上肉眼隐约可辨，10倍镜下清楚，呈窄的纺锤形，局部倾向于呈梯阵排列。油或黏液细胞多，10倍镜下可见，很显著，为本科属或樟科树种木材含油细胞之最，呈鲜黄色和橙黄色点，比管孔稍小或以之相仿，近圆形，主要分布于薄壁组织中，一般一个管孔傍有一个细胞，常凸出在纤维间。木射线非叠生，单列细胞较少，多列射线宽2~3细胞为主。射线中，不多，弦切面上导管线和一些射线，普遍有鲜或橙黄色的纵向长斑点，近卵形，轮廓分明。此外，木材呈单宁反应，但反应很慢，10倍镜下观察不出变化过程，固定后呈黑色，纵切面上色较淡。

木材利用：木材纹理通直，结构细致均匀，木材稍硬稍重。加工容易，干燥后稍有开裂，但并不变形。含油或黏液很丰富，能耐腐。纵切面油润且具光泽，材色鲜艳，生长轮呈花纹，适于作上等家具、梁、门、窗、柱等用材，供水工、桩木、造船亦佳。

长序厚壳桂

Cryptocarya metcalfiana Allen　樟科厚壳桂属

别名：小果厚壳桂、铁桂、麦桂

\二类材/
05

树皮：厚4~5毫米。灰褐色、平滑或浅纵裂，内皮黄褐色，灰褐，硬脆，干时略胡椒气。石细胞长条状，在皮底凸起，密而深波状起伏。

木材：散孔材。鲜棕色带红，纵切面淡棕色。生长轮明显，因薄壁组织带存在，年轮界限难以确定。髓心淡黄棕色，梅花形、直径3毫米，结实。管孔中等大小至小，肉眼隐约可见，10倍镜下易计算。单管孔占多数，复管孔不普遍，径向复管孔由2~3个或达4个组成；管孔团未发现。管孔分散分布、不均匀，局部疏或密，差别大。管孔中等多，每平方毫米5~7个，侵填体普遍，显著反光强。固体堆积物很普遍，淡棕色，充满绝大多数管孔。弦切面上导管线肉眼可见，呈细线，10倍镜下见普遍具侵填体，反光强，普遍充满固体堆积物。薄壁组织丰富，肉眼可见，10倍镜下易判别，傍管型为主。全部管孔具环管薄壁组织，环的宽度比管孔大或小，多数成短翼状，少数呈很窄的环或不完整的环包围管孔。离管薄壁组织带一般比射线稍宽，一个年轮间可有1~11条不等，通常3~5条，常数条连接得很近，并局部相连合成不连续带，于年轮界尤为显著，局部借此可以确定年轮界。轮界薄壁组织与薄壁组织带略同，难以区分，每毫米有带达20~23条之多，局部仅10条，变化大。木射线非叠生，多列射线宽3细胞。射线极窄，肉眼隐约可见，10倍镜下易计算。射线大小不一致，间距不等，中等多，每毫米6~7条，弦切面上肉眼可见，10倍镜下清楚，呈纺锤形。油或黏液细胞多，10倍镜下可见显著，呈橙黄色点，主要分布于傍管型薄壁组织中，其次是射线中，纵切面导管线两侧和一些射线，普遍有橙黄色斑，显著长形。

木材利用：木材纹理局部交错，结构密致，木质坚硬、韧、重。较难加工，干

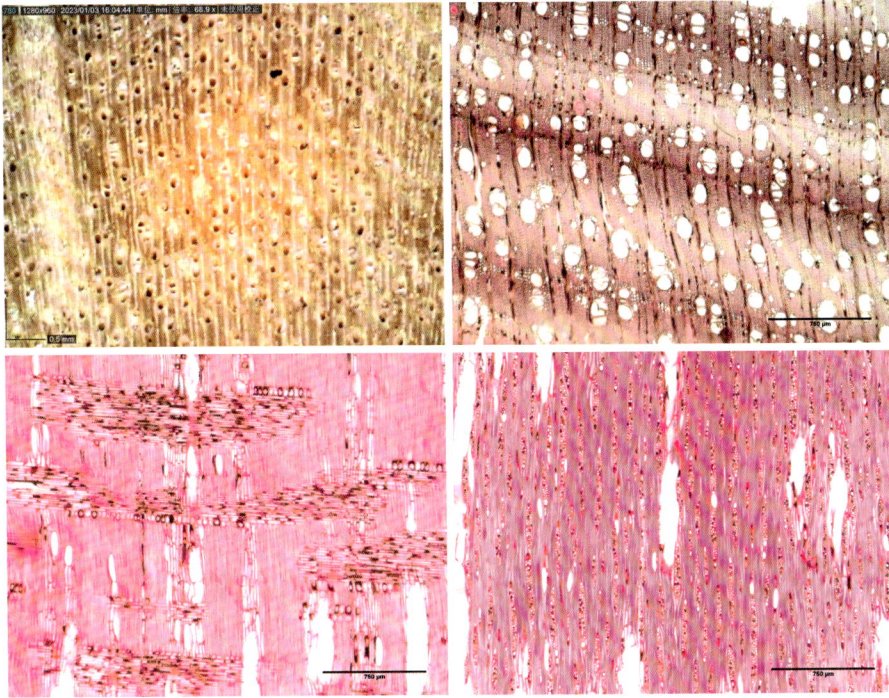

燥后稍有微裂，不变形。含油或黏液丰富，很耐腐。材色鲜明调和，纵切面具光泽，颇美观，为工业强材，适用于梁、门窗框、地板等用材，供造船、桥梁、水工、桩木、枕木、机械器具、上等家具等用材，也可供运动器械、雕刻、细木工用材。

注：该类木材含黄果厚壳桂。

红毛山楠

Phoebe hungmoensis S.K.Lee 　樟科楠属

别名：毛丹、黄丹母、剑叶楠

木材： 散孔材。棕黄色，纵切面色较鲜淡。生长轮明显，年轮界易确定。管孔中等大小，肉眼隐约可见，10倍镜下易计算。单管孔占多数，复管孔普遍，以径向复管孔为主，由2~3个管孔组成；管孔团偶见。管孔分散分布，局部呈较显著的斜向排列，年轮末显著较少，呈现较深色的纤维层，借以确定年轮界。管孔多，每平方毫米15~18个，侵填体偶见。弦切面上导管线呈细小沟，10倍镜下普遍有少量侵填体，乳白色反光。薄壁组织丰富，肉眼不见，10倍镜下可判别，全为傍管型。多数管孔具有环管薄壁组织，呈窄的环和不完整的环包围管孔。木射线非叠生，单列细胞较少，多列射线宽2细胞为主。射线极窄，肉眼隐约可见，10倍镜下易计算，大小一致，间距不等，中等多，每毫米4~6条，弦切面呈纺锤形。油或黏液细胞多，

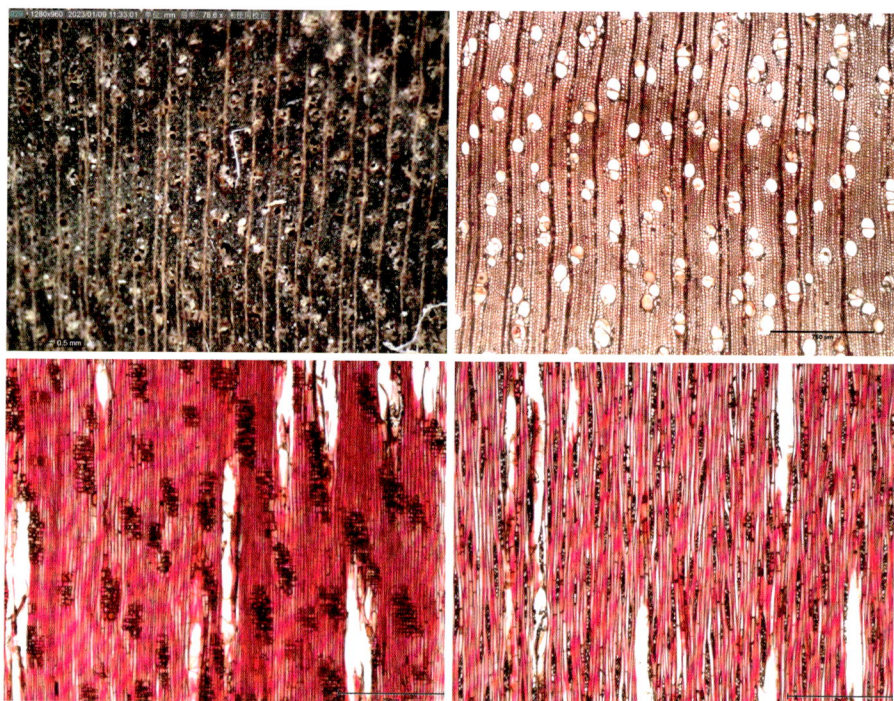

呈淡黄色小点，分布于薄壁细胞及射线中。木材气干仍具香辣味。

木材利用：木材纹理通直，材质稍软，加工容易。干燥后不开裂，亦不变形，具香辣气味，能耐腐。材色鲜，光泽强，切面油滑，甚为雅致，为优良美观用材之一，尤适合于作上等家具、装饰、高级箱盒、工艺等用材，作天花板、屏风、文具、农机具等。

乐东油果樟

Syndiclis lotungensis S. K. Lee　樟科油果樟属

别名：油樟、乐东樟、锡地樟、合药樟

\二类材/
07

树皮：厚3~5毫米，灰棕褐色，稍平滑，内皮褐色，稍具香樟气味，石细胞层片状，粗而密，在皮底不见。树初砍时呈黄色，继而黄红色，最后深红色，表面玫瑰红色，具酸臭气，生材气淡，材浸水分离出红黄色。

木材：散孔材。心边材显著，界限分明。心材大，占直径的70%，褐红色，纵切面同色。生长轮不明显，因有薄壁组织带存在，年轮界常难确定。髓心黄褐色，近圆形，宽2毫米，松软。管孔中等大小，肉眼隐约可见，10倍镜下可计算，单管孔占多数，复管孔不普遍，径向或斜向复管孔由2~3个管孔组成；管孔团未发现。

管孔分散分布，局部倾向于呈斜向排列，分布均匀，仅局部轮末较显著地减少，借以确定年轮界。管孔中等多，每平方毫米7~8个，侵填体偶见，反光强。弦切面上导管线肉眼可见，呈小沟状，10倍镜下偶见少量侵填体，反光强，普遍具有固体堆积物，红褐色。薄壁组织丰富，肉眼隐约可见，10倍镜下易判别，傍管型为主，宽度比管孔大或小，多数为短翼状薄壁组织，其余为环管薄壁组织。离管薄壁组织，稍比射线宽，每厘米有带10~15条或达20多条之多，一个年轮内可有1~5条带，距离不定，有时2条以上，嵌接较近而局部相连。轮界薄壁组织与薄壁组织带常难区分，间距亦不等，中等多，每毫米6~7条，弦切面上肉眼隐约可见，10倍镜下清楚，呈纺锤形，常显著地倾向于呈层状结构和梯阵排列。油或黏液细胞少，局部多，10倍镜下可见，不显著，呈色较淡的小点，主要分布于薄壁组织中，偶见于射线中，纵切面观察不出来。垂直胞间道存在，横切面上10倍镜下观察，呈近圆形小孔，比管孔显著地少，不具薄壁组织，显著，多数分布于射线及管孔的环管薄壁组织纤维间，有些具有深色反光的似树胶的内含物，纵切面上呈很短的细线。木射线非叠生，单射线为主，但同一射线内见2~3细胞多列部分。木材呈单宁反应，反应很缓慢，10倍镜下观察不出变化过程，固定后呈淡黑色，纵切面上色较淡。

木材利用： 木材纹理略交错，结构细致。材质稍硬而轻，易于加工，干燥后稍微开裂，会变形，不很耐腐。纵切面平滑且具光泽，生长轮略现花纹，唯不很鲜美。适于用作梁柱、门、窗、农具以及一般较好的家具及器具等用材。如能在干燥和加工技术上防止变形的缺点，仍不失为良材。

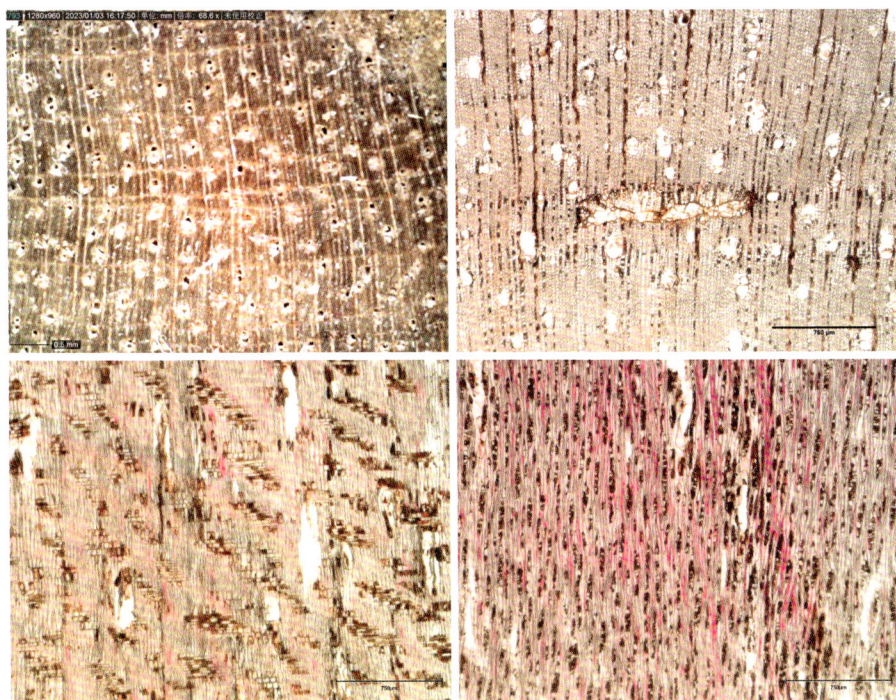

大叶刺篱木

Flacourtia rukam Zoll. & Moritzi.

大风子科刺篱木属

\二类材/
08

别名：山刺血

树皮：皮面灰褐色，稍平滑，内皮黄色。微具花椒气。石细胞层片状，粗且密，皮底不见。幼树干基具分叉的枝刺，因此得名。

木材：散孔材。材初砍时呈黄色，继而黄红色、最后深红色（表面玫瑰红色，砍后仍红黄色），具酸臭气。生材气淡，材浸出水溶液红黄色，似母生（内皮更似且带红色），气臭。导管小至极小，肉眼不见，10倍镜下可计算。复管孔占多数，以径向复管孔为主，2~3个或4~5个管孔组成；管孔团偶见，由2~3个管孔组成。单管孔普遍，管孔倾向呈径向排列。管孔每平方毫米15~18个。弦切面导管线肉眼隐约可见，呈纤细状，10倍镜下可见充满侵填体，乳白色，略发光。轴向薄壁组织不发达，10倍镜下难判别。射线极窄，10倍镜下可计算，大小不一、间距不等，多，每毫米10条，弦切面上隐约可见，不呈纺锤状。木材呈单宁反应，反应缓慢，10倍镜下观察不出变化过程，固定后呈黑色，纵切面色较淡。

木材利用：木材纹理交错，结构致密，重、硬，加工困难。加工后不变形、不开裂，能耐腐。适宜于水工、桥梁、造船、柱木、枕木、机械器具、建筑用材及运动器械用材。

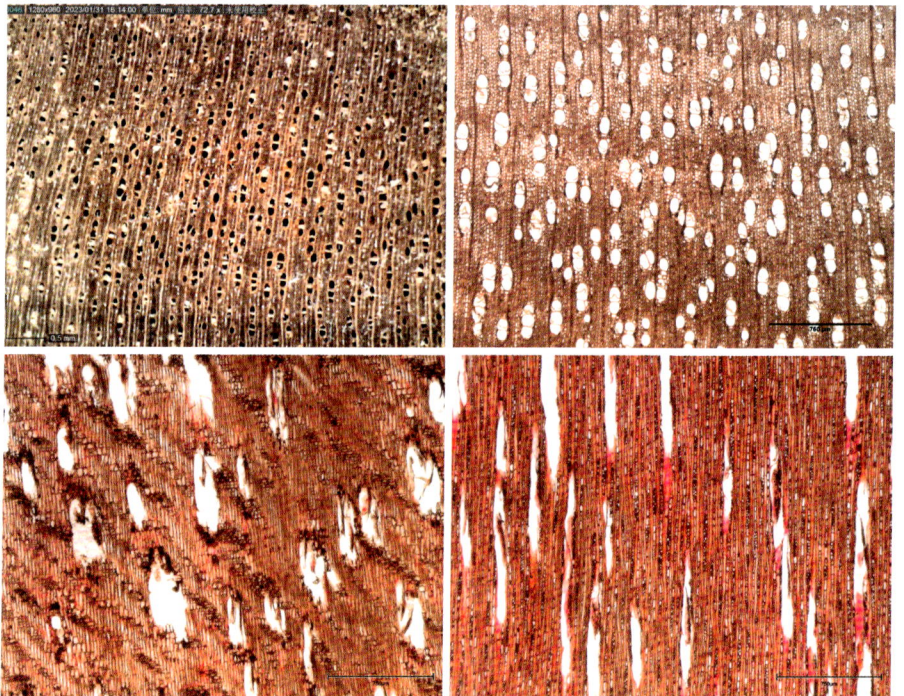

海南大风子

Hydnocarpus hainanensis (Merr.) Sleumer.
大风子科大风子属

\二类材/
09

别名：乌壳树、龙角、乌果、海南麻风树

　　树皮：厚3~4毫米，淡绿色而有斑印，平滑，韧皮淡黄色，与外皮相接处有一绿色皮层，微带腥味。

　　木材：散孔材。淡黄褐色，纵切面色较淡。生长轮略明显，年轮界较易确定。髓心近菱形，淡黄褐色，宽4毫米，结实。管孔很小，肉眼不见，10倍镜下难计算，复管孔占多数，全为径向复管孔，由2~4个管孔组成；单管孔普遍。管孔分散分布，倾向于径向排列。管孔很多，每平方毫米30~35个，侵填体未发现。弦切面上导管线呈纤细线，局部有固体堆积物。薄壁组织很不丰富，10倍镜下也辨别不出。射线极窄，肉眼隐约可见，10倍镜下可计算，约与管孔等宽，大小近一致，间距近等，很多，每毫米17~19条，弦切面上呈短纺锤形，10倍镜下也不清楚。

　　木材利用：木材纹理交错、结构致密。材质硬且很重，不难加工，干燥后有开裂，不变形，能耐腐。材色较淡，为工业强材之一，适于作梁、柱、家具、车辆、轴、矿柱。种子含大风子油，经初步临床验证，对麻风病有疗效。

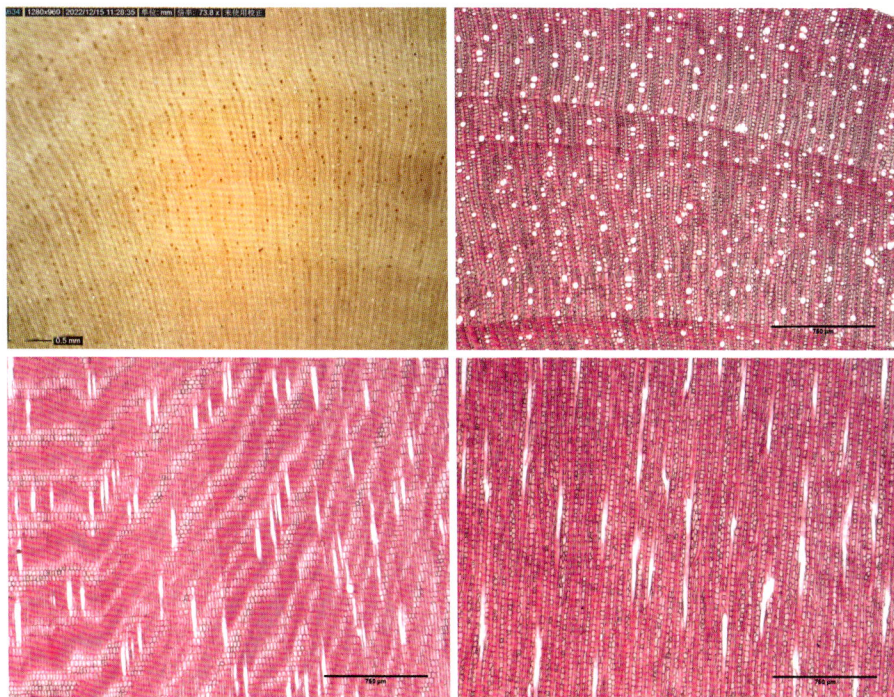

广东箣柊

Scolopia saeva (Hance)Hance　　大风子科箣柊属

别名：刺血

树皮： 皮面灰褐色，稍平滑，内皮浅粉红色，淡花生香气。幼树时有分叉的刺，皮底短条状石细胞，似黄猄皮，皮薄；大树时，干形油条状（不圆深），皮较韧，剥不干净。

木材： 散孔材。心边材区别不分明，界限不分明。心材略现，棕红色，边材较淡，材似母生而更细致，反光不及母生强，似细子龙而皮更红。管孔肉眼不见，复管孔普遍，排列分散，局部倾向于径列。薄壁组织很不丰富，10倍镜下难以判别。木射线非叠生，多列射线宽2细胞为主，单列射线少。射线极窄，10倍镜下隐约可见，大小近一致，间距近等，很多每毫米17~19条，弦切面呈短纺锤形。

木材利用： 木材纹理交错、结构密致，材质重且硬，适合于承重型结构用材、耐腐，可作桩水、枕木等用材，并可作房建、农机具柄及家具用材。

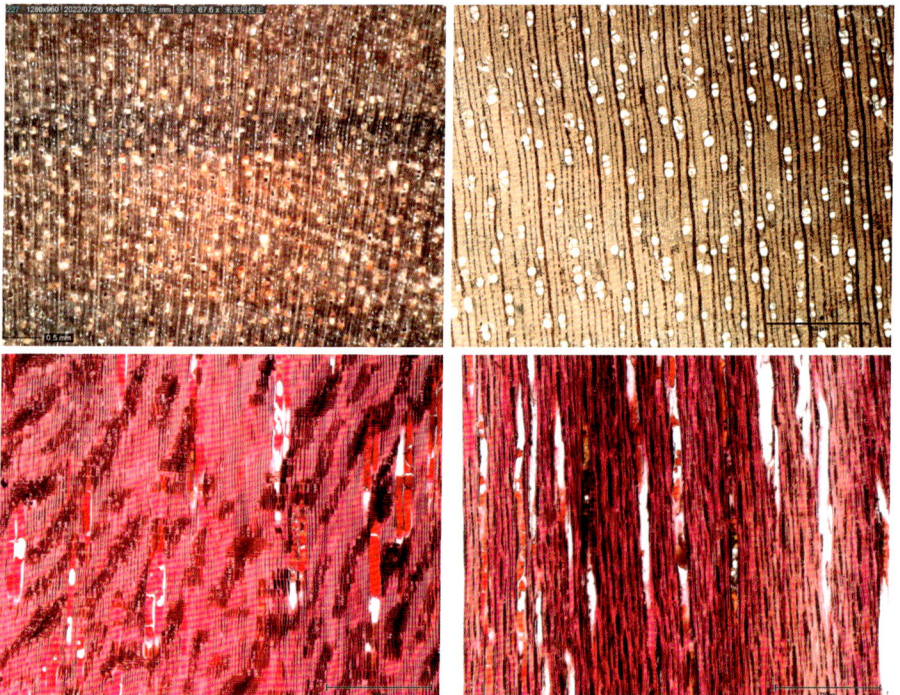

肖蒲桃

Syzygium acuminatissimum (Blume) DC.

桃金娘科蒲桃属

别名：高根段、岭模、火炭木、个药木

树皮： 厚5~6毫米，灰红褐色，平滑，内皮红褐色，略带甜味，薄片状脱落，略呈火焰状，砍开很快转为紫褐色，皮略韧且软，可撕成纤维状。

木材： 散孔材。心边材显著，界限不分明。心材大，约占直径的50%以上，棕色带红，纵切面色较淡。生长轮略明显，常因有似轮末的深色纤维层呈现，使年轮界难以确定。管孔小至中等大小，肉眼不见，10倍镜下可计算，单管孔占多数，复管孔局部普遍，以径向复管孔为主，由2~3个管孔组成。管孔分布方式较复杂，常局部呈不同程度的斜向排列或弦向排列，有时显著，局部略现波浪形，呈现很窄的纤维层，借以确定年轮界。但年轮界中常局部有一层类似的纤维层，易与年轮界混淆。管孔多，每平方毫米18~20个，侵填体偶见，呈小反光点，黄褐色和白色堆积物普遍。弦切面上导管线肉眼可见，呈细小沟，10倍镜下清楚。此外，木材呈单宁反应，薄壁组织最先变黑。射线呈黑点，固定后呈蓝色，纵切面射线、导管线侧和一些固定堆积物变色。木射线非叠生，多列射线宽2~3细胞为主，单列射线较少。

木材利用： 木材纹理交错，结构细致。木材稍硬、很重，加工容易，切面平滑，干后少开裂，且不变形。纵切面生长轮略现花纹，材色颇鲜明且具光泽，颇能耐腐，适于上等家具，亦可作梁柱、门窗、地板、造船、桥梁、车辆、器具和其他细木工用料。

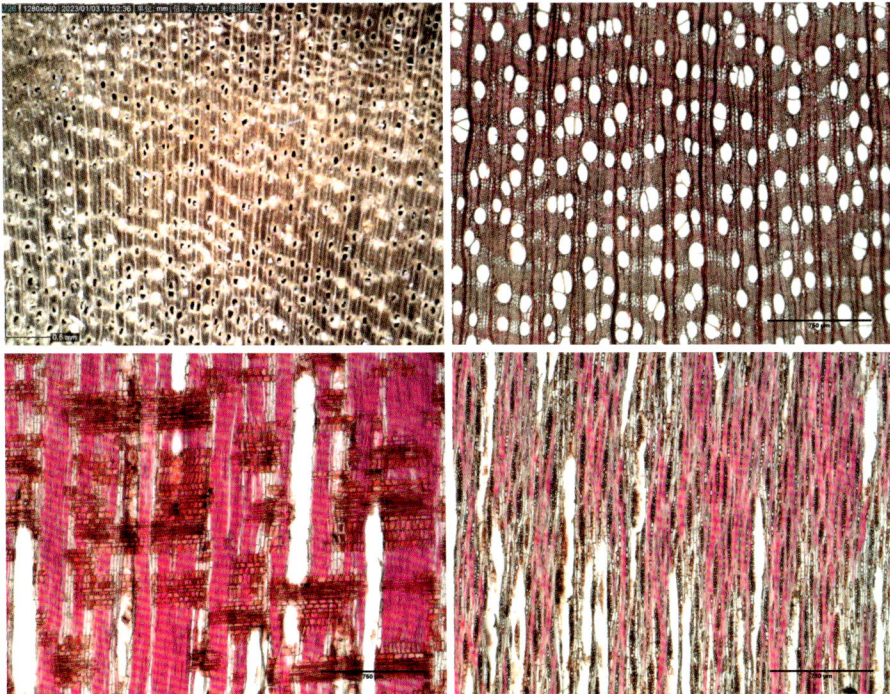

散点蒲桃	*Syzygium conspersipunctatum* (Merr. & L. M. Perry) Craven & Biffin 别名：多腺水翁、山水翁、山乌墨、山双本	桃金娘科蒲桃属	\二类材/ **12**

树皮：厚约2厘米，浅黑褐色，具细纵裂纹，平滑，具微酸带甜气味。树干常有不规则的洞穴。内皮浅紫红，纤维交错，砍开后变紫褐色。石细胞砂粒状。

木材：散孔材。紫棕色，纵切面较淡而带红。生长轮明显，年轮界不很分明，仅能大致确定。管孔中等大小至大，肉眼隐约可见，10倍镜下可计算，单管孔占多数，复管孔普遍，以径向复管孔为主，由2~3个或达4个组成，有少数斜向；管孔团偶见，由3~4个管孔组成。部分管孔弦向排列，常呈不同程度的斜向排列，局部略呈波浪形，分布很不均匀，年轮外部显著地少，局部呈现纤维层，易与年轮混淆。管孔多，平均每平方毫米15~19个，侵填体偶见，10倍镜下呈小反光点，黄褐色固体堆积物局部普遍。薄壁组织肉眼不见，10倍镜下可判别，傍管型为主，多数管孔具有环管薄壁组织，常仅呈很窄的环；离管型星散薄壁组织呈短线，分布于射线间，常与傍管型相连。木射线非叠生，多列射线宽2细胞为主，单列射线少。射线有窄和极窄两种，肉眼隐约可见，前者10倍镜下可计算，以窄射线占多数，间距不等，中等多，每毫米6~7条，弦切面上肉眼隐约可见，10倍镜下清楚，呈纺锤形。此外，木材呈单宁反应，反应较快，10倍镜下可观察，射线全部薄壁组织先变色，呈现黑点，固定后呈蓝黑色，纵切面上反应较慢。

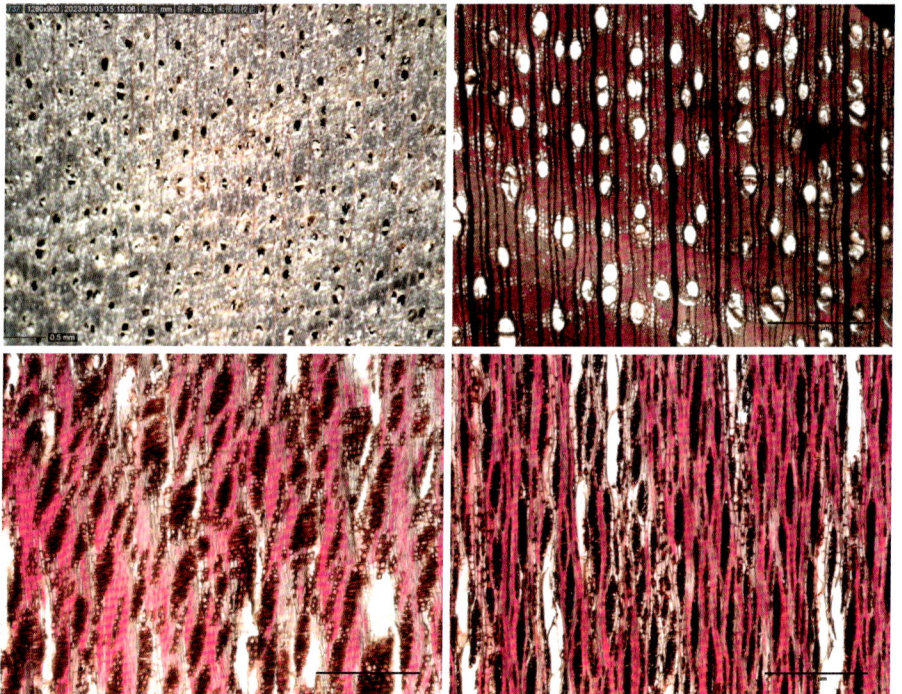

木材利用： 木材纹理通直、结构细、材质硬，加工容易。纵切面光滑，干燥后少开裂，也不变形，略能耐腐。纵切面生长轮略现花纹，有光泽，颇美观，适于作上等家具，亦作门窗框、天花板、农具、车辆、造船、器具及其他板料等用材。

乌墨

Syzygium cumini (L.)Skeels

别名：双本、马本、密脉蒲桃、粉本

桃金娘科蒲桃属

树皮： 厚达2厘米以上，黄灰至灰黑色，粗糙至凹凸不平，栓脆，白色（外缘略红），砍开紫色至紫褐色，与材身易分离，但砍不成大片，皮外层具粗糙状石细胞。

木材： 散孔材。心边材略明显。暗紫棕色，纵切面色较淡。生长轮不明显，年轮界不分明，常难确定。管孔中等大小，肉眼可见，10倍镜下可计算，复管孔占多数，以径向复管孔为主，由2~3个或达4个管孔组成，有少数斜向；管孔团亦常见，由3~4个管孔组成；单管孔普遍。管孔分散分布，局部倾向于径向和弦向排列，分布略均匀，年轮末较少，局部显著，可借以确定年轮界。管孔多，每平方毫米14~15个，侵填体偶见，呈小反光点，黄白色固体堆积物局部普遍。弦切面上导管线肉眼可见，呈小沟，10倍镜下见普遍充满乳白色侵填体，因为反光，普遍见固体堆积物，呈淡黄色或黄白色。薄壁组织不丰富，肉眼不见，10倍镜下也难判别，傍

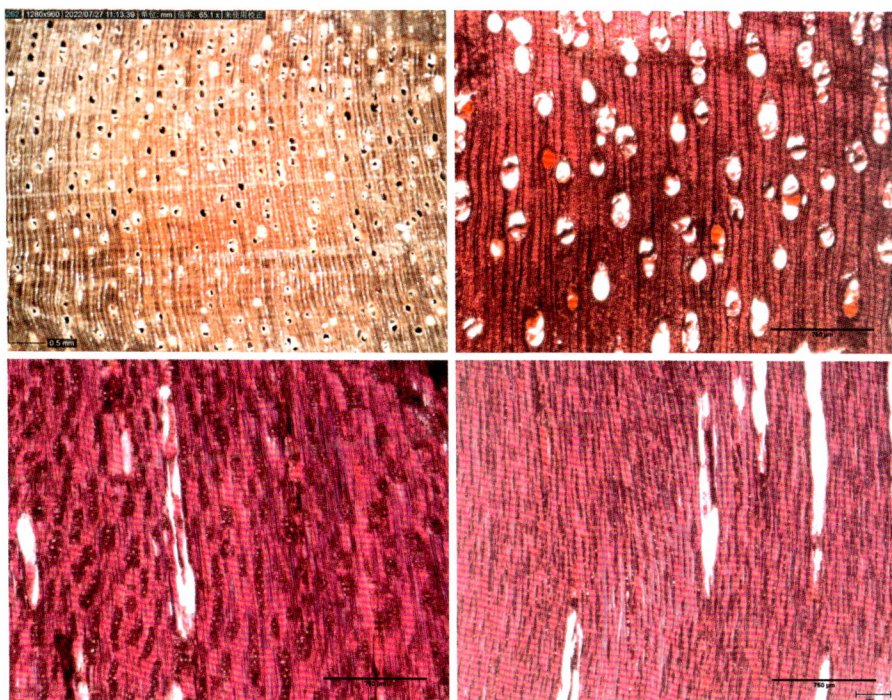

管型为主，多数管孔具有环管薄壁组织，常仅呈很窄的环或不完整的环包围管孔，局部呈翼状至聚翼薄壁组织。离管型星散薄壁组织呈极短的纤细线和小点，分布于局部位置上或年轮界上，常与管孔接触。木射线非叠生，多列射线宽2~3细胞为主，单列射线少，同一射线内有时出现2次多列部分。射线极窄，肉眼不见，10倍镜下难以计算。射线大小一致，间距不等，很多，每毫米11~12条，弦切面上10倍镜下也不清楚。此外，木材呈单宁反应，反应迅速，10倍镜下观察，见薄壁组织立即变蓝黑色，固定后呈深蓝色带紫，纵切面显著地慢，具固体堆积物，射线和薄壁组织先变色，固定后色变深。

木材利用： 木材纹理交错、结构细致。木材稍软且稍重，颇易加工，干燥后不开裂，亦不变形，能耐腐。木材色调均匀，纵切面平滑、略具光泽，适于作造船、车辆、家具、农具、建筑、器具等用材，尤造船板更佳。

皱萼蒲桃

Syzygium rysopodum Merr. & L.M. Perry
桃金娘科蒲桃属

\二类材/
14

别名：红营

树皮： 皮面红褐色，大薄片状脱落，内皮红或红褐色（干后变深褐）。皮甚韧，可剥成长条，反复屈折不断，皮层纤维交错，经晒后，皮也不容易脱离。石细胞成片状，或混合状。

木材： 散孔材。心边材略现，界限不分明。心材小，约占直径的20%，棕红色，纵切面同色；边材色较暗。生长轮明显，因常有似轮末较深色纤维层呈现，年轮界常难确定。管孔中等大小至小，肉眼不见，10倍镜下可计算，单管孔占多数，复管孔普遍，以径向复管孔为主，由2~3个管孔组成，有少数斜向；管孔团仅偶见，由3~4个管孔组成。管孔斜向排列，局部倾向于弦向排列或波痕形，分布均匀，年轮末常较疏，呈现窄的纤维层，易与年轮混淆。管孔很多，每平方毫米19~22个，侵填体偶见，呈小反光点。弦切面上导管线肉眼可见，呈细小沟，10倍镜下普遍充满侵填体，乳白色，反光强，但偶见淡黄色固体堆积物。薄壁组织丰富，肉眼可见，10倍镜下可判别，傍管型为主，全为环管薄壁组织，离管型的短薄壁组织带，常与傍管型连成较长而近切向的带，有时在年轮界附近；星散薄壁组织呈小点，偶见于射线旁。木射线非叠生，多列射线宽2~3细胞为主，单列射线少。射线极窄，肉眼不见，10倍镜下可计算。射线有两种大小，以较窄的占多，较宽的不规则分布。射线很多，每毫米11~14条，弦切面上10倍镜下也不清楚，呈纺锤形。木材呈单宁反应，10倍镜下观察，局部反应快，薄壁组织首先变黑，固定后呈深蓝黑色，纵切面上反应较慢，见薄壁组织和固体堆积物先变色，心材比边材显著。

木材利用： 木材纹理交错，局部稍有弯曲，结构密致。材质坚硬、韧、很重，

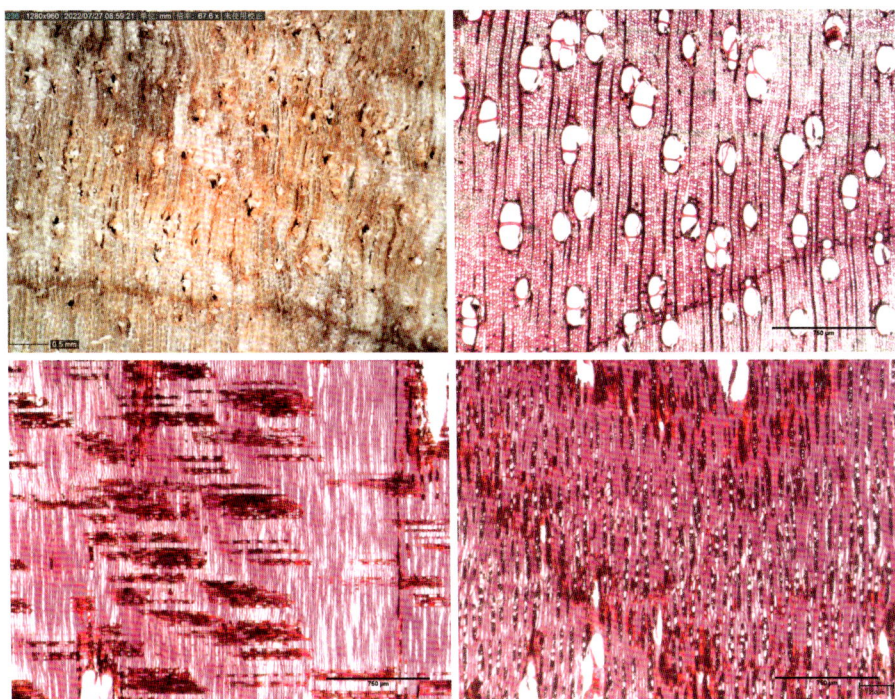

加工并不困难。干燥后不开裂，亦不变形，很耐腐。纵切面平滑且具光泽，亦颇美观。是一种工业良材，适于桥梁、造船、枕木、柱木、车辆、机械、器具、农具、上等家具、建筑以及其他细木工和小件用材。

山蒲桃

Syzygium levinei (Merr.) Merr.　　桃金娘科蒲桃属

别名：李万蒲桃、赤营、大叶赤营

树皮：皮薄。皮面灰褐或灰白色、浅纵裂，内皮浅紫灰色，略麻质，石细胞砂粒状，横切面略见火焰状。

木材：散孔材。心边材不明显，暗棕色，局部有黄斑。生长轮局部明显，常因有似轮末的深色纤维层略现，年轮界常难确定。髓心棕色，近圆形，宽约2毫米，松软。管孔中等大小至小，肉眼隐约可见，10倍镜下可计算，复管孔占多数，以径向复管孔为主，常有斜向，由2~3个或达5~6个管孔组成；管孔团亦普遍，由3~5个或达6~7个管孔组成；单管孔普遍。管孔分散分布，局部倾向于接近弦向的斜向排列，有时略呈波浪线，分布均匀，局部在轮末显著地少，略现较深色的纤维层，借以确定年轮界，但年轮中局部也有类似的层次，有时易与年轮界混淆。

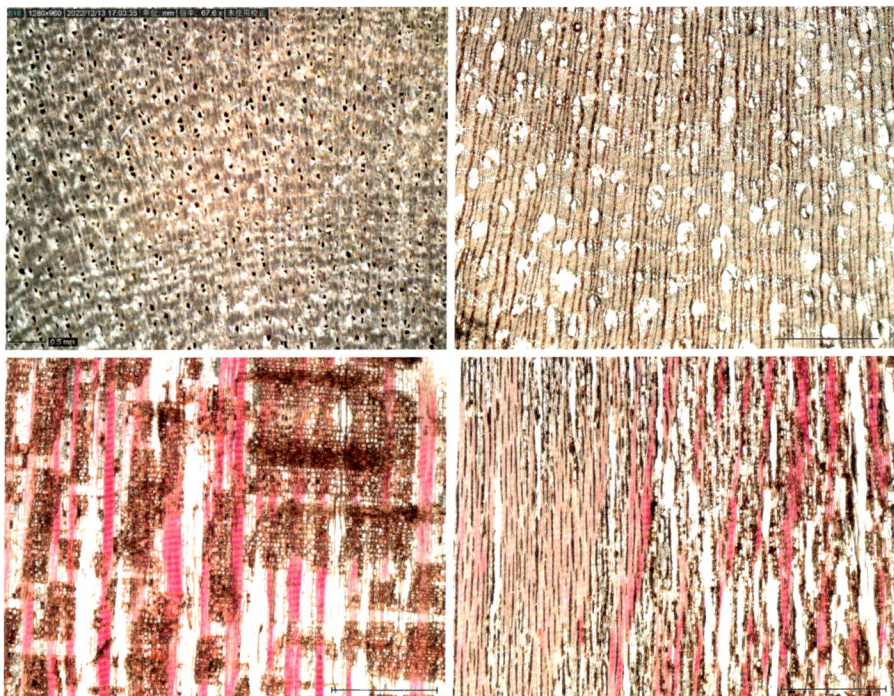

管孔很多，每平方毫米22~25个，侵填体未发现，弦向上导管线肉眼可见，呈细线状，10倍镜下可见普遍侵填体，乳白色，反光。薄壁组织丰富，肉眼隐约可见，10倍镜下可判别。薄壁组织随树龄略有变化，在前15年内几乎仅傍管型，全部管孔具有翼状至聚翼状薄壁组织，随管孔的分布而连成带；15年后，翼状至聚翼状薄壁组织带不显著，常有离管型的短薄壁组织带与傍管型相连，薄壁组织呈现白色的密集点及其内含物。木射线非叠生，多列射线宽3~4细胞为主，单列射线高1~17细胞或以上。射线极窄，肉眼局部隐约可见，10倍镜下难计算。射线大小不一致，间距不等，多，每毫米8~10条，弦切面上肉眼不见，10倍镜下也难计算。木材呈现单宁反应，反应较慢，10倍镜下观察不出变化过程，固定后呈蓝黑色，纵切面色较淡，切面上放水滴，在黄色斑的范围内较易溶出淡黄色物质，这种渗液呈单宁反应。

木材利用：木材纹理交错、结构细致，木质硬且韧，很重，加工不难。干燥后稍开裂，但不变形，能耐腐。湿水后，黄斑部分较易脱色。纵切面平滑且具光泽，唯材色不均匀，适于作梁、门窗等一般建材和桥梁、造船、车辆、枕木等，亦可作矿柱、家具、农具等。

海南子楝树

Decaspermum hainanense (Merri.) Merri.

桃金娘科子楝树属

别名：海南米花木、山大尼公、海南米碎木

树皮：厚约4毫米，皮面灰白，平滑或薄纸状脱落，似竹叶松，生时不能剥成条，晒后断口不平滑，材身有钉凸。

木材：散孔材。深红褐色，纵切面同色。年轮界难确定，局部隐约。髓心小，近圆形。管孔中等大小，肉眼隐约可见，10倍镜下可计算，几乎全为单管孔。管孔分散分布，局部倾向于斜列，年轮外部常见，局部管孔少，呈现深色纤维层，借以确定年轮界。管孔局部普遍充满固体堆积。薄壁组织丰富，10倍镜下可判别为傍管型，多数管孔具有窄的环管薄壁组织，厚薄不等，或呈不完整的环。离管型薄壁组织呈星散点状分布。木射线非叠生，多列射线宽2细胞为主，单列射线少。射线有窄和极窄两种，窄射线大小一致、间距近等；极窄射线在10倍镜下难计算，隐约可见，多，每毫米15~17条，弦切面上窄射线呈短纺锤形，而极窄射线呈微小的点。此外，木材呈单宁反应，反应缓慢，薄壁组织先变色，固定后呈蓝黑色。

木材利用：木材纹理交错、结构致密。材质坚硬且重，干燥后，稍开裂和变形，很耐腐，是工业强材之一，用于军工、桥梁、桩木、车辆、轮船、房建、农机具柄等用材。

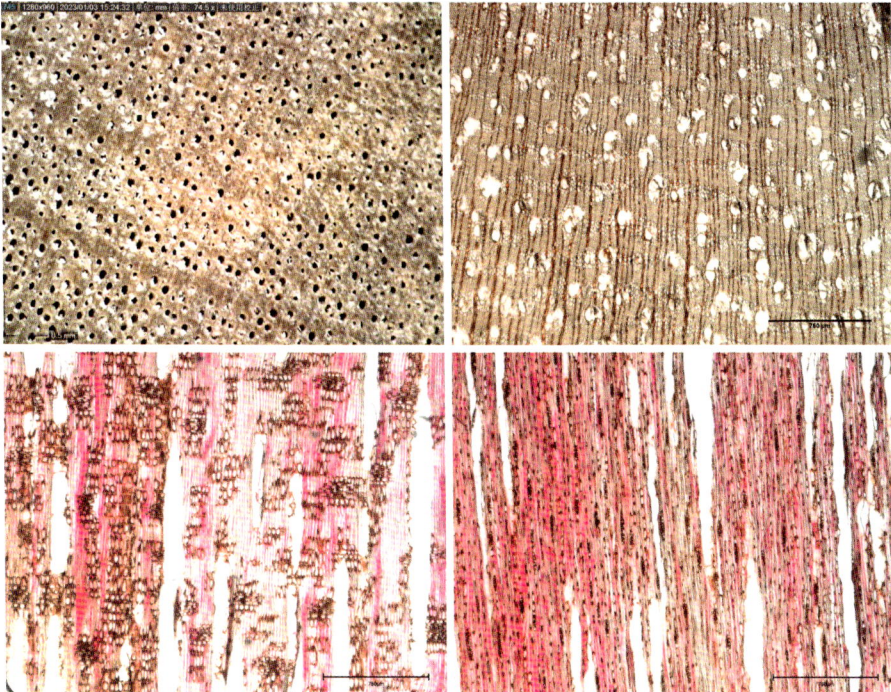

玫瑰木

Rhodamnia dumetorum (DC.) Merr.& L.M. Perry.

桃金娘科玫瑰木属

别名：三脉木、山大尼、小叶山齐、海南三脉木

树皮： 厚约4毫米，皮似竹叶松，而色更深，黄褐至灰黄褐，纸片状脱落，稍有瘤状棱起，韧皮纤维为主，棕黄色，具白色纤毛，能刺激皮肤。皮带腥甜气，材身稍浑圆，略带油条状。

木材： 散孔材。紫棕色，纵切面同色。生长轮局部显著，年轮界局部较易确定。髓心极小。管孔中等大小，肉眼隐约可见，10倍镜下可计算，几乎全为单管孔，分散分布，倾向于弦向排列，年轮外部至轮末显著地少，呈现较深色的纤维层，借以确定年轮界。管孔内常局部普遍充满黄、白色固体堆积物，弦切面上导管线呈小沟。薄壁组织丰富，肉眼不见，10倍镜下可判别，傍管型为主，多数管孔具有环管薄壁组织，通常主要为很窄的环或不完整的环包围管孔。离管型薄壁组织，呈星散小圆点，分布于射线旁。射线有窄和极窄两种，窄的射线肉眼隐约可见，大小一致，间距不等。木射线非叠生，多列射线宽2~3细胞为主，单列射线少。极窄射线在10倍镜下也很难观察到、大小一致，间距略等。极窄射线很多，每毫米18~22条。窄射线在弦切面上呈短纺锤形，极窄射线呈微小点，10倍镜下尚能清楚。此外，木材呈单宁反应，反应缓慢，薄壁组织先变色，固定后呈蓝黑色。

木材利用： 木材纹理交错、结构细致。材质坚硬，极重，干燥后，稍开裂和变

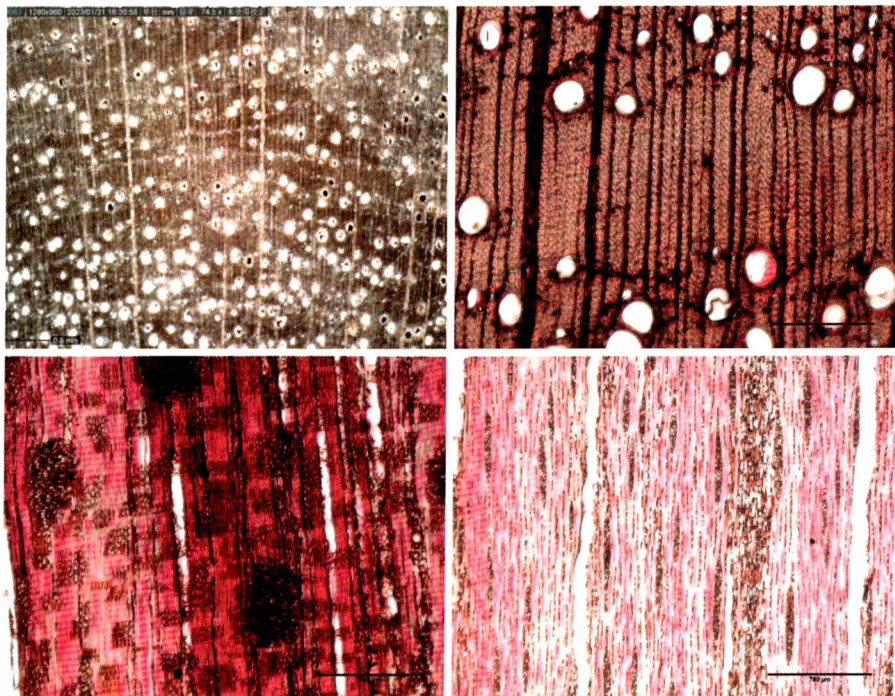

形，很耐腐。为坚韧的工业用材之一，尤适于造船、水工、桥梁、车辆、桩木、机木等用材，亦可用于房建、梁、门窗、柜、农具柄。

石斑木

Rhaphiolepis indica (L.) Lindl.

别名：车轮梅、春花

蔷薇科石斑木属

\二类材/
18

树皮：皮面灰褐色，树干起大棱（横断面呈梅花形），内皮血棕红色。树皮以纤维为主，能剥成长条。

木材：散孔材。心边材区别不明显。材色浅红或红褐色，生长轮略明显。单管孔，每平方毫米31~38个。轴向薄壁组织呈星散－聚合状，薄壁细胞内含丰富树胶及菱形晶体。木射线非叠生，多列射线为主，宽2~3细胞，高10~20细胞，单列射线少，射线细胞内也含树胶。

木材利用：强度、硬度大，结构细腻，曾用于车轮的车轴、车辐，亦可作承重结构用材。

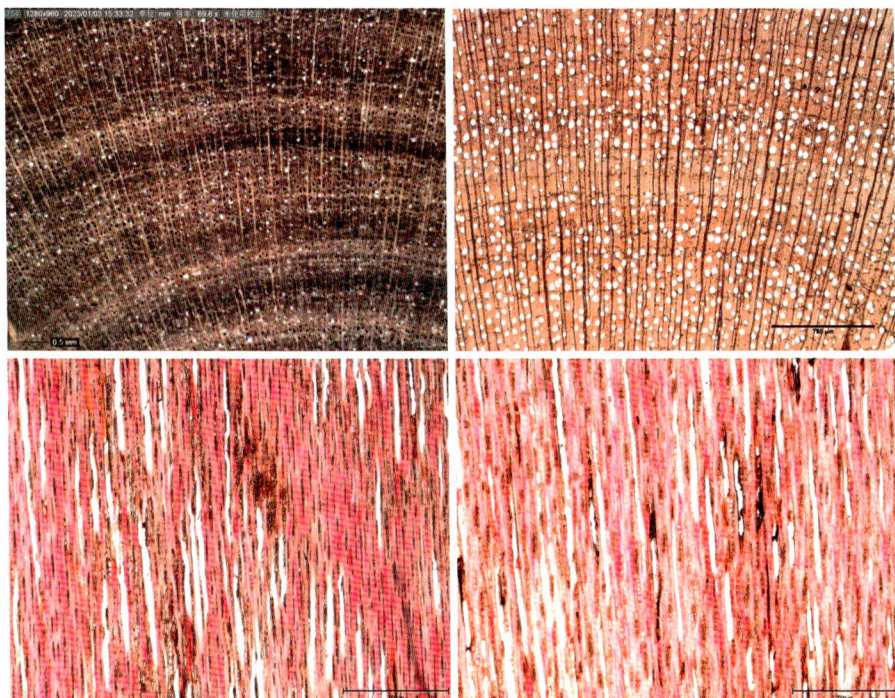

油楠

Sindora glabra Merr.ex de Wit

苏木科油楠属

别名：科楠、曲脚楠、蚌壳树、辛多拉

树皮： 皮厚至10毫米，通常3~4毫米。灰褐至深灰褐色，稍平滑，有环纹。内皮红褐色，皮底黄白色，韧，可剥成条状。无石细胞，略有甜味或杏仁味。

木材： 散孔材。心边材显著，界限分明。心材小，约占直径的30%，深黄色，纵切面金黄色；边材为很淡的红褐色，纵切面淡红带棕色，常局部有淡黄斑。生长轮略明显，因有薄壁组织带存在，年轮常难确定。管孔中等大小，肉眼可见，10倍镜下易计算，单管孔占多数，复管孔普遍，以径向复管孔为主，由2~3个或达4个管孔组成。管孔分散分布，局部倾向于斜向排列，分布均匀，无助于确定年轮界。管孔少，每平方毫米4~5个，侵填体偶见，反光强，固体堆积物亦偶见，淡褐色。心材的管孔普遍充满深褐色似树胶内含物。弦切面上导管线肉眼可见，呈小沟。薄壁组织较丰富，10倍镜下易判别，傍管型为主，全部管孔具有，大多数为环管薄壁组织，少数呈短翼状。离管型薄壁组织比射线稍宽或与之相仿，不规则地分布于一些年轮中，每毫米1~4条，常断续。轮界薄壁组织常与薄壁组织带难区分，局部仅轮界薄壁组织存在，可借以确认年轮界。木射线局部斜列，多列射线宽2细胞为主，单列射线甚少。射线极窄，肉眼隐约可见，10倍镜下易计算。射线大小不一致，间距也不等，中等多，每毫米6~7条，弦切面上肉眼可见，10倍镜下显著可见，分布于部分离管薄壁组织中，呈小管孔状，大小不一致，形状不规则，多数近圆形，也

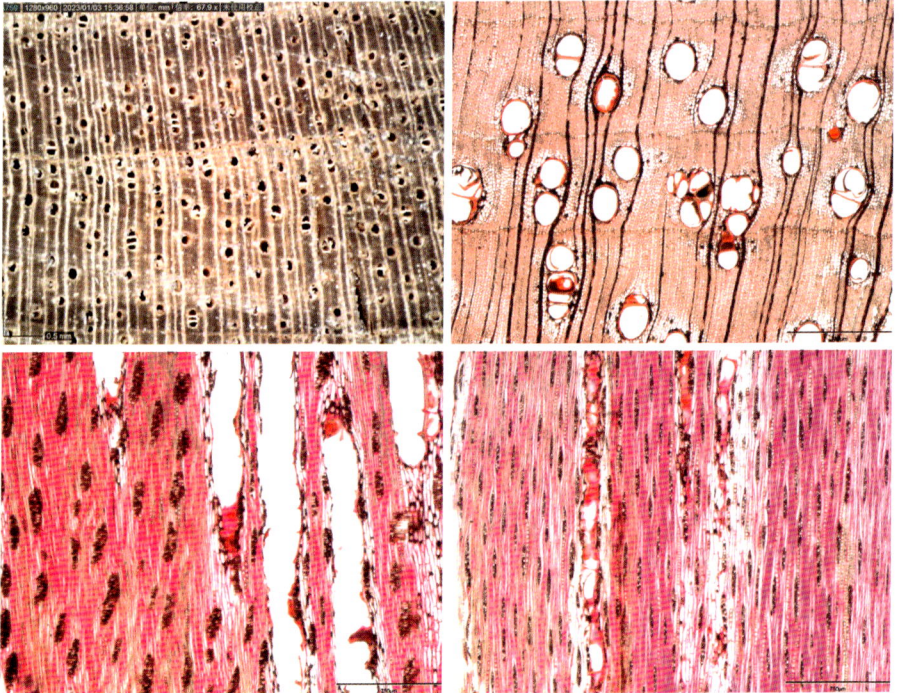

有弦向椭圆形，密集成切线形，纵切面上辨别不出，射线中含有褐色树胶。此外，木材呈单宁反应，反应缓慢，固定后呈蓝黑色，心材反应显著，纵切面上色较淡。

木材利用：木材纹理略通直、结构细致。材质稍软且重，加工容易，干燥后稍有开裂，伴有变形。边材不耐腐，易受虫蛀，心材很耐腐。切面平滑且具光泽，生长轮略现花纹，新切面较鲜明。大径材的心材大，为优良的工业强材之一，尤适于作大件板料等用，也可作家具、装饰用材，为海南重要商品材之一，适用很广，多作门窗框、桥梁、混凝土柱、缓冲木等。耐海水浸渍，海虫不蛀蚀，也多作造船上船板、桅杆、船舵、船下架的底骨，沿口内外的龙桡、浆、槽等。另外，也可供作枕木、水车、枪把、机械木附件、运动器材、文具用具。木材砍后能分泌出可燃油，直接点灯用，有人称"柴油树"。

海南蕈树

Altingia obovata Merr. & Chun　金缕梅科蕈树属

别名：海南阿丁枫、山海棠、倒卵阿丁枫

树皮：厚3~6毫米，皮面灰至灰褐色，平滑或片状脱落。皮孔粗大、凸起（削平呈圆形白圈），皮砍后隔天有少量树胶凝聚、质黏，橄榄气（同树叶气味）。内皮棕紫、硬脆，橄榄香气或不明显，皮层石细胞呈片状结构。

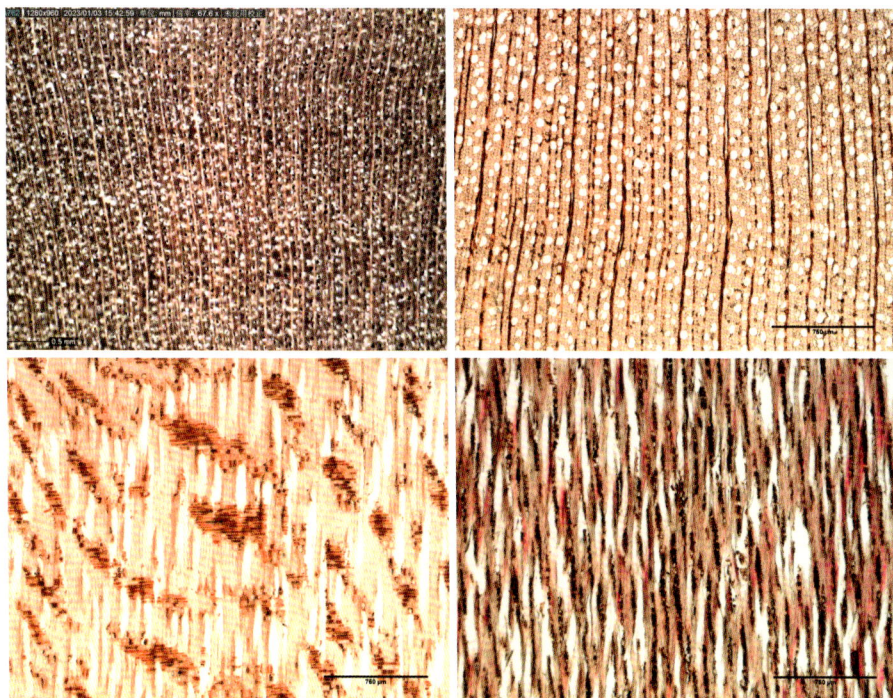

木材： 散孔材。暗红棕色，纵切面色较淡；髓心附近较红。生长轮不明显，因轮末较深色纤维层略现，年轮界局部分明。髓心淡红褐色，宽3毫米，结实。管孔小至很小，肉眼不见，10倍镜下难计算，全为单管孔。管孔多数起棱，管孔分散分布，常局部呈径向排列，分布均匀，轮末常局部较少，而略现很窄的纤维层。管孔很多，每平方毫米30~35个；侵填体偶见，呈极小反光点。弦切面上导管线肉眼不见，10倍镜下可见，呈纤细线，普遍具侵填体，反光强。薄壁组织不丰富，肉眼不见，10倍镜下也难判别，仅离管型。星散薄壁组织呈极纤细的短线或小点，分布射线两侧，颇均匀地分布于年轮中，局部显著。木射线非叠生、单列射线较多，多列射线宽2~4细胞。射线极窄，肉眼不见，10倍镜下可计算。射线大小不一致，以宽射线占多数，间距亦不等，很多，每毫米10~11条，弦切面上10倍镜下亦难判别。此外，木材呈单宁反应，反应缓慢，10倍镜下观察不出变化过程，固定后呈黑色，纵切面上色较淡，见射线先变色。

木材利用： 木材纹理局部交错，结构细致。材质硬且重，干燥后稍开裂，亦稍变形，颇能耐腐。切面平滑且略见光泽。材色均匀略鲜明，易加工，适于作梁柱、门窗、造船、桥梁、车辆、机械器具、农具、箱板等，也可作楼板、船板、棺木。

山铜材 *Chunia bucklandioides* Chang 金缕梅科山铜材属

别名：山白铜材、陈木、山鹧鸪麻

\二类材/
21

树皮： 厚2~3毫米，皮面灰褐色，薄片状脱落，平滑；内皮粉红色，砍开转深红色，久变浅褐色。有甜味和清淡香气，皮韧可剥成长条。石细胞脆，砂粒状明显。

木材： 散孔材。暗紫红色，纵切面棕红色。生长轮不明显，因轮末较深色纤维层略现，年轮界局部通常分明。髓心鲜红褐色，圆形，直径4毫米，结实。管孔小，肉眼不见，10倍镜下计算。全为单管孔，管孔多数起棱。管孔分散分布，常局部呈现径向排列，分布均匀，轮末通常较少而呈现很窄的纤维层，可借以确定年轮界。管孔很多，每平方毫米50~60个，侵填体偶见，呈极小反光点。弦切面上管孔肉眼不见，10倍镜下呈极纤细线，普遍具侵填体，反光强。薄壁组织很不丰富，肉眼不见，10倍镜下仅隐约可判别，仅离管型。星散薄壁组织呈极纤细的短线和小点，稀疏地分布于射线间和两侧，有些与管孔接触。木射线非叠生、单列射线较多，多列射线宽2~4细胞。射线极窄，肉眼不见，10倍镜下可以计算。射线大小不一致，以较宽的占多数，间距不等，很多，每毫米10~11条，弦切面在10倍镜下也难判别。此外，木材呈单宁反应，反应缓慢，10倍镜下观察不出变化过程，固定后呈黑色，纵切面上蓝黑色，见射线先变色。

木材利用： 木材纹理略通直，结构细致。材质硬且重，干燥后稍开裂，且不变

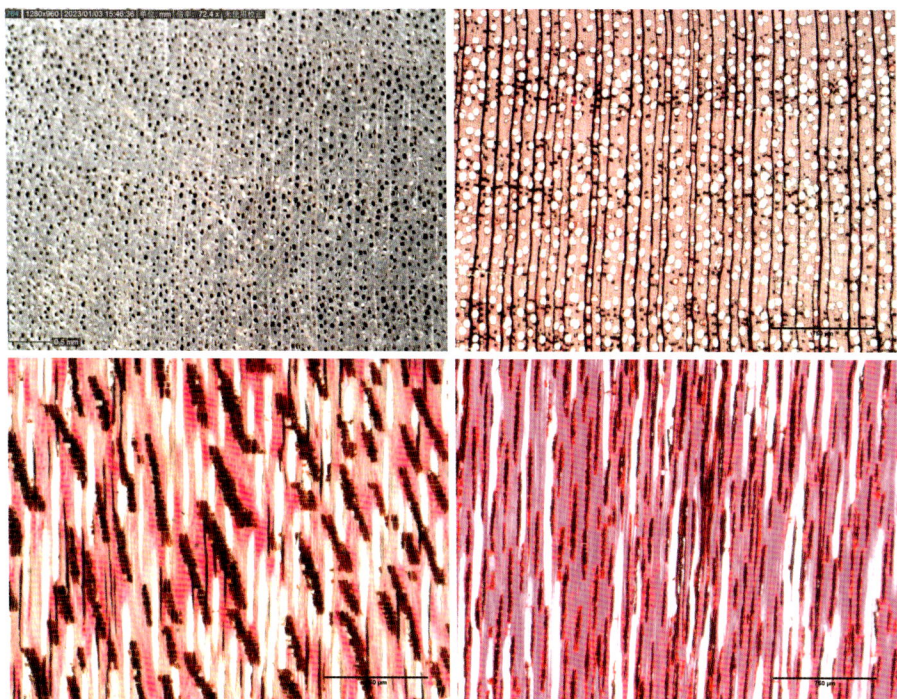

形，不很耐腐。切面平滑且具光泽，材色略均匀，易加工，适于作梁柱、门窗、地板、车辆、家具、农具、箱板等。

| 海南锥 | *Castanopsis hainanensis* Merr. 别名：刺锥、锥木、山针楣 | 壳斗科锥属 | 二类材 22 |

树皮：厚约6~8毫米。皮层纤维发达、韧，剥出后呈绳头状，浅黄色，外皮有纵裂纹，略有蒸熏味。

木材：散孔材至半环孔材。心材略现，界限分明。心材大，约占直径的80%，暗黄棕色，纵切面色较淡；边材暗红棕色，纵切面红带微红色。生长轮不明显，因轮末有较深色的纤维层呈现，年轮界通常仅局部分明。髓心褐色，近星形，宽2毫米，结实。管孔大至中等大小，早材较大，晚材亦显著地大，肉眼可见，10倍镜下易计算，全为单管孔。管孔略呈分枝状排列，局部呈火焰状排列，年轮内部较显著地多，借以确定年轮界。管孔少，每平方毫米3~4个，心材的侵填体普遍且显著，呈强反光点，并普遍具淡黄色堆积物。弦切面上导管线肉眼可见，呈小沟，10倍镜下见普遍具少量侵填体，无色，反光强，分布于固体堆积物中，普遍具有固体堆积物，淡黄棕色。薄壁组织丰富，肉眼可见，10倍镜下可判别，局部密集呈带状，常

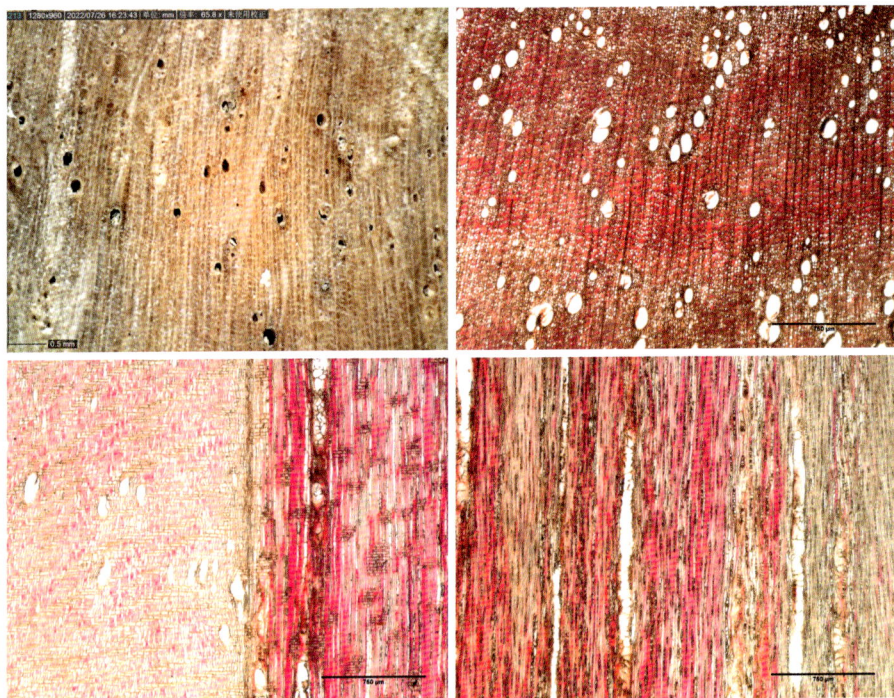

于年轮中及轮末局部较疏且呈现纤维层，另有些分布于管孔周围。薄壁组织较淡且亮，常呈现很密的发亮微点，显著。木射线非叠生，单列射线较多，多列射线宽2细胞。射线极窄，肉眼不见，10倍镜下可计算。射线大小一致，间距相等，很多，每毫米11~13条，由几条极窄射线聚合而成的宽射线自髓心从5个方向各引出2条，沿半径方向，长度约2厘米，肉眼可见，不显著。弦切面上射线呈极小点，10倍镜下隐约可见，环管胞显著，10倍镜下可判别，包围多数管孔，宽度比管孔小，似环管薄壁组织，但色稍深且暗，常见星散薄壁组织呈发亮的小点分布其附近和当中。此外，木材呈单宁反应，反应较慢，固定呈黑色。

木材利用： 木材纹理交错、结构细致。材质硬且韧，心材很重，加工较难。各切面平滑，干燥后较易沿宽射线处裂开，但不变形，耐腐。纵切面久置易变暗色，失去光泽。适于作柱、门窗、地板、桩木、枕木等，也可供机械器具、农具用材，当地常用来房建用材和棺木。

波罗蜜

Artocarpus heterophyllus Lam.　　　桑科波罗蜜属

别名：包蜜、木波萝

树皮： 树皮厚，黑褐色，近平滑，内皮黄褐色，砍伤后有白色乳汁液流出。

木材： 散孔材。心边材显著，界限颇分明。心材大约占直径的80%，深黄色，纵切面同色。生长轮略明显，因轮末有较深色纤维层略现，年轮界较易确定。髓心淡黄褐色，近圆形，直径1毫米，松软。管孔大至中等大小，肉眼可见，10倍镜下易计算。单管孔占多数，复管孔局部普遍，以径向复管孔为主，由2~3个或达4个组成；管孔团偶见，由3~4个或达5个管孔组成。管孔分散分布，局部倾向于斜向排列，轮始和轮末常较小，通常轮末较显著地少，略现轮末纤维层，借以确定年轮界。管孔少，每平方毫米3~5个，侵填体偶见，呈小沟，10倍镜下偶见侵填体，乳白色并反光，局部普遍具淡棕色固体堆积物，有时见白色内含物。薄壁组织丰富，肉眼可见，10倍镜下易判别，傍管型为主。全部管孔具有翼状至聚翼状薄壁组织，常局部连成较显著的带。离管型薄壁组织呈小点分布于射线两侧，局部较显著。局部有短薄壁组织带，比射线窄，与傍管型相连。木射线非叠生，单列射线较少，多列射线宽2~3细胞。射线窄至极窄，肉眼可见，10倍镜下易计算，以较宽的射线占多。同一条射线的宽度也常局部有变化。射线间距不等，中等多，每毫米6条，弦切面上肉眼可见，10倍镜下清楚，呈纺锤形，并呈橙黄色点，显著可见。心材呈单宁反应，反应缓慢，10倍镜下观察不出变化过程，固定后呈灰黑色，切面上色较淡。

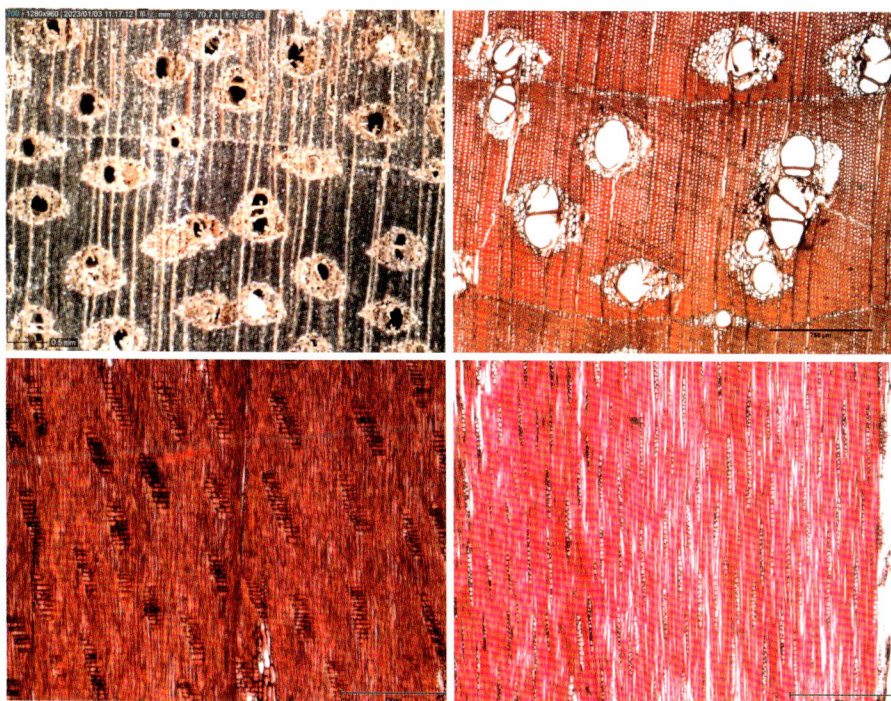

木材利用：木材纹理略交错，结构细致，木材稍硬而很轻。易加工，心材较耐腐，边材不耐腐，易受菌侵染，且较易被虫蛀。心材色泽鲜黄，纵切面平滑且具光泽，甚为美观。心材适于作较轻巧、美观的上等家具和门窗、天花板、梁柱、雕刻及棺木等用材。

胭脂

Artocarpus tonkinensis A. Chev. ex Gagnep.　桑科波罗蜜属

别名：大叶胭脂、狗果、将军树

\二类材/
24

树皮：皮面灰褐至黑褐色，鳞片状（小树树皮白而滑），脱落层内皮及内皮外面均红艳如胭脂，内皮浅红，砍开有白汁流出，材端外缘有树胶聚积，材身黄白、细，呈灯纱纹。

木材：散孔材。心边材略现，界限不分明。心材小，约占直径的40%，黄褐色。髓心色较深，局部棕褐色，纵切面同色；边材淡，灰褐带红色，纵切面色更淡。生长轮不明显，年轮界不分明，仅从管孔的分布情况大致可以确定。髓心淡黄色，圆形，直径1毫米，松软，管孔大，肉眼可见，10倍镜下易计算。单管孔占多数，复管孔普遍，以径向复管孔为主，由2~4个组成；管孔团仅偶见，由3~4个管孔组成。管孔分散分布，局部呈斜向排列或倾向斜列，年轮内部通常稍多，局部显著，固体

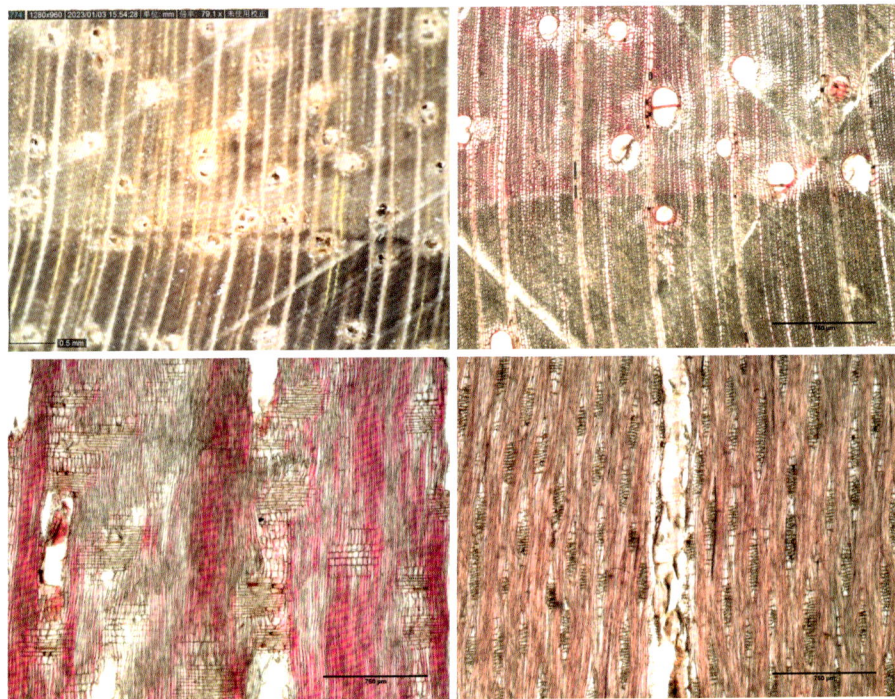

堆积物普遍，淡黄棕色。弦切面上导管线肉眼可见，呈小沟，10倍镜下见局部普遍具少量侵填体，反光强，普遍具少量固体堆积物，淡黄棕色，偶见有些管孔充满白色粉状物，弦切面导管线间亦有。薄壁组织丰富，肉眼可见，10倍镜下可判别，傍管型为主，全部管孔具有，多数为短翼状薄壁组织，在管孔较密集处有时相连成聚翼状薄壁组织，余为环管薄壁组织。离管型星散薄壁组织呈小点或短线，分布射线旁，有时在年轮界上，也常与傍管型薄壁组织接触，薄壁组织常呈现深色点。木射线非叠生，单列射线甚少，多列射线宽2~3细胞，同一射线内间或出现2次多列部分。射线窄至甚窄，肉眼可见，10倍镜下易计算。射线大小不一致，间距不等，常呈现深色点，中等多，每毫米5条，弦切面上肉眼可见，呈纺锤形，普遍呈橙黄色点，显著可见。

木材利用：木材纹理通直、结构细致且均匀。木质松软，横切面加工稍难，干燥后稍开裂、会变形，不甚耐腐。边材易被虫蛀和变色菌侵染，切面不很平滑，但尚具光泽，材色鲜淡，心材较美观。适于作家具、乐器，如门窗、箱板等用材，宜作室内用材，也用于建筑、梁等板料。

注：该类木材包括小叶胭脂。

山楝

Aglaia elaeagnoidea (A.Juss.) Benth.

别名：格罗、麻材、海南树兰

楝科米仔兰属

二类材
25

树皮：厚约4毫米，暗灰褐稍带绿色，内皮粉红色，砍开有白汁，稍有腥味，皮干后可层分（似千层罗）。

木材：散孔材。心边材显著，界限不分明。心材大，占直径的60%，红褐色，纵切面鲜明；边材淡红褐色，纵切面红棕色。生长轮较明显，因轮末较深色的纤维层呈现，年轮界分明或较易确定。髓心红色，圆形，直径约3毫米。管孔小至中等大小，肉眼局部隐约可见，10倍镜下易计算，单管孔占多数，复管孔普遍，以径向复管孔为主，由2~3个或达4个组成，偶见斜向；管孔团偶见，由3~4个组成。管孔分散分布，局部倾向于径向或斜向排列，分布均匀，年轮末稍少和小，局部较显著，借以确定年轮界。管孔多，每平方毫米11~12个，侵填体未发现，心材普遍具红褐色和淡黄褐色固体堆积物。弦切面上导管线肉眼可见，呈细线，10倍镜下偶见，油润且似树胶的内含物乳白色带色，黄略反光，普遍具少量固体堆积物。薄壁组织丰富，肉眼可见，10倍镜下可判别，傍管型为主，多数为聚翼状薄壁组织，余为翼状和环管薄壁组织，常连成不规则的带，局部范围内显著以离管型为主。薄壁组织带颇规则，常断续与傍管型相连；轮界薄壁组织不显著，每毫米4~5条，1个年轮内通常有8~12条，轮末显著地较疏且呈现纤维层。木射线非叠生，单列较少，多列射线宽2~3细胞。射线极窄，肉眼不见，射线大小一致，间距不等，很多每毫米10~11条，弦切面上肉眼隐约可见。10倍镜下清楚，呈窄的纺锤形。木材单宁反应缓慢，

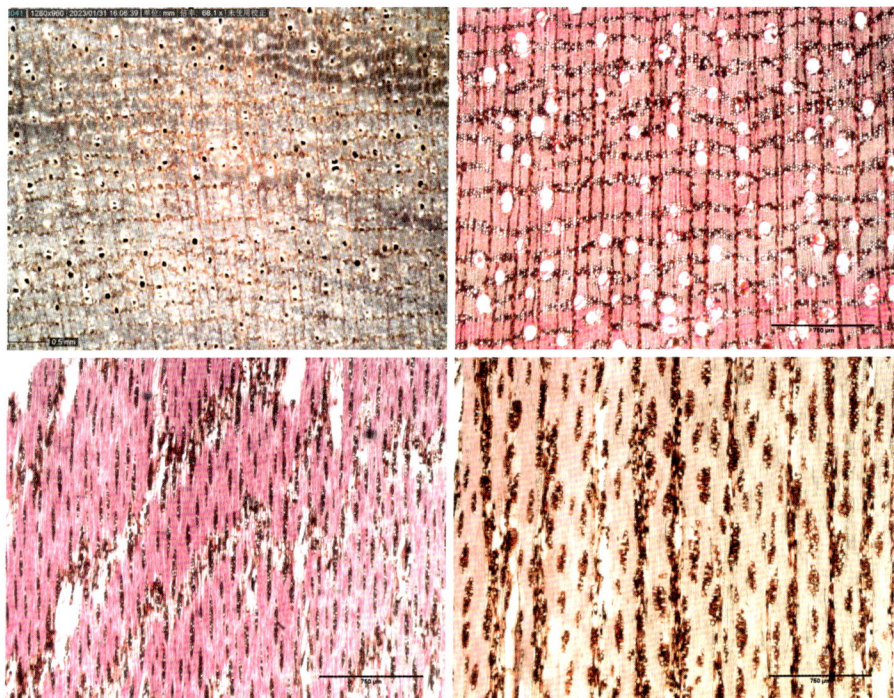

10倍镜下见薄壁组织先变色，固定后呈黑色，纵切面上反应较快，见薄壁组织和射线先变色。

木材利用：木材纹理通直、结构细致。材质硬且重，加工容易，干燥后少开裂、耐腐，切面光滑且具光泽，边材鲜艳美致，生长轮呈花纹，切面久置后仍能保持鲜明的色泽，适于造船、梁柱、门窗、装饰、车辆用材，也可用于制作上等家具、室内细木工、装饰和镶嵌用材，亦可作乐器、造船、船板等。

红果樫木

Dysoxylum gotadhora (Buchanan-Hamilton) Mabb.

棟科樫木属

别名：红椤、擦罗木、大果红椤

树皮：厚约4毫米，灰褐色，稍平滑，内皮红色，皮底浅褐色，石细胞长条状或短条状，在材底凸起（材身具波浪形），皮易剥离。

木材：散孔材。心边材显著，界限分明。心材约占直径的80%，鲜红褐色，纵切面色更鲜；边材淡黄带褐色，纵切面黄白色。生长轮明显，因薄壁组织带存在，除局部外，年轮界很难确定。髓心鲜淡红色，近圆形，直径3毫米，结实。管孔小，肉眼不见，10倍镜下可计算，复管孔占多数，以径向复管孔为主，由2~3个或达5个管孔组成；管孔团偶见，由3个管孔组成。单管孔普遍，局部占多数，分散分布，局部倾向于斜向排列，分布均匀，仅局部在轮末显著地少和小，借以确定年轮界。管孔中等多，每平方毫米9~10个，侵填体未发现，红色的似树胶内含物普遍，淡黄色堆积物在边材普遍。弦切面上导管线肉眼可见，呈细线状，10倍镜下局部普遍具红色似树胶的内含物，反光，局部具少量固体堆积物。薄壁组织丰富，肉眼可见，10倍镜下可判别，傍管型为主。全部管孔具有，少数为翼状薄壁组织，多数呈聚翼状，常连成不规则的波浪弦向带，长短不一。离管型薄壁组织比射线稍宽，不规则地分布于生长轮中，局部显著；轮界薄壁组织不显著，傍管型和离管型薄壁组织带常相连，难区分，通常每毫米有较显著的薄壁组织带2~3行，仅局部范围内轮末处

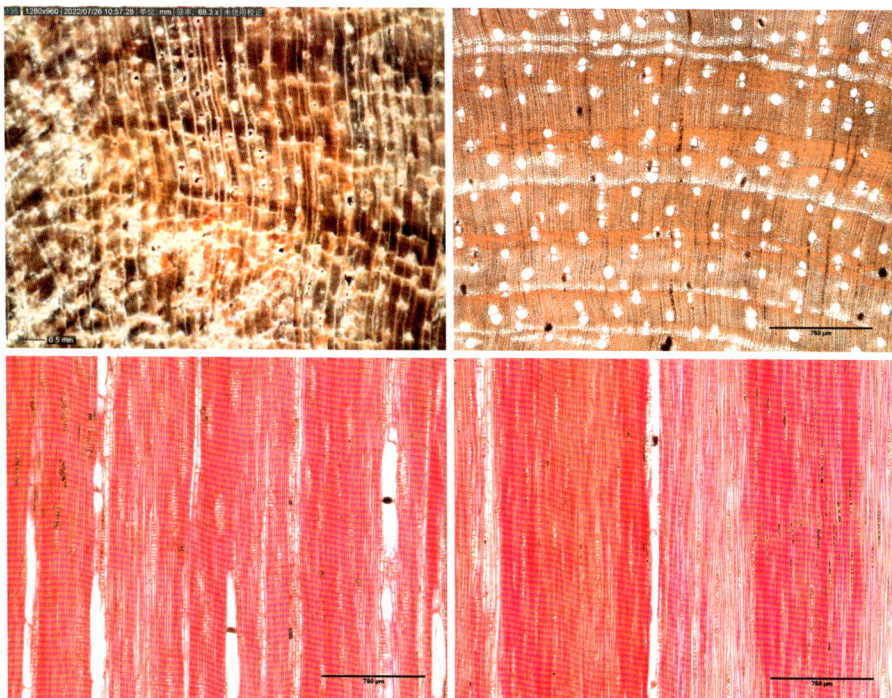

薄壁组织较疏，呈现较显著的轮末纤维层，可借以确定年轮界。木射线非叠生，具单列和多列射线，多列射线宽 2~3 细胞。射线极窄，肉眼不见，10 倍镜下易计算。射线大小一致，间距不等，每毫米 8~9 条，弦切面上在 10 倍镜下隐约可判别。木材呈单宁反应，但反应很缓慢，10 倍镜下观察不出变化过程，固定后变黑色，纵切面上较淡。

木材利用： 木材纹理通直、结构细致，材质硬且稍重。加工容易，干燥后稍开裂，但不变形。心材很耐腐，边材较易受变色菌侵染。切面平滑且具光泽，色调均匀，生长轮略现花纹，为美观强材，尤适于作上等家具、装饰、高级箱盒等用材，亦可作建筑、造船、车辆、桥梁等。

红椿	*Toona ciliata* M. Roem.	楝科香椿属	二类材 27
	别名：香椿、红楝子		

树皮： 厚约 6 毫米，灰黄褐色，有微纵裂，细薄片状脱落，韧皮部褐色，有淡腥香气味。皮似红椤，可层分。

木材： 环孔材至半环孔材。心边材显著，界限不分明。心材大，约占直径的 70%，深褐红色，纵切面色较淡而鲜；边材淡红褐色，纵切面淡棕红色。生长轮明

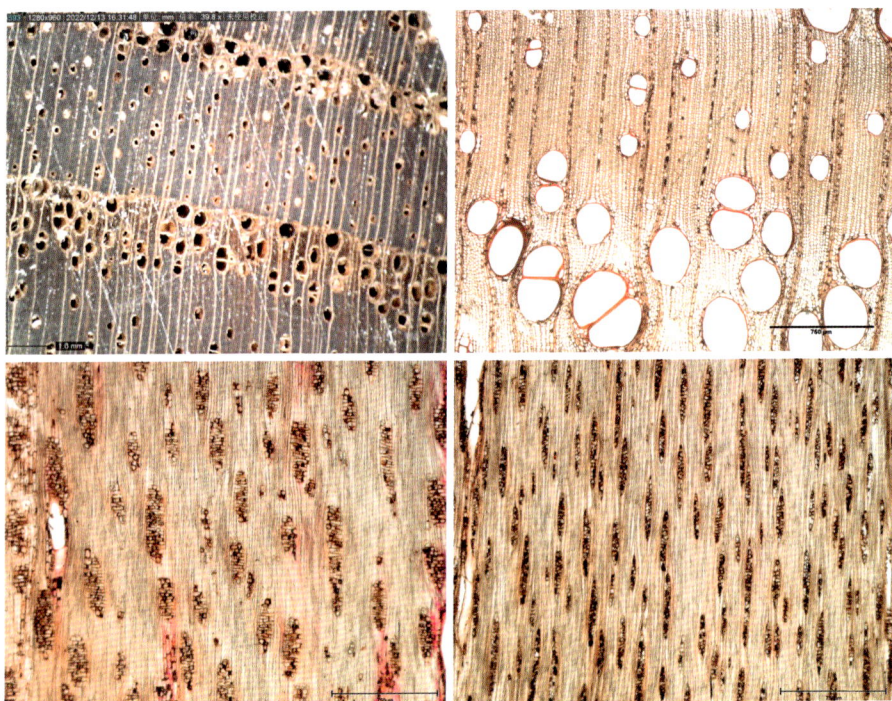

显，年轮界分明，但因常有似生长轮开始的大管孔带出现，年轮界常局部较难确定。髓心红褐色，近圆形，直径约7毫米，结实。管孔大至小，肉眼局部可见，10倍镜下易计算，单管孔占多数，复管孔不普遍，其中以径向复管孔为主，由2~3个或达4个管孔组成，有少数斜向；管孔团局部常见，由3~4个管孔组成。管孔分散分布，分布不均匀，局部疏或密差别大，年轮开始处有大管孔带，易与年轮界混淆。管孔少，每平方毫米2~3个，侵填体未发现，心材的大管孔普遍具黑褐色似树胶的内含物，略反光，淡黄色固体堆积物偶见。弦切面上导管线肉眼可见，呈小沟，10倍镜下局部普遍具黑褐似树胶的内含物，略反光。薄壁组织丰富，肉眼局部可见，10倍镜下易判别，傍管型为主，多数管孔具有环管薄壁组织，仅呈很窄的环，包围管孔。离管型的年轮界薄壁组织约与射线等宽，显著，一些年轮中的大管孔带亦有类似的薄壁组织带。木射线非叠生，单列射线较少，多列射线宽2~3细胞。射线极窄，肉眼可见，10倍镜下易计算。射线大小不一致，间距亦不等，中等多，每毫米8~9条射线，常局部呈白色，弦切面上肉眼可见，10倍镜下清楚，色较深，可见纤维腔。

木材利用： 木材纹理通直、结构细致，材质软且很轻。加工容易，干燥后少开裂，但稍变形，颇耐腐。纵切面平滑，具光亮色泽，心材和边材色调均匀、鲜明且美观，适于作天花板、造船和各种建筑板材用料，尤适于美观、轻巧的家具、文具、箱盒等。因产地不同，材色和材质稍有差异，此属木材国外称中国桃花芯木。

龙眼

Dimocarpus longan Lour.

别名：桂圆、圆眼、亚荔枝

无患子科龙眼属

二类材 **28**

树皮： 厚约7毫米。木栓发达，浅褐色至暗褐色，呈粗糙小薄片脱落，内皮淡黄色，石细胞层片状，具淡腥味，稍脆。

木材： 散孔材。心边材略现，界限分明。心材小，约占直径的70%，深红褐色，纵切面同色；边材色较淡。生长轮不明显，又因常有似轮末的深色纤维层呈现，年轮界难确定，仅局部的轮末纤维层较明显，可借以确定年轮界。管孔中等大小，肉眼局部隐约可见，10倍镜下可计算。复管孔占多数，以径向复管孔为主，由2~3个或达5个管孔组成，偶见斜向；管孔团仅偶见，由3~4个管孔组成。单管孔不普遍，管孔径向排列，但局部不很显著，局部倾向于斜向排列，轮末通常较少和小，有助于确定年轮界。管孔多，每平方毫米11~12个，侵填体未发现，固体堆积物局部普遍，淡黄色和白色。弦切面上导管线肉眼可见，呈细线状，10倍镜下偶见侵填体，乳白色并略反光，显著，普遍具有固体堆积物，淡黄色，少量白色。导管线上呈现管孔分子横隔。薄壁组织不丰富，肉眼不见，10倍镜下可判别，傍管型为主，环管薄壁组织仅少数，宽度比管孔小，有些不呈完整的环包围导管。离管型的薄壁组织约与射线等宽，仅分布于一些年轮上。木射线非叠生，单列射线多，多列射线少，

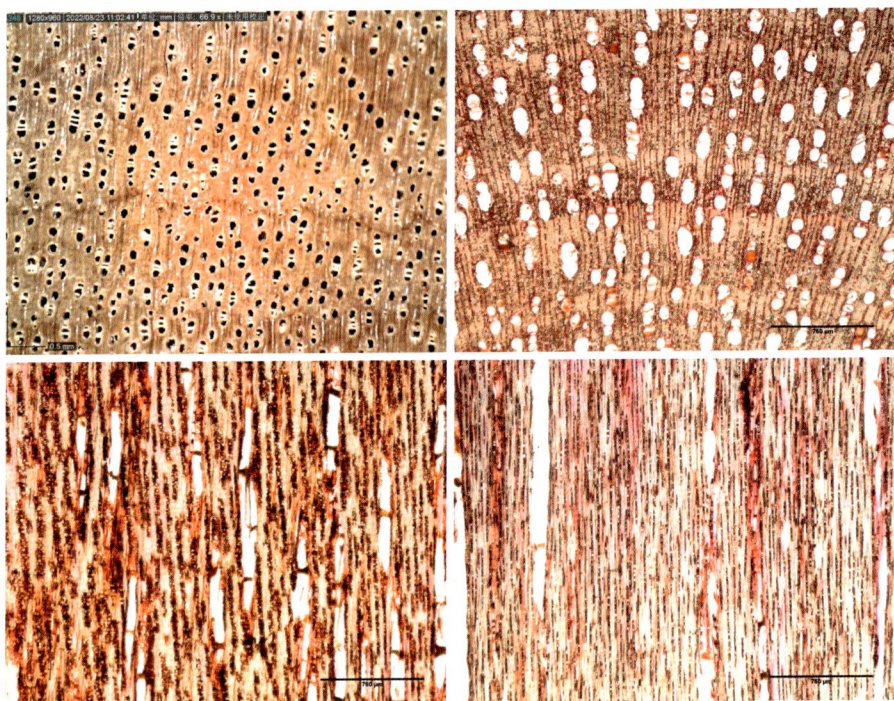

宽2细胞。射线极窄，肉眼不见，10倍镜下难计算。射线大小一致、间距不等，很多，每毫米14~15条，弦切面上10倍镜下才能判别。此外，有髓斑存在，颇普遍，但不显著，弦向宽仅1毫米，纵切面上较显著。木材呈单宁反应，固定后呈黑色，纵切面上较淡，见射线先变色。

木材利用：木材纹理交错、结构细致，材质坚硬而特重，比荔枝还要硬和重。加工困难，干燥后会开裂，亦会变形，极耐腐，生材易受虫蛀。切面平滑，略具光泽，材色不很鲜明，为特别致密及耐久的工业用材。适于作船、水工、桥梁、机械器具、车辆、上等家具、农具、运动器材等用材。造船多用于船骨、船板等。适造船用于船骨、船板等。

单叶豆	*Ellipanthus glabrifolius* Merr.	牛栓藤科单叶豆属
	别名：蜂蜡树、知荆、康纳木	**二类材** **29**

树皮：厚4~5毫米，暗红褐色，平滑，外观似荔枝，具圆形褐色浅疤，内皮红色（赭色），具浓烈的腥味，气似"科礼"，皮以石细胞为主，脆，易折断。

木材：散孔材。棕红色，纵切面色较淡。生长轮不明显，年轮界不分明，局部轮末呈现较明显的纤维层，年轮界较易确定。髓心色较淡，近圆形，直径约2毫米，结实。管孔小，肉眼不见，10倍镜下可计算，单管孔占多数，复管孔普遍，以径向复管孔为主，由2~3个或达5个组成；管孔团亦常见，由3~4个管孔组成。管孔分散分布，局部倾向于呈径向排列，轮末通常较少和小，局部显著，借以确定年轮界。管孔中等多，每平方毫米16个，侵填体未发现。弦切面上导管线肉眼可见，呈细线状，10倍镜下普遍具侵填体，乳白色，并反光，普遍具少量淡褐色固体堆积物。薄壁组织丰富，肉眼不见，10倍镜下可判别，傍管型为主，仅少数管孔具有环管薄壁组织，通常呈很窄的环和不完整的环包围管孔。短薄壁组织带的宽度约与管孔直径相仿，弦向分布于年轮中，多数与管孔接触，呈现不典型的薄壁组织带，也有一些呈现显著的离管型带，常难区分；轮界薄壁组织不显著，星散薄壁组织呈颇密的小点，分布于射线间。一个年轮内通常有7~10行薄壁组织带，每毫米约有3~4行。木射线非叠生，具单列射线和多列射线，多列射线宽2细胞，同一射线内见2细胞多列部分。射线极窄，肉眼不见，10倍镜下可计算。射线大小近一致，间距近等，很多，每毫米19~21条，弦切面上肉眼隐约可见，10倍镜下较清楚，不呈纺锤状。木材呈单宁反应，反应较慢，10倍镜下观察不出变化过程，固定后呈青黑色，纵切面上很淡。

木材利用： 木材纹理通直，结构很细致，材质稍硬且重。加工容易，干燥后少开裂，且不变形，耐腐。纵切面平滑，略具光泽，材色均匀，颜色鲜明，切面久置后变色深，颇美观。适于作梁柱、门窗、车辆、桥梁、机械器具、农具。树皮含单宁7.46%，可制栲胶。

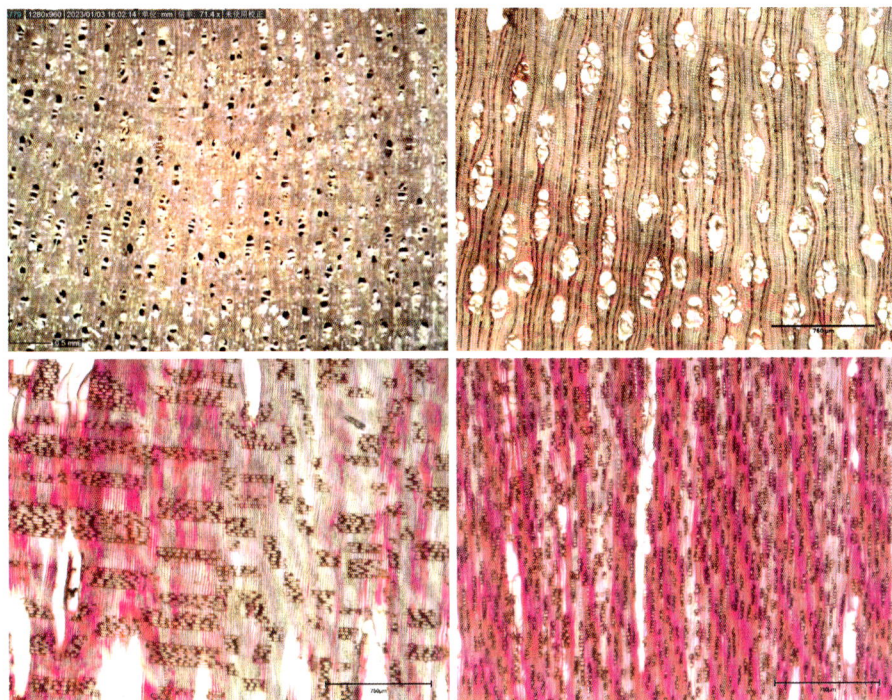

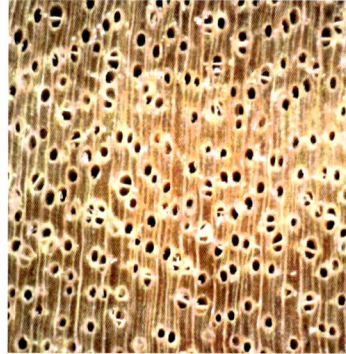

第四章　三类材

乐东拟单性木兰

Parakmeria lotungensis (Chun & C. H. Tsoong) Y. W. Law 木兰科拟单性木兰属

别名：隆楠（兰）、乐东木兰

树皮：厚20~30毫米，表皮灰白，内面灰黄褐色，石细胞外部径向排列（片状）成环，内部分布不规则。树皮生剥时有鱼腥味，稍具黏液，能成大块剥离。材身呈细砂纹。

木材：散孔材。心边材区别明显，边材黄褐色，常蓝变呈灰黄褐色；心材暗绿黄褐色或咖啡色。该树种本身不易长心材，有时直径30厘米仍无心材。木材具光泽，生材或湿材具鱼腥臭气，无特殊滋味。生长轮略明显，轮间呈浅色细线状。生长轮宽度略均匀，每厘米数10轮。管孔甚多，甚小至略小，10倍镜下略见，大小一致，分布均匀，散生，侵填体未见。轴向薄壁组织傍管型，量少，仅管孔具不明显的环管，在10倍镜下可见，轮界状。木射线非叠生，单列射线甚少，多列射线为主，多列射线宽2~4细胞。木射线稀至中，甚细至中，肉眼下略见，比管孔略大，径切面射线斑纹可见。

木材利用：纹理通直，结构甚细，轻且软。干燥不难，稍有翘曲，少开裂，不耐腐，锯解容易，切面光滑，胶粘容易，握钉力强，为上好胶合板材，宜作家具门窗、墙壁板及家庭装饰、柜、相架等，也宜做包装用材。

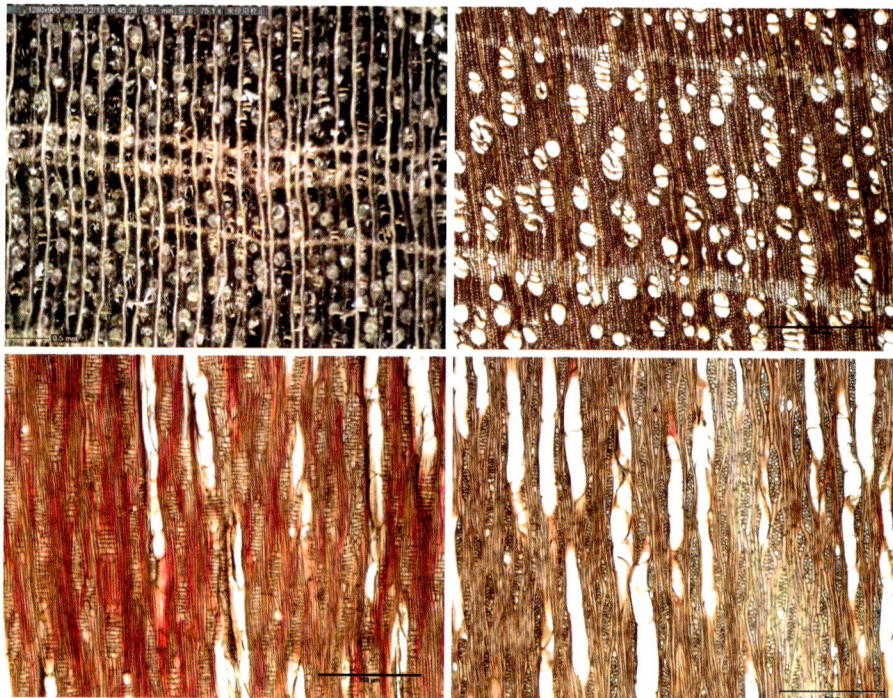

少药八角

Illicium oligandrum Merr. & Chun　八角科八角属

\三类材/ 02

别名：山八角、药楣公、小叶香湖、野八角

树皮：厚5~7毫米，灰黑褐色，粗糙，具明显绣黄色。皮纵裂，有细致凸起，石细胞米粒状，内皮深褐色，有八角香味。

木材：散孔材。暗褐色，纵切面淡红褐色，生长轮明显，年轮界颇分明。髓心血褐色，近圆形，直径约2毫米，结实。管孔很小，肉眼不见，10倍镜下难计算，全为单管孔，管孔分散分布，轮末较少，呈略窄的纤维层借以确定年轮界。管孔很多，每平方毫米55~65个。弦切面上导管线肉眼不见，10倍镜下呈纤细线状。薄壁组织很不丰富，肉眼不见，10倍镜下难判别，傍管型为主，偶见少数管孔具环管薄壁组织，呈很窄的环或不完整的环包围管孔；离管型星散薄壁组织，偶见于轮界上。木射线非叠生，具单列射线和多列射线，多列射线宽2~4细胞，同一射线内有时出现2次多列部分。射线倾向于窄和极窄两种，前者肉眼隐约可见，10倍镜下可计算。窄射线大小不一致，间距不等；极窄射线大小一致，间距近等。窄射线间的极窄射线可有1~8条。射线很多，每毫米10~11条，其中窄射线2~3条。弦切面上肉眼隐约可见，10倍镜下清楚，呈纺锤形，较宽的射线高度达1毫米。此外，木材呈单宁反应，但反应缓慢，固定后呈灰黑色，弦切面上较淡。

木材利用：木材纹理通直，结构很细致，且均匀，材质稍重、稍硬，加工容易。切面光滑，横切面平而不光滑，干燥后会变形，纵切面材色均匀且有光泽，但

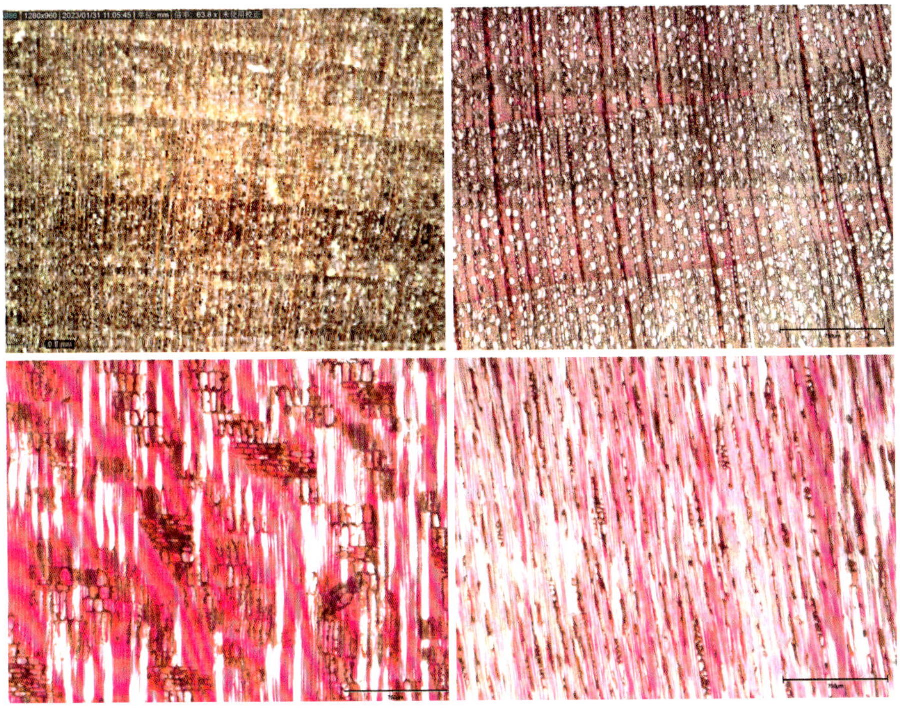

不鲜明。适于作梁、柱、门窗、车辆、农具、家具等用材，也适于作小件板料和细木工用材。

阴香

Cinnamomum burmannii (Nees & T.Nees) Blume　　樟科樟属

别名：香桂、山桂、香柴、山玉桂、广东桂皮、八角

树皮：厚4~5毫米，暗灰褐色，平滑，内皮浅红褐色，黏，肉桂气，石细胞砂粒状，片状脱落，韧皮棕褐色（树皮可供食用）。

木材：散孔材。心边材略见，界限分明。心材大，约占直径的80%，暗红褐色，纵切面较淡，边材比心材色较浅。生长轮明显，因轮末纤维层显著，年轮界分明。髓心色浅，圆形直径约1毫米，结实。管孔中等大小，肉眼隐约可见，10倍镜下易计算，单管孔占多数，复管孔普遍，局部占多数，以径向复管孔为主，由2~3个或达4~5个管孔组成，偶见斜向，偶见管孔团，由3~4个管孔组成。管孔分散分布，常局部呈斜向排列，或倾向于斜向，分布均匀，轮末通常显著减少，呈现显著窄的纤维层，借以确定年轮界。管孔中等多，每平方毫米7~8个，侵填体偶见，乳白色、反光强。薄壁组织丰富，肉眼隐约可见，10倍镜下易辨别，仅为傍管型。全部管孔具有环管薄壁组织，少数呈不完整的环包围管孔。木射线非叠生，单列射线其少，

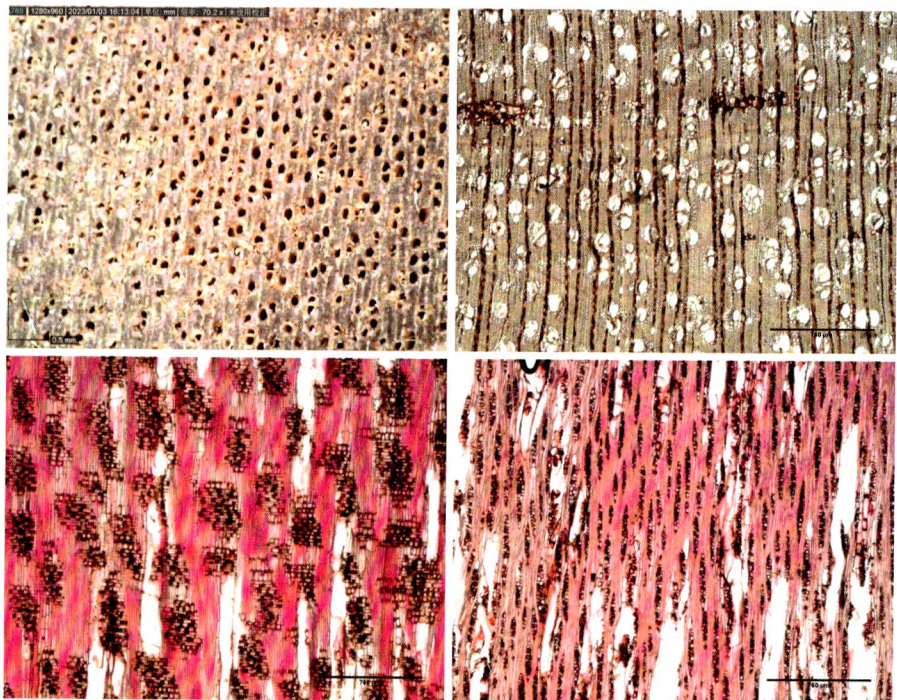

多列射线宽2~3细胞。射线极窄，肉眼隐约可见，10倍镜下易计算。射线大小近似，间距不等；多，每毫米7~8条，弦切面上肉眼隐约可见，10倍镜下清楚，呈窄的纺锤形。油或黏液细胞局部多，10倍镜下可见，不显著，导管线两侧和一些射线普遍呈黄色，但细胞个体观察不出来。此外，有髓斑存在，不多，亦不显著。木材呈单宁反应，但反应很缓慢，10倍镜下观察不出反应过程，固定后呈黑色，纵切面上较浅。

木材利用：木材纹理通直，结构均匀细致，硬度及比重中等，易加工。纵切面光滑，干燥后不开裂，但稍会变形；含油或油黏液丰富，能耐腐。纵切面材色鲜艳且有光泽，绚丽华美。适于建筑、车辆用材，上等家具用材，及其他细木工用材。如能在干燥过程，适当控制，不让变形或少变形，不失为优美良材。

黄樟

Cinnamomum parthenoxylon (Jack) Meisner　樟科樟属

别名：香湖、香喉、黄槁、山椒、油樟、大叶樟、香樟

树皮：厚3~5毫米，暗灰褐色，深纵裂，上部为灰黄色，小片剥落。内皮黄褐色，树皮石细胞层片状，有白纤毛，材身波浪起伏，樟脑气浓（小树似广东钓樟）。

木材：散孔材。心边材略现，界限不分明。心材大，约占直径的80%，红褐色，边材淡褐色，纵切面生长轮不明显，因常有似轮末的深色纤维层呈现，年轮界较难确定。髓心红褐色，圆形，直径约4毫米，松软。管孔中等大小，肉眼隐约可见，10倍镜下易计算。单管孔占多数，复管孔不普遍，径向复管孔由2~3个管孔组成，管孔团未发现。管孔呈分散分布，常局部呈显著的斜向排列，或倾向于斜向，分布均匀，轮末通常呈很窄、较深色的纤维层，但年轮间也常有类似的层次，管孔在轮末梢变小和少，借以帮助确定年轮界。管孔中等多，每平方毫米6~7个，侵填体常见，呈反光小点。弦切面上导管线肉眼可见，呈小沟，10倍镜下见普遍具侵填体，乳白色，反光强，普遍具少量固体堆积物，褐色。薄壁组织丰富，肉眼隐约可见，10倍镜下易判别，仅傍管型，全部管孔具有，多数为短翼状薄壁组织，余为环管薄壁组织，环的宽度常局部较大，也有少数不完整的环包围管孔。木射线非叠生，单列射线甚少，以多列射线为主，多列射线宽2~3细胞。射线极窄，肉眼隐约可见，10倍镜下易计算。射线大小一致，间距不等，中等多，每毫米5~6条。弦切面上导线管肉眼可见，呈小点，10倍镜下清楚呈纺锤形。油或黏液细胞很多，10倍镜下可见，略显著，呈小黄色小点，主要分布于薄壁组织之中，分布于射线中的较显著可见，也有少数突出于射线旁，状如分布于纤维间。弦切面上导管线两侧和射线均淡黄色斑，新切面上尤为显著。

木材利用：木材纹理稍通直，结构均匀细致，稍重且韧，易加工。纵切面平滑，干燥后稍开裂，且不变形。含油或黏液细胞，丰富，各切面均极油润，颇耐腐。纵切面具光泽，颇美观。适于梁、柱、桁椽、门窗、天花板、农具等用材；供造船，

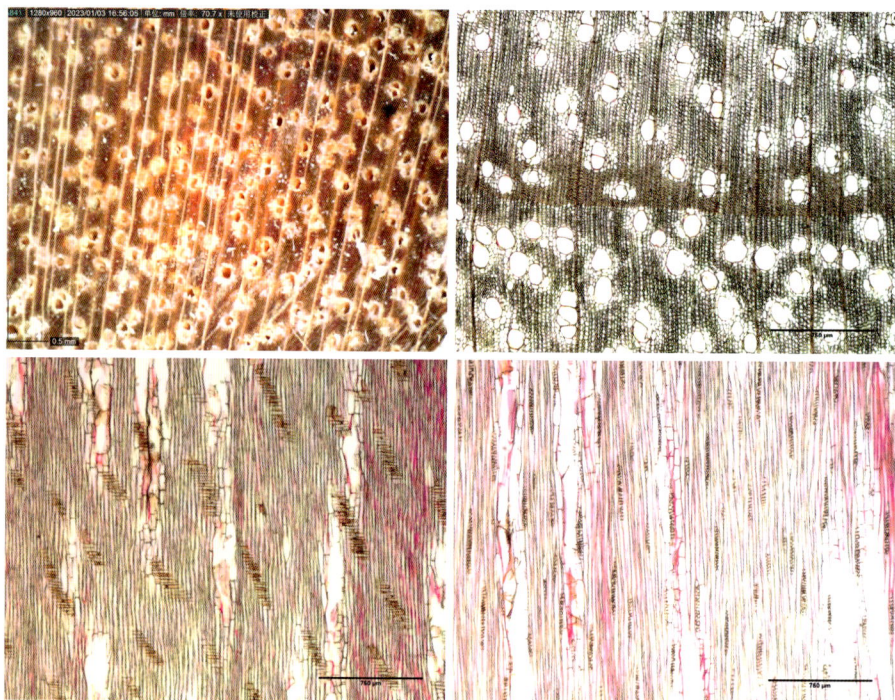

桥梁、水工等家具尤佳。具樟脑气味，木材可驱虫，宜用作床板、衣柜，还宜作画盒，收藏书、画卷不易虫蛀。

卵叶桂

Cinnamomum rigidissimum H.T.Chang
别名：香楠、卵叶樟、硬叶樟

樟科樟属

\三类材/
05

树皮： 厚5~6毫米，一般平滑，内皮鲜红，略呈锯齿状花纹，石细胞米粒状，具白纤毛，樟脑兼茴香气浓，皮难剥成大块。

木材： 散孔材。边材浅黄白，心材色较深，界线不甚明显，生长轮略现。心材大，约占直径的90%。单管孔为主、径列复管孔（2~3个）普遍，偶见管孔团。管孔略多，略小至中，在肉眼下可见，具侵填体。轴向薄壁组织丰富，肉眼隐约可见，10倍镜下可判别为，傍管状，全部管孔具有，少数为翼状，余为环管薄壁组织，也有少数不完整环包围管孔。射线中等多，每毫米6~7条，间距不等，分布不均匀。弦切面肉眼可见，呈纺锤形。木射线非叠生，单列射线少，以多列射线宽2细胞为主。

木材利用： 木材纹理直，结构均匀，质稍轻软，有浓郁樟脑气，能抗虫蛀。材

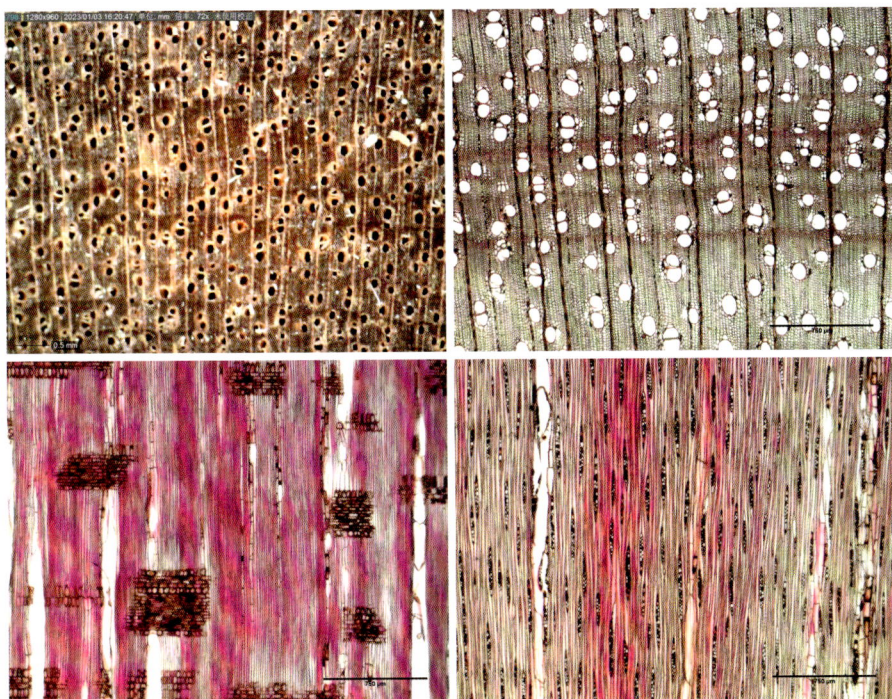

色鲜艳，油润，适作天花板、上等家具、文具及其他细木工用材，也宜作文具及古书画收藏盒。

香果新木姜子

Neolitsea ellipsoidea Allen

樟科新木姜子属

\三类材/
06

别名：香果新木姜、奉楠、香果、乌心香槁

树皮：厚3~4毫米、灰棕褐色，平滑，韧皮部褐色，脆，具浓烈桂皮新香气味。

木材：散孔材。淡红褐色，纵切面较鲜艳。生长轮明显，年轮末有较深色的纤维层略现，年轮界较易确定。髓心黄褐色，圆形，径约1毫米，松软。管孔中等大小，肉眼隐约可见，10倍镜下易计算，单管孔占多数，复管孔普遍，以径向复管孔为主，由2~4个或达5个管孔组成；管孔团偶见，由2~3个管孔组成。管孔分散分布，局部倾向于斜向排列，分布均匀，年轮末梢较少，略现很窄的纤维层，年轮开始处管孔密集，借以确定年轮界。管孔中等多，每平方毫米6~7个，侵填体偶见，普遍，

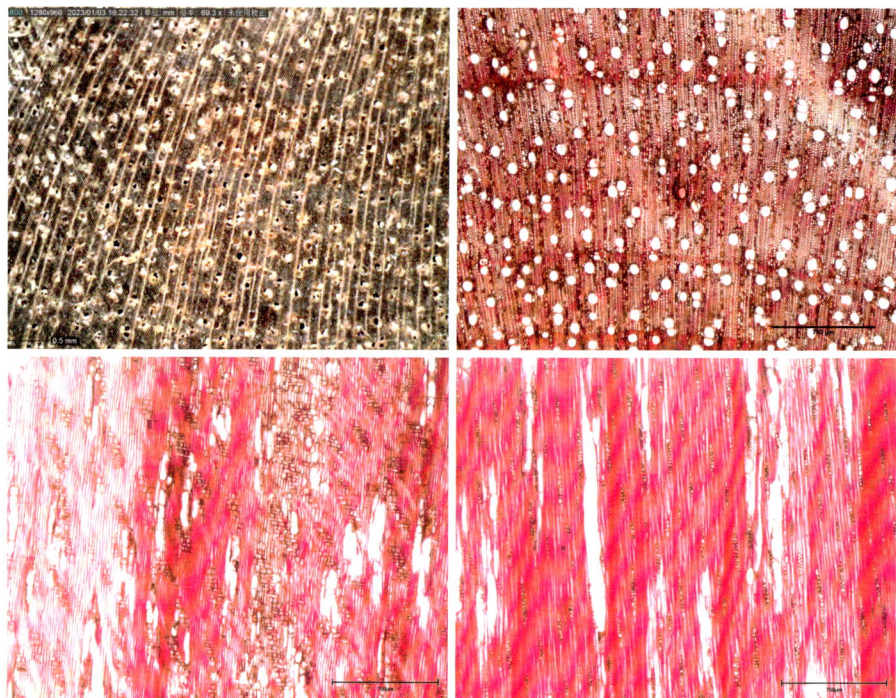

反光强。弦切面上导管线肉眼可见，呈细小沟，10倍镜下见普遍具少量侵填体，乳白色，反光强，普遍具少量固体堆积物，淡红褐色。薄壁组织丰富，肉眼隐约可见，10倍镜下易判别，仅傍管型。几乎全部管孔具环管薄壁组织，常局部较宽，少数仅呈很窄的环，或呈不完整的环包围管孔。木射线非叠生，具单列射线和多列射线，多列射线宽2细胞。射线极窄，肉眼隐约可见，10倍镜下易计算。射线大小不一致，间距不等，中等多，每毫米6~7条；弦切面上肉眼可见，呈窄纺锤形，常局部倾向于梯阵排列。油或黏液细胞少，10倍镜下可见，不显著，呈色稍淡的小点，主要分布于环管薄壁组织中，射线中少见，纵切面上观察不出。此外，木材气干后，仍具带辣的香气。木材呈单宁反应，但反应很慢，10倍镜下观察不出变化过程，固定后呈青黑色，纵切面同色。

木材利用：木材纹理通直，结构均匀细致，材质轻，加工性能良好。干燥后少有开裂，亦不变形。含油或黏液虽少，但气干后，仍具有芳香气味。纵切面有油亮光泽，材色鲜艳调和，生长轮略现花纹，绮丽美观，实为一种重要的轻巧良才。适于上等家具、高级箱盒、文具，或用作天花板、屏障等。亦可供制作乐器，或做胶合板的面板，尤适于轻木工艺品、装饰、镶嵌板用。

厚壳桂

Cryptocarya chinensis Hemsl.

别名: 硬壳槁、香花桂、华厚壳桂、山饼斗、铜锣桂、香果

樟科厚壳桂属

\三类材\
07

树皮: 厚4~5毫米,灰色至灰褐色、平滑,老树稍粗糙,内皮黄褐色,略具淡的樟树香气（或熟荔枝气）,石细胞砂粒状,材身槽沟粗而疏且不均匀。

木材: 散孔材。棕色,纵切面淡棕色带红。生长轮略现,年轮界不分明,难确定。髓心棕褐色,近圆形,宽2毫米,松软。管孔中等大至小,肉眼隐约可见,10倍镜下易计算,单管孔占多数,复管孔普遍,局部占多数,以径向复管孔为主,由2~3个或4个管孔组成,并略现较深色的纤维层,借以确定年轮界。管孔多,每平方毫米16~18个,侵填体偶见。弦切面上导管线呈细小沟,局部有侵填体,白色反光。薄壁组织丰富,肉眼不见,10倍镜下清楚,离管型为主。薄壁组织带比射线稍宽或与之相仿,不很规则地分布,一个年轮内通常有带2~5行,每厘米有带13~18条。傍管型薄壁组织不显著,通常呈窄的环,或不完整的环包围管孔。木射线非叠生,多列射线宽2细胞,射线有极窄和宽两种。极窄射线大小一致,间距不等,中等多,每毫米6~7条。宽射线由极窄的射线聚合而成,10倍镜下清楚可见,自髓心起的约10年树龄以上才开始聚合,少,每厘米约2条。弦切面上极窄射线。呈小点,聚合射线显著可见,宽达1毫米,高度可达25毫米。油或黏液细胞少,不显著,呈黄色点,分布于薄壁组织及射线中。

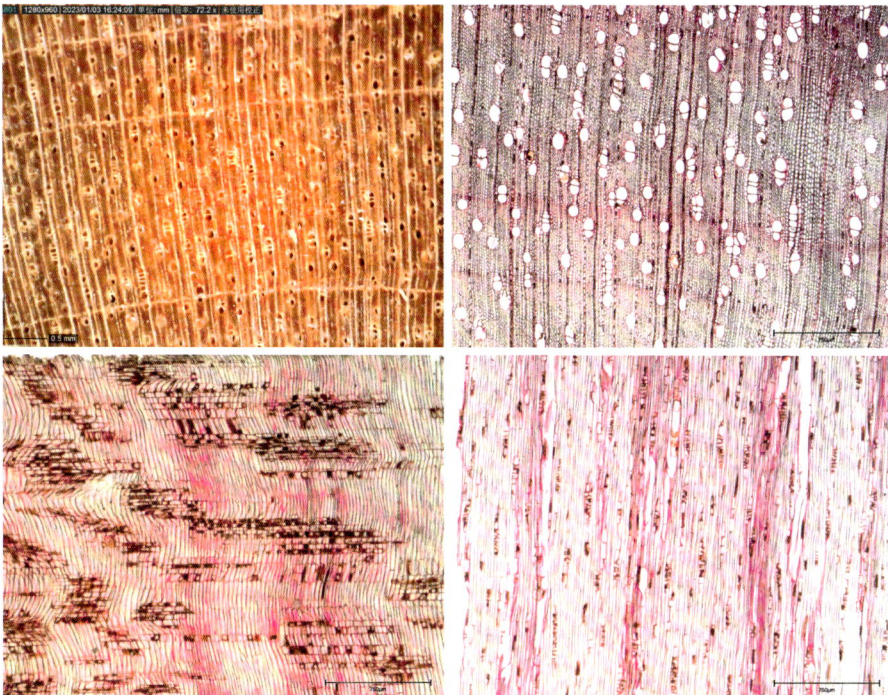

木材利用： 木材纹理通直，结构细，材质稍硬、稍重，加工容易。干燥后少开裂，不变形，不很耐腐。色泽鲜艳调和。薄壁组织带和宽射线呈现花纹。适于上等家具、高级箱盒、工艺等用材，亦可作天花板、门、窗、桁桷、车辆、农具等用材。

Litsea lancilimba Merr.　　　樟科木姜子属　　\三类材/

大果木姜子

别名：八角带、青吐木、青吐八角、假檬果、毛丹母

08

树皮： 厚3~4毫米，灰黑褐色，稍平滑，内皮浅红褐，脆，有丝状毛。具香樟气味且带辛辣。石细胞层片状（生皮不明显），有白纤毛，皮干后折断口平齐。

木材： 散孔材。心边材显著，界线不明显。心材约占直径的30%，黑褐色带青，纵切面同色，边材青色微带青黄色，纵切面浅青黄微带棕色。生长轮明显，因轮末有较深色的纤维层存在，年轮界分明，易确定。髓心色较心材浅，圆形，直径约4毫米，松软。管孔中等大小，肉眼隐约可见，10倍镜下易计算。单管孔占多数，局部相反；复管孔普遍，以径向复管孔为主，由2~3个或达5个管孔组成；管孔团偶见，由3~4个管孔组成。管孔分散分布，颇均匀，轮末显著减少，并呈现窄的较深

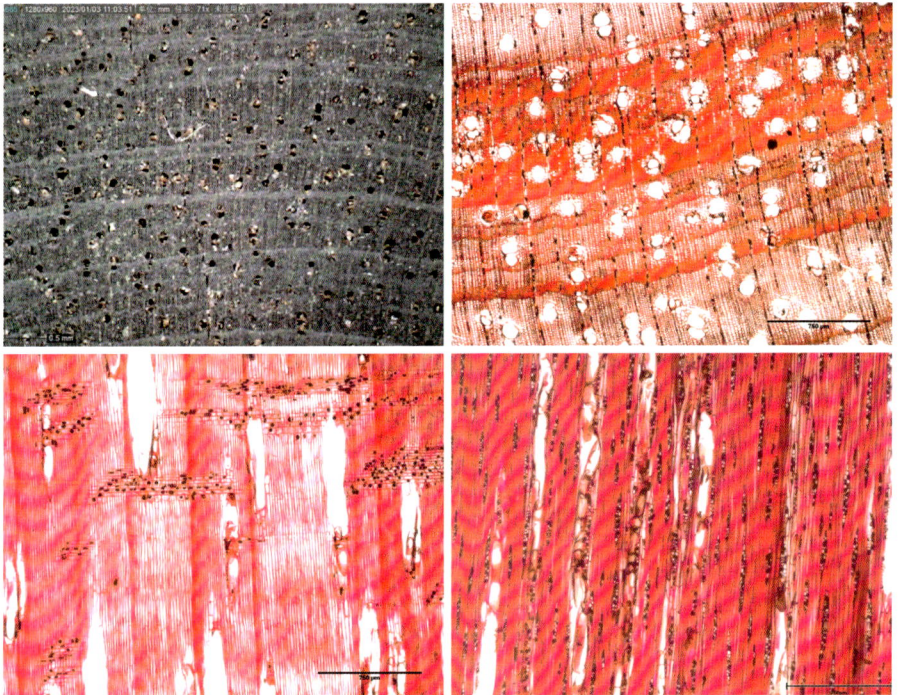

色的纤维层，借以确定年轮界。管孔中等多，每平方毫米8~10个，侵填体偶见，呈小反光点，弦切面上导管线或肉眼可见，呈细小沟，10倍镜下见普遍充满侵填体，乳白色，略反光，普遍具少量固体堆积物，浅棕色。薄壁组织丰富，肉眼隐约可见，10倍镜下易判别，仅傍管型，全部管孔具有环管薄壁组织，宽度比管孔大或小，常局部较宽。有些不成完整的环包围管孔。木射线非叠生，单列射线较少，以多列射线为主，多列射线宽2~3细胞。射线极窄，肉眼隐约可见，10倍镜下易计算。射线大小近一致，间距不等，中等多，每毫米5~6条。弦切面上肉眼隐约可见，10倍镜下清楚，呈窄长形，少数呈窄纺锤形，局部呈层状构造。油或黏液细胞略少，10倍镜下可见，略显著，呈颜色较淡的小点，分布于薄壁组织和射线中，纵切面上观察不出。此外，木材呈单宁反应，但反应很缓慢，10倍镜下观察不出反应过程，固定后呈黑色，纵切面上较浅色。

木材利用：木材纹理通直、结构均匀细致，材质较软且轻，易加工。干燥后少开裂，且不变形。材色鲜艳而均匀，纵切面有明亮光泽，生长轮呈现花纹，颇美观。适于天花板、门窗、桁桷、家具等用材，亦可用于文具、板料等方面及细木工工艺用材。

华润楠

Machilus chinensis Hemsl.

樟科润楠属

别名：桢楠、乌皮黄槁、黄心槁、荔枝槁、香港楠、八角楠

三类材 **09**

树皮：皮厚7~8毫米，黄灰褐色、稍平滑，外皮薄片状脱落，呈紫褐色，内皮红褐色具白纤毛，石细胞米粒状，韧皮褐色，丰富有芳香气味。

木材：散孔材。心边材显著，界限分明。心材小，约占直径的30%，暗绿色带黄，纵切面较浅且鲜；边材黄绿带灰黄色，纵切面淡黄棕色。年轮略明显，因轮末有较深色的纤维层，略现年轮界，通常易确定。髓心棕褐色，近圆形，宽2毫米，结实。管孔中等大小，肉眼隐约可见，10倍镜下可计算，单管孔占多数，复管孔不普遍，其中以径向复管孔为主，由2~3个管孔组成；管孔团仅个别存在，由3~4个较小的管孔组成。管孔呈分散分布，常倾向于斜向排列，局部明显，分布均匀，年轮末通常较少，局部略现较深色的纤维层，可借以确定年轮界。管孔多，每平方毫米9~11个，侵填体偶见，呈小反光点，固体堆积物偶见，淡黄色。弦切面上导管线肉眼可见，呈细线状。10倍镜下见普遍具侵填体，反光强，偶见少量固体堆积物，淡黄色。薄壁组织丰富，肉眼隐约可见，10倍镜下可判别，几乎全为傍管型，全部管孔具有环管薄壁组织，宽度比管孔小，通常很窄，少数不完整的环包围管孔。离管型分散薄壁组织，呈纤维短线，分布于局部射线旁。木射线非叠生，单列射线甚少，以多列射线为主，多列射线宽2~3细胞。射线极窄，肉眼隐约可见，10倍镜下可计算，射线大小不一致，间距也不等，中等多，每毫

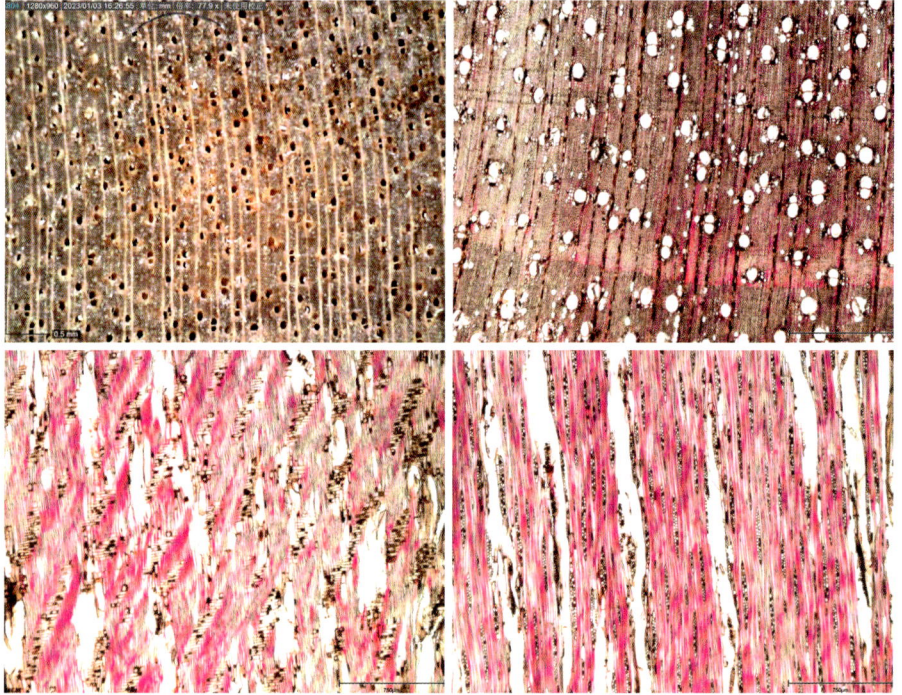

米6~7条。木射线弦切面上肉眼可见，10倍镜下清楚，呈纺锤状，常局部倾向于成梯形排列或层状构造。油或黏液细胞多，10倍镜下可见，略显著，呈色较浅的小点，分布于环管薄壁组织及射线中。此外，有髓斑存在，弦向宽1~2毫米，主要分布于近髓心近十轮内，纵切面不显著，弦向长约5毫米。

木材利用： 木材纹理通直，结构细致，稍重，加工容易。干燥后稍开裂，但不会变形。各切面均显得油润，能耐腐，纵切面平滑且具光泽，材色略鲜明，适于用作梁柱、门窗及高级家具，宜用于造船、枕木、农机具、乐器雕刻、细木工等。

膜叶脚骨脆

Casearia membranacea Hance

杨柳科脚骨脆属

\三类材/
10

别名：母生公、海南嘉赐树（木）、薄叶嘉赐木、薄叶嘉赐树、台湾嘉赐树、膜叶嘉赐树、中越脚骨脆、海南脚骨脆

树皮： 厚3~5毫米，灰黄褐色，稍平滑，韧皮淡灰色，略有腥味，树皮横切面呈火焰状，成片状花纹，质地脆。

木材： 散孔材。淡黄稍带棕色，纵切面色很浅。生长轮略明显，年轮界不分明，常难确定。髓心灰白色，近圆形，宽3毫米，结实。管孔很小，肉眼不见，10倍镜下可计算，复管孔占多数，以径向复管孔为主，由2~3个或达5个管孔组成；管孔团只见个别，由3个较小的管孔组成，单管孔不普遍。管孔分散分布，局部呈径向排列，或倾向于此。管孔分布均匀，轮末较少，局部较明显呈现纤维层，借以确定年轮界。管孔很多，每平方毫米27~31个，侵填体偶见，呈极小反光点。弦切面上导管线肉眼隐约可辨别，呈纤细线状，10倍镜下见普遍具有少量侵填体，反光。薄壁组织不丰富，肉眼不见，10倍镜下可判别，仅傍管型，多数管孔具环管薄壁组织，宽度比管孔大或小，局部较宽，有些呈不完整的环包围管孔。木射线非叠生，单列射线甚少，以多列射线为主，多列射线宽2~3细胞。射线极窄，肉眼隐约可见，10倍镜下可计算。射线大小不一致，间距亦不等，很多，每毫米11~13条，弦切面在10倍镜下难以辨别，呈纺锤形。

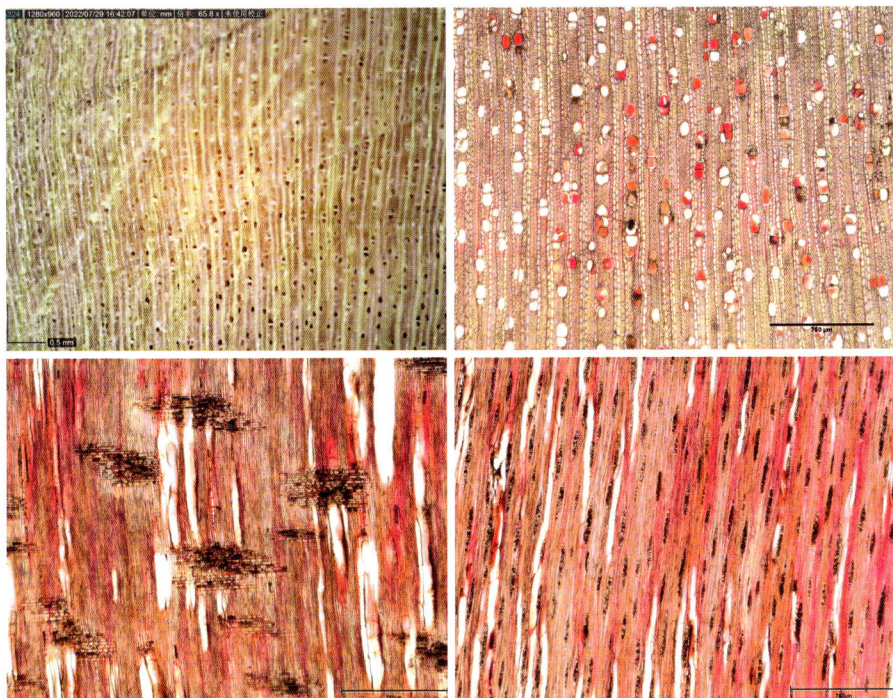

木材利用： 木材纹理略交错，结构密致且均匀，材质坚硬且重，加工稍难。各切面平滑，干燥后开裂，并会变形。木材颜色淡且均匀，纵切面光泽，耐腐。适于梁柱、门窗等普遍建筑材料和家具用材，亦可供造船车辆、桥梁、桩木、矿柱和制作细木工用材。需在干燥和加工技术上防止变形和开裂。

海南茶梨	*Anneslea fragrans* Wall.	山茶科茶梨属	\三类材/ 11
	别名：海南红楣、高山茶梨、披针叶茶梨		

树皮： 厚达2.5厘米，皮面灰褐，有黑斑平滑，内皮深褐色，质地脆，韧皮深褐色，具腥臭气味（淡）。

木材： 散孔材。暗褐带红色，纵切面较淡。生长轮不明显，年轮界不分明，难确定。髓心呈黄褐色，近圆形，宽约4毫米，结实，肉眼可见较深的点，为髓心组织的异细胞，10倍镜下清楚，近圆形，宽约1毫米；硬且韧，纵切面显著，呈横向椭圆形，多沿髓心两侧分布。管孔很小，肉眼不见，10倍镜下难计算。全为单管孔，形状不规则，略起棱。管孔分散分布，均匀，轮末梢较多，每平方毫米33~35个，侵填体偶见，反光强。弦切面上导管线肉眼隐约可见，呈纤细线状，10倍镜下

偶见少量侵填体，反光强。薄壁组织不丰富，肉眼不见，10倍镜下可判别，离管型为主，星散薄壁组织呈小点或很短的纤细弦向线，常与管孔相接触；傍管型的薄壁组织，仅少数管孔具有很窄的环或不完整的环包围管孔。木射线非叠生，单列射线甚少，以多列射线为主，多列射线宽2~5细胞。射线有窄和极窄两种，肉眼隐约可见，10倍镜下可计算。窄射线大小不一，宽度较管孔稍大，间距不等，窄射线间的极窄射线可有2~7条不定。射线多，每毫米6~8条，其中窄射线2~3条，弦切面上，10倍镜下较清楚，呈窄纺锤形，高度可达2~3毫米。此外，木材呈单宁反应，反应较慢，10倍镜下无法观察变化过程，固定后，呈灰黑色，纵切面见射线先变色。

木材利用： 木材纹理通直，结构很细却均匀，材质硬且重。加工性能良好，各切面均平滑，干燥后少开裂，亦不变形。木材颜色调和，切面光泽、耐腐，但较易透水。适于家具及文具用材、细木工用材，尤适于刨切加工。利用时应注意干燥和加工技术，防止开裂，木材忌湿，一般不作室外用材。

海南杨桐

Adinandra hainanensis Hayata　山茶科杨桐属

别名：金荣、山茶、金银木、海南黄瑞木

\三类材/
12

树皮： 灰褐色，稍平滑，内皮棕红，略有甜气，石细胞米粒状，皮底不见。皮晒久横裂，内皮灰紫或蓝紫色，砍开深色的石细胞变成近白色，材身在阳光下，闪光如油页岩。

木材： 散孔材。暗褐棕色，生长轮局部略明显，因局部常见似轮末的较深色的纤维层，使年轮界难确定。髓心棕褐色，近圆形，径约3毫米，结实。管孔小，肉眼不见，10倍镜下也难计算。单管孔，多数略起棱。管孔分散分布，均匀，局部在年轮末，显著减少或成无管孔带，略现窄的纤维层，可借以确定年轮界，但局部年轮中也有类似的层次，通常不大显著。管孔多，每平方毫米46~50个。弦切面上导管线肉眼隐约可见，呈纤细线状，10倍镜下，普遍充满侵填体，反光强。薄壁组织不丰富，肉眼不见，10倍镜下仅可判离管型为主，星散薄壁组织呈小点和极短的细线状，分布于射线间和两侧，有些与管孔接触；傍管型的环管薄壁组织，仅很少数管孔具有呈不完整的环包围管孔。木射线非叠生，单列射线少，以多列射线为主，多列射线宽2~3细胞。射线极窄，肉眼不见，10倍镜下可计算。射线大小不一致，间距亦不等，中等多，每毫米6~7条，弦切面上肉眼不见，10倍镜下也难以判别，呈纺锤形。木材呈单宁反应，反应较慢，10倍镜下观察不出反应过程，固定后呈蓝黑色，纵切面色较淡。

木材利用： 木材纹理通直，结构细致，材质稍硬，中等重，易于加工，旋切性能尤佳。干燥后少开裂，不变形，材色均匀，切面平滑，且具光泽，颇美致。适用于刨切用材，亦可作桁梏、门窗等建筑用材，文具、家具、板料，尤适于制作细木工、轻木工。燃烧后木炭是生产炸药的极好配料。

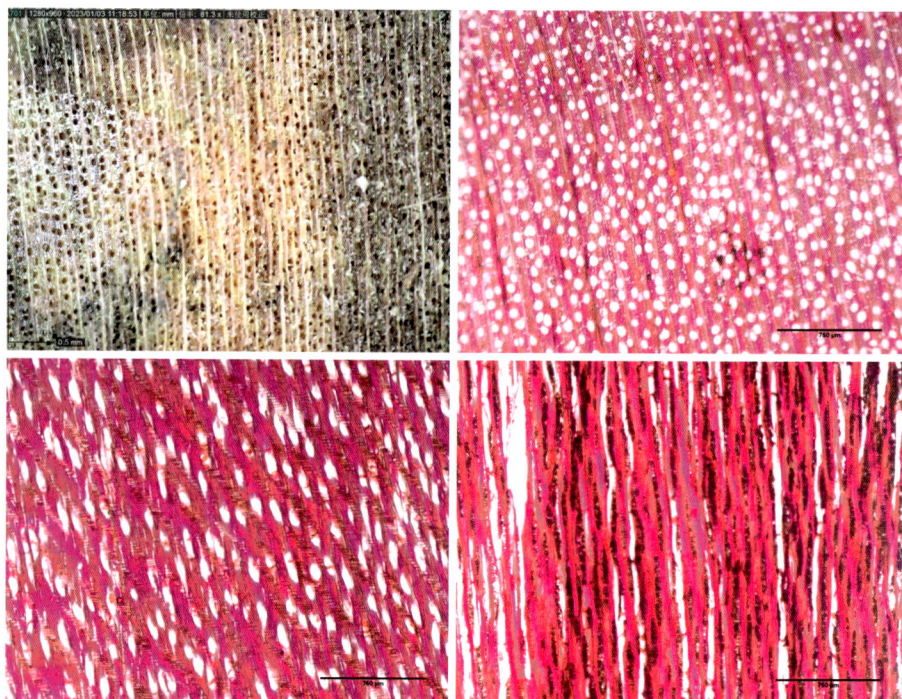

Ternstroemia gymnanthera (Wight & Arn.) Bedd.

厚皮香

山茶科厚皮香属

\三类材/
13

别名：珠木树

树皮：厚6~10毫米，皮面灰褐，稍平滑。微纵裂，内皮紫红，韧皮红褐色，石细胞小，树刚砍时为黄白色，久变深红色或紫红色，有浓烈的腥甜味。

木材：散孔材。紫红色，纵切面较鲜红。生长轮略现，年轮界难确定。髓心近圆形，色较淡，径约2毫米，结实。管孔小至很小，肉眼不见，10倍镜下难计算。几乎全为单管孔，复管孔偶见。管孔呈分散分布，年轮外部通常显著减少，但年轮中常有类似情况。轮界不分明，局部呈现较显著的环孔性，年轮内部管孔密集或成带，外部则显著减少。管孔多，每平方毫米60~80个，侵填体未发现。弦切面上导管线呈纤细线状，10倍镜下局部有侵填体，呈白色反光。薄壁组织不丰富，10倍镜下也难判别，离管型星散薄壁组织，呈微小点，散布于射线间。木射线非叠生，具单列射线和多列射线，多列射线宽2~3细胞，同一射线内间或出现2次多列部分。射线窄至极窄，肉眼不见，10倍镜下可计算，倾向于两种大小。射线多，每毫米

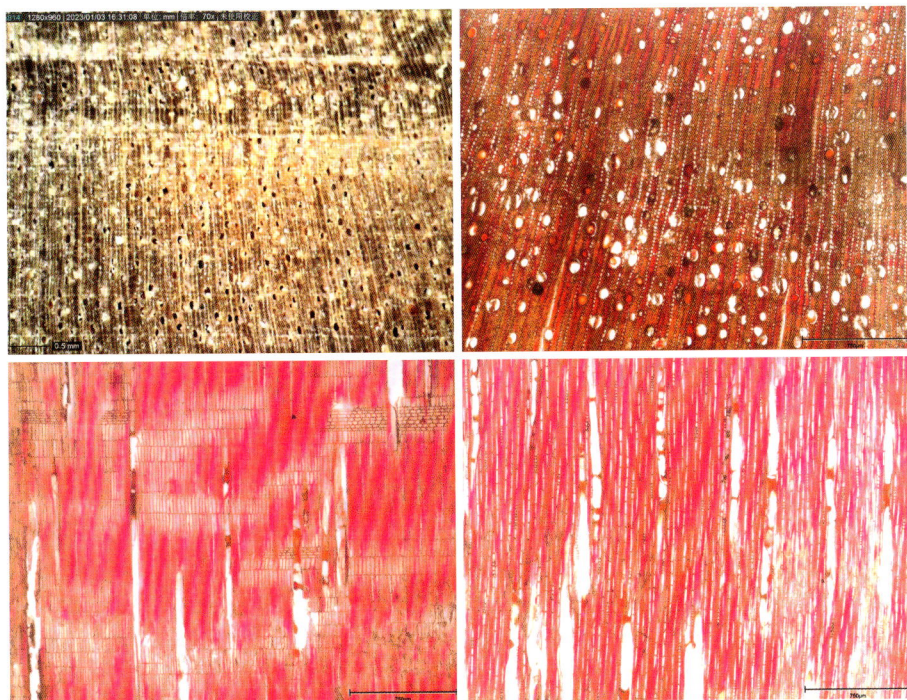

10~22条，其中窄射线3~4条，弦切面上呈窄而大的纺锤形，高度可达2毫米。此外，木材呈单宁反应，缓慢，固定后变蓝黑色。

木材利用： 木材纹理局部交错，结构细致，材质硬且略重。加工容易，干燥后少开裂，不变形，能耐腐。色泽鲜艳，径切面上射线呈现花纹状，为美观木材之一，尤适于作上等家具，装饰、工艺、上等箱盒等用材，作梁柱、天花板、车辆、农具、器具等用材亦佳。

木荷	*Schima superba* Gardn. & Champ.	山茶科木荷属	\三类材/ 14
	别名：纳槁、荷木、痒身楣、果槁、寒槁		

树皮： 皮面灰褐色，深沟，纵裂或长方块状开裂，内皮浅棕红，干后变褐色，白纤毛多，反光强，能刺痒皮肤，石细胞米粒状。

木材： 散孔材。心边材显著，界限不分明。心材大，约占直径的50%，暗红棕色；边材色较淡，纵切面比横切面色较淡而鲜明。生长轮不明显，年轮界不分明，常难确定。管孔小，肉眼不见，10倍镜下难计算。几乎全为单管孔，形状不规则，略起棱，复管孔偶见。管孔分散分布，常倾向于成群状，分布颇均匀，年轮外部较

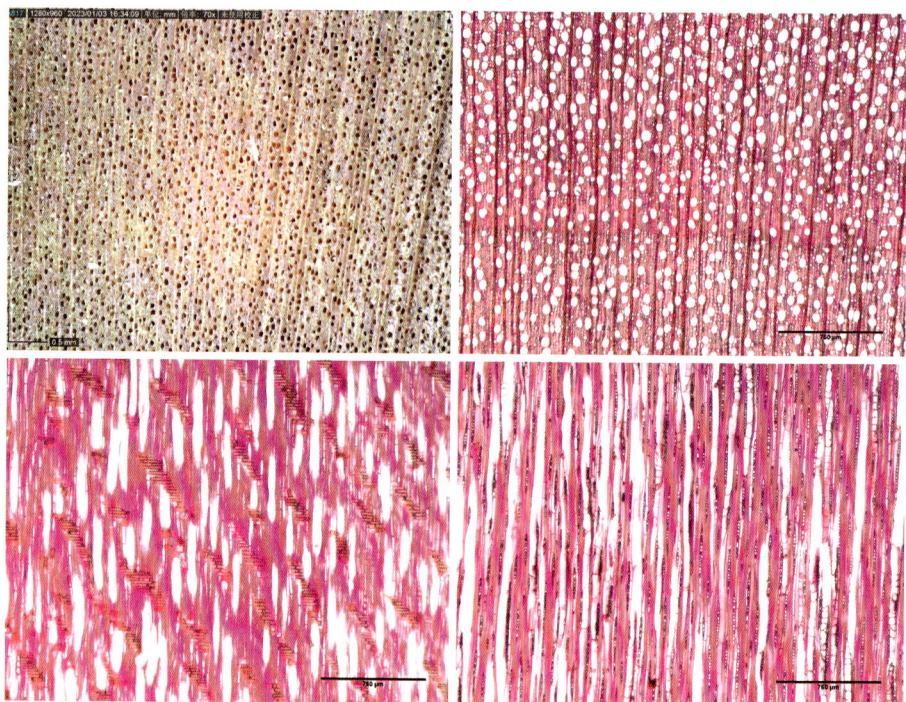

少，局部略具纤维层，可借以确定年轮界。管孔多，每平方毫米33~48个，侵填体普遍，呈极小反光点。弦切面上导管线肉眼隐约可见，呈纤细线状，10倍镜下普遍见侵填体，反光强。薄壁组织不丰富，肉眼不见，10倍镜下可判别，离管型为主；星散薄壁组织，在射线间呈很短且细的弦向线，傍管型薄壁组织的环管薄壁组织，仅少数管孔具有，一般较显著，宽度较小的比管孔稍大或与之相仿。木射线非叠生，单列射线多，多列射线甚少，多列射线宽2细胞。射线极窄，肉眼不见，10倍镜下可计算。射线大小不一致，间距亦不等，多，每毫米7~8条，弦切面上10倍镜下也难以判别，不呈纺锤形。

木材利用： 木材纹理结构交错，结构细致、均匀，材质稍硬。心材很重，边材稍重，加工容易。干燥少开裂，会变形，颇耐腐。木材色调均匀，纵面具光泽，为纺织工业纱管等及其他刨切细工艺用材，亦适作一般房建、桁桷、门窗。加工处理可以做细雕刻、细木工用材。

多萼核果茶

Pyrenaria multisepala (Merrill & Chun)
H.Keng

山茶科核果茶属

别名：山赤、岭红油、假猪血槁、石胆、
石笔木、多萼榻捷木

树皮： 厚约4毫米，灰褐色、平滑、内皮暗红、硬脆，稍有甜味。

木材： 半环孔材。淡红褐色，纵切面同色。生长轮略明显，年轮分明。管孔小，肉眼不见，10倍镜下难计算，管孔多数略起棱。单管孔占多数，复管孔不普遍，径向复管孔由2~3个管孔组成，有少量斜向；管孔团未发现。管孔呈分散分布，常倾于成径向排列，年轮内部管孔稍大，通常密集成带，至外部显著减少和变小，难以观察。管孔多，每平方毫米31~46个，侵填体未发现。弦切面上导管线在10倍镜下才能判别，呈纤细线，普遍具侵填体，反光强。薄壁组织丰富，肉眼不见，10倍镜下也难以判别，几乎仅离管型；星散薄壁组织呈纤细的短线和小点，分布于射线间和两侧，且极密地布满年轮中，外部较显著；傍管型环管薄壁组织偶见。木射线非叠生，单列射线多，多列射线甚少，多列射线宽2细胞。射线极窄，肉眼隐约可见，10倍镜下可计算。射线大小不一致，间距不等，常局部变窄至消失，中等多，每毫米4~5条，弦切面上肉眼不见，10倍镜下才清楚呈斑点状。木材呈单宁反应，但反应缓慢，10倍镜下观察不出变化过程，固定后呈蓝黑色，纵切面上不显著。

木材利用： 木材纹理通直，结构细致均匀，材质硬且稍重。易于加工，旋切性

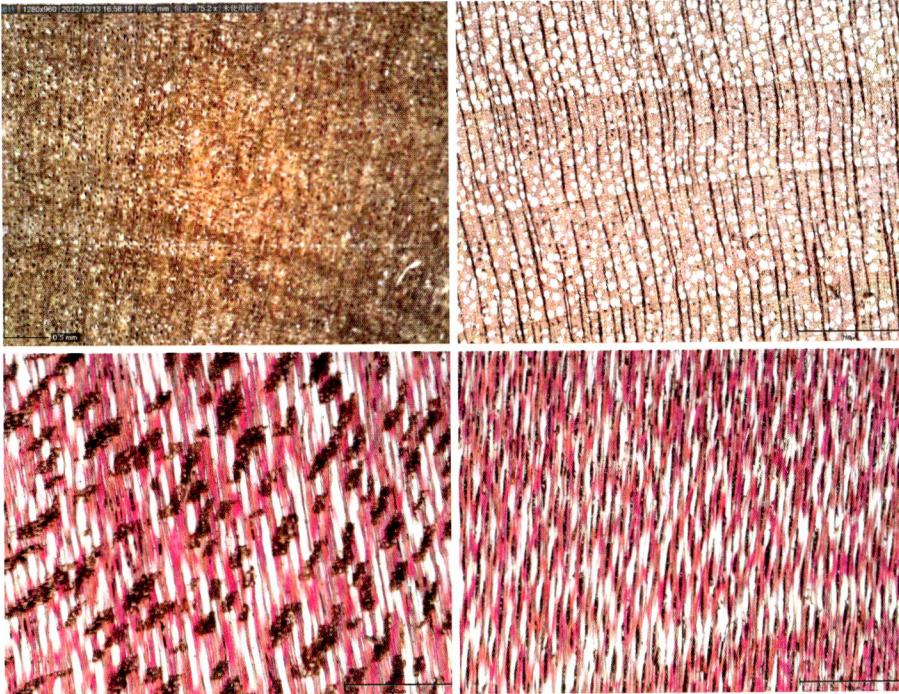

能优良，各切面均平滑，干燥后不开裂，但会变形。材色均匀，纵切面具光泽，颇美观。适于作纱管等纺织工业及玩具的刨切用材，以及农具及细木工，家具用材，一般房建用材和强度要求不太高的机械器具用材，农机具等用材。

海南大头茶

Polyspora hainanensis (Hung T.Chang) C.X.Ye ex B.M.Bartholomew & T.L.Ming

山茶科大头茶属

三类材 **16**

别名：猪血槁

树皮： 黄灰白，表皮块状脱落，内层鲜红，皮底浅土黄色，树皮略黏，红色，干后皮底似黄猄皮状，湿水擦之起白沫，树皮经晒后大块状脱落，材色显紫灰红色斑。

木材： 散孔材至半环孔材。暗红褐或红褐色带紫。心边材区别不明，有光泽，无特殊气味和滋味。生长轮略明显，轮间呈深色纤维层，可以借助分清木材生长轮，宽度不均匀，每厘米3~8轮，管孔略多至多，略小至中，肉眼不见，10倍镜下可见，大小一致，分布略均匀，散生，侵填体未见。轴向薄壁组织肉眼不见。木射线非叠生，具单列射线和多列射线，多列射线宽2~3细胞，同一射线偶见多列部分2次。射线密度中，甚细至中，10倍镜下可见至明显，在肉眼径切面上射线斑纹明显。

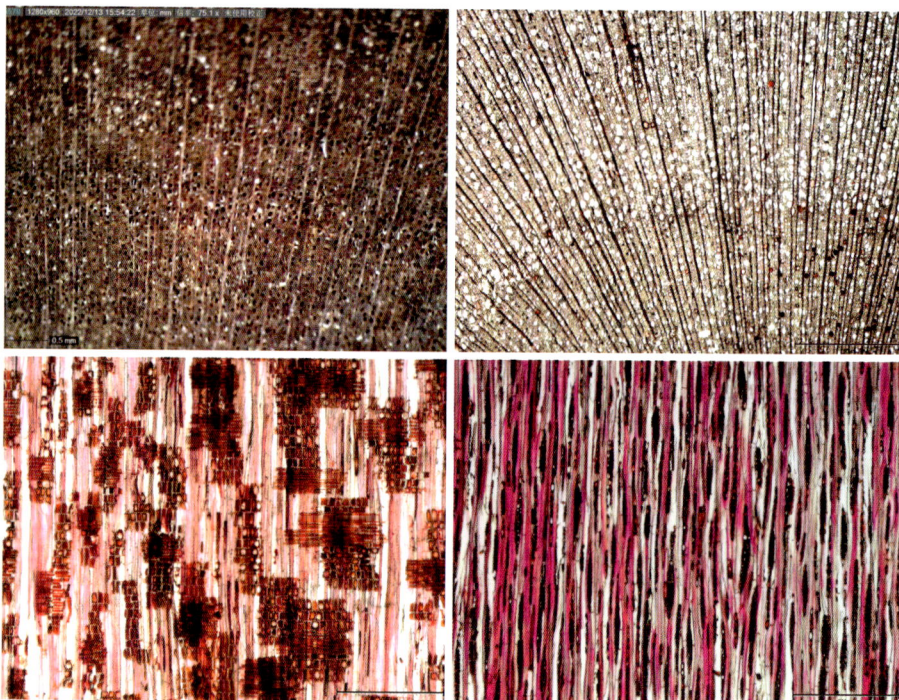

木材: 纹理直，结构甚细，均匀，重且硬，干缩中。适作房建桁桷、门窗、框、承重结构用材及家具用材。

五列木

Pentaphylax euryoides Gardn. & Champ.
五列木科五列木属

别名：毛生木

树皮: 厚3毫米，皮面灰褐色，稍平滑，不脱落，内皮灰褐色，石细胞米粒状，在皮底凸起，材身有米粒压痕，甘蔗甜气。

木材: 散孔材。暗褐色。生长轮明显，因轮末有深色的纤维层出现，年轮界多数分明。髓心红褐色，近圆形，径约1毫米，松软。管孔肉眼不见，10倍镜下难以计算。全为单管孔，形状不规则，起棱。管孔呈分散分布，均匀，年轮末显著减少，呈现窄的纤维层，借以确定年轮界；局部于年轮中呈现类似的纤维层，易与年轮混淆。管孔多，每平方毫米45~51个，侵填体偶见，呈极小反光点。弦切面上导管线肉眼不见，10倍镜下呈极纤细线状，并见普遍局部充满侵填体，反光强。轴向薄壁组织肉眼下不见，显微镜下星散–聚合及星散状。木射线非叠生，单列射线多，多列射线甚少，多列射线宽2细胞。木射线中至多，射线细胞中含树胶。

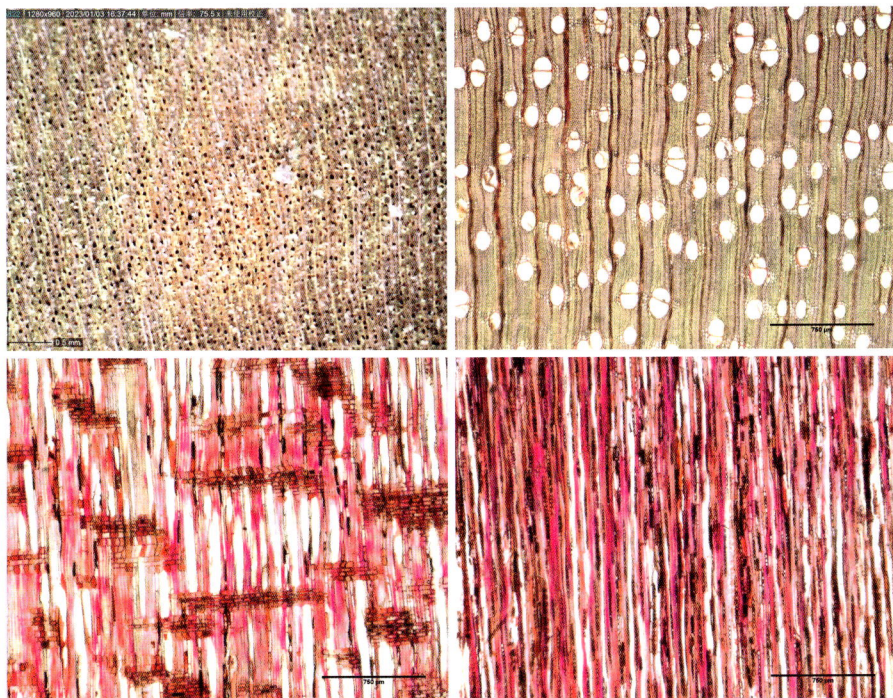

水翁蒲桃

Syzygium nervosum DC.

桃金娘科蒲桃属

别名：水央、水翁、大叶水榕树

三类材 18

树皮：厚约1厘米，皮面浅灰黄、粗糙，局部呈蜂巢壳状；内皮黄白，砍开即变紫色，较韧，呈纤维质，石细胞不明显火焰状。

木材：散孔材。木材浅灰色，心材可见，晒后呈灰白色，边材呈斑状（或久后霉变），纵切面紫棕色较淡且带红。生长轮明显，年轮界限不分明，仅能大致确定。管孔中等大小至大，肉眼隐约可见，10倍镜下可计算。单管孔占多数，复管孔普遍，以径向复管孔为主，由2~3个或达5个管孔组成，管孔弦向排列，呈不同程度斜向排列，局部略呈波浪形。分布不均匀，年轮外部显著减少，局部呈纤维层，易与年轮界混淆。管孔多，每平方毫米15~19个，侵填体偶见，10倍镜下呈小反光点，黄褐色固体堆积物普遍。弦切面上导管线肉眼可见，呈细小沟，10倍镜下见普遍具侵填体，乳白色略反光，普遍具少量固体堆积物，黄褐色。薄壁组织不丰富，肉眼不见，10倍镜下可判别，傍管型为主，多数管孔具有环管薄壁组织，常仅成很小的环；离管型薄壁组织呈短线，分布于射线间，常与傍管型相连。木射线非叠生，单列射线甚少，以多列射线为主，多列射线宽2~3细胞。射线有窄和极窄两种，肉眼隐约可见，前者10倍镜下可计算，以窄射线占多数。间距不等，中等多，每毫米6~7条，弦切面上肉眼隐约可见，10倍镜下清楚，呈纺锤形。此外，木材呈单宁反应，反应较快，10倍镜下可观察，射线和薄壁组织先变色，射线上首先呈现黑点，固定后则

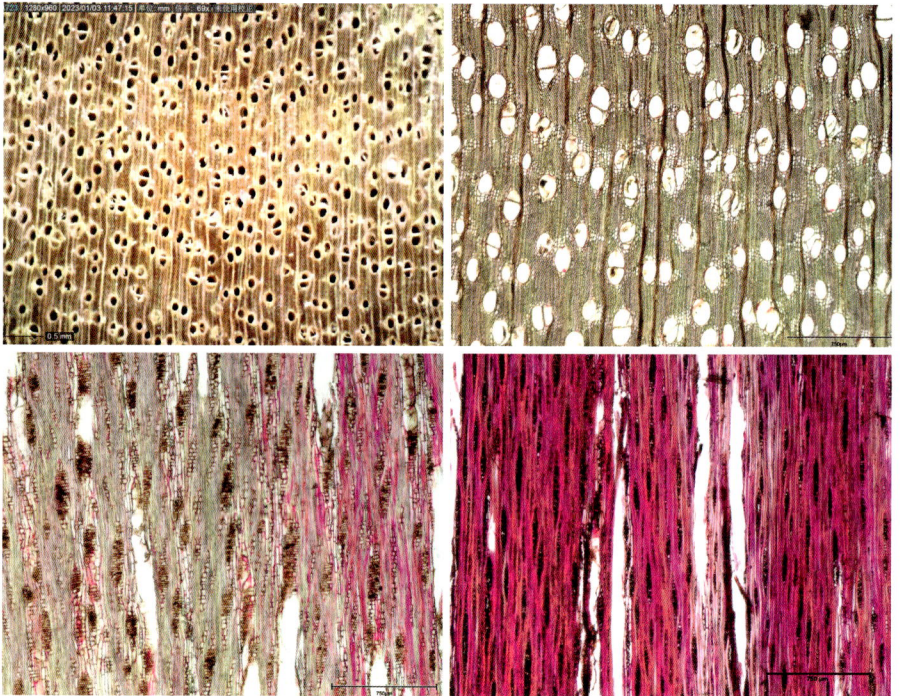

海南主要用材树种木材鉴定图谱

呈蓝黑色，纵切面上反应较慢。

木材利用： 木材纹理通直，结构细致，材质硬，中等重。加工容易，纵切面光滑，干燥后少开裂，亦不变形，略能耐腐。纵切面生长轮略现花纹，有光泽，颇美观。适于作上等家具，也可作桁桷、门窗、天花板、农具、造船及地板用料。

短药蒲桃

Syzygium globiflorum (Craib) Chantar & J. Parn.
桃金娘科蒲桃属

别名：捧花蒲桃、水双本、水营

树皮： 厚1.5厘米，皮面灰白色，稍光滑，内皮浅红，砍开变黑褐（或灰紫）（外层红褐密致，中层浅红褐，粗糙）。

木材： 散孔材。心材略显（半边红），晒后粗裂，边材浅裂。木材暗红褐色，纹理交错，多夹皮（山水翁无夹皮，心材较不明显）。管孔肉眼可见，大小颇一致，分布略均匀。薄壁组织未见，内含物少见。薄壁组织较多，10倍镜下可见，傍管状及傍管带状。木射线非叠生，单列射线甚少，以多列射线为主，多列射线宽2~4细胞，木射线略密和密，极细至中，10倍镜下可见。径切面射线斑纹肉眼不见。

木材利用： 纹理斜或交错，结构甚细，均匀，重且硬，干缩大，强度高至甚

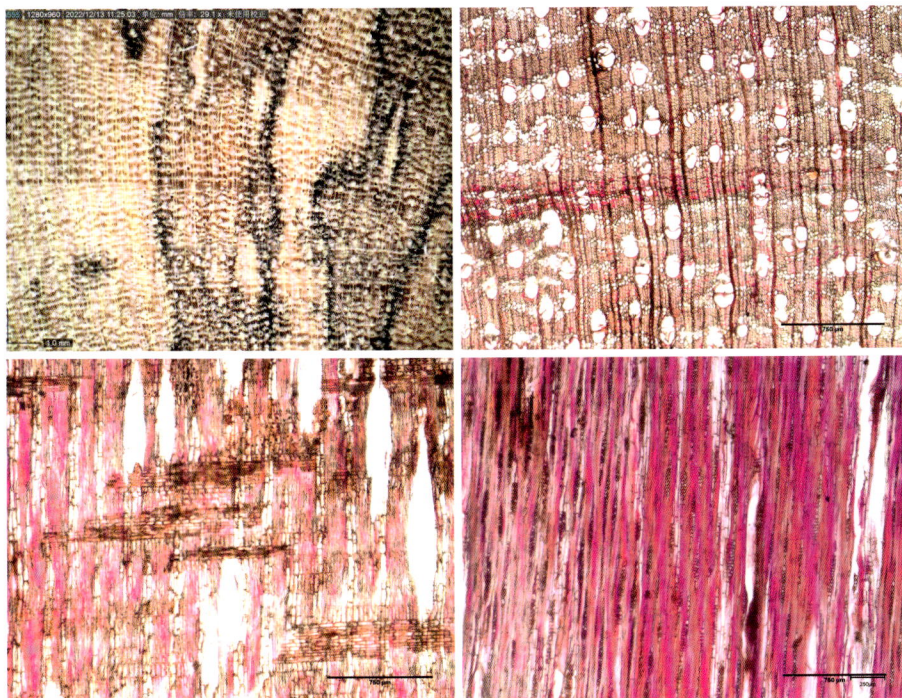

高。干燥不难，易见裂纹，少变形，能耐腐，切削较难，切面光滑。适作渔船、车辆、房建、门窗柱、地板、工具台、板车等农具工具。

谷木

Memecylon ligustrifolium Champ. ex Benth.

野牡丹科谷木属

\三类材/
20

别名：铁树、苦脚树、斧柄、角木、山梨子、子楝树

树皮： 厚约3毫米，皮面灰褐，具深纵裂纹，内皮淡黄色，略具腥味。

木材： 散孔材。心边材显著，界限分明。心材小，约占直径10%，黑棕色，纵切面同色；边材棕色，纵切面浅棕色。生长轮明显，因常有类似轮末的较深色纤维层呈现，年轮常很难确定。管孔小，肉眼不见，10倍镜下可计算。单管孔占多数，复管孔不普遍，常局部存在，径向或斜向复管孔由2~3个管孔组成；管孔团仅个别，由3~4个管孔组成。管孔分散分布，常局部聚集而成群或串，倾向于斜向或弦向排列，年轮末通常较少至没有，呈现窄的纤维层或无孔带，借以确定年轮界。管孔多，每平方毫米25~26个，侵填体偶见，呈小的反光点。弦切面上导管线肉眼不见，10倍镜下可判别，呈纤细线状，偶见少量侵填体，反光强。薄壁组织丰富，肉眼不见，10倍镜下可判别，几乎全为傍管型。全部管孔具有环管薄壁组织，环的宽度通常较

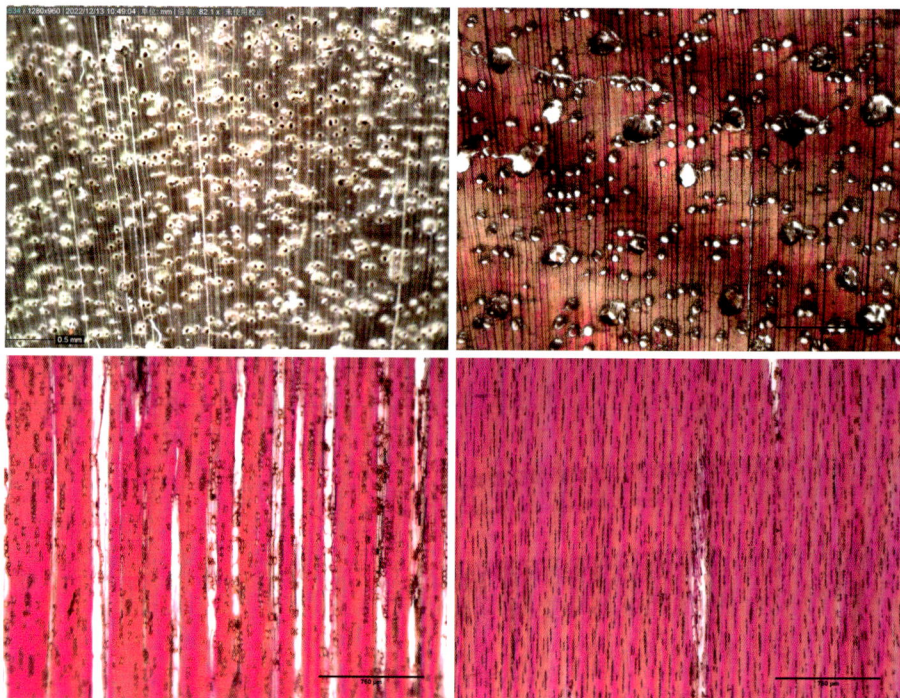

管孔大或与之相仿，少量稍成短翼状，局部显著；离管型薄壁组织呈纤细线带与管孔接触。木射线非叠生，单列射线甚少，以多列射线为主，多列射线宽2~3细胞。射线极窄，肉眼不见，10倍镜下难计算。射线大小不一致，常局部稍增宽，径向延续2~3毫米或更长，然后变窄，常断续，间距不等，中等多，每毫米6~7条，弦切面上肉眼不见，10倍镜下难清楚。内涵韧皮部肉眼不见，10倍镜下清楚，呈小斑块，比管孔显著增大，属岛状类型，形状不规则，通常近圆形或弦向唇形，常收缩而稍凹成孔洞，有些在周围局部有薄壁组织包围，分布很不均匀，每平方毫米1~2处；径切面上呈细线状，弦切面上宽度较大，普遍具少量反光点。此外，木材呈单宁反应，反应较慢，10倍镜下观察，见薄壁组织先变色，次为射线，固定后呈蓝黑色，纵切面上色较浅，可观察到射线先变色。

木材利用： 木材纹理交错，结构密致，材质坚硬很重，加工困难。干燥后少开裂，不变形，能耐腐。纵切面上略现花纹，材色较淡，但不鲜美。适于作梁柱、桥梁、水工、车辆、桩木、枕木、农具等用材。

黄牛木

Cratoxylum cochinchinense (Lour.) Blume

金丝桃科黄牛木属

别名：黄尝、黄胶、黄皮、黄皮松

树皮： 厚2毫米，棕黄色，平滑，间有薄片脱落，内皮具深黄色黏液，久变褐或红褐色，具腥味。

木材： 散孔材。棕红色，纵切面同色。生长轮明显，年轮界多数分明。髓心暗褐色，近圆形，径约2毫米，松软。管孔小，肉眼不见，10倍镜下可计算。单管孔占多数，常靠得很近，似复管孔。复管孔不普遍，径向复管孔由2~3个组成。管孔团木发现。斜向排列，方向不一致，接近火焰状。管孔很多，每平方毫米25~28个，侵填体偶见，呈极小反光点。弦切面上导管线肉眼可见，呈细线状，10倍镜下偶见少量侵填体，呈极小点，反光强。薄壁组织丰富，肉眼可见，10倍镜下可判别，离管型为主，呈稍比射线宽的带，常断续，长短不一，少与管孔接触，常被环管管胞所隔开，颇规则地分布于生长轮中，每毫米有带6行；轮界薄壁组织常显著，较薄壁组织带稍宽，可借以确定年轮界；傍管型环管薄壁组织，仅少数管孔具有，呈不成完整的环包围管孔，与射线同色，均淡且亮。木射线非叠生，具单列射线和多列射线，多列射线宽2~3细胞。射线极窄，肉眼不见，10倍镜下可计算，射线大小近一致，间距不等，很多，每毫米11~12条，弦切面上肉眼难辨别，10倍镜下可见，呈纺锤形。环管管胞通常较显著，10倍镜下可见，分布于管孔周围，多沿管孔排列方向连接，包围群集成行的管孔，纵切面观察不出。此外，木材呈单宁反应，反应较慢，固定后呈灰黑色，纵切面上较淡。

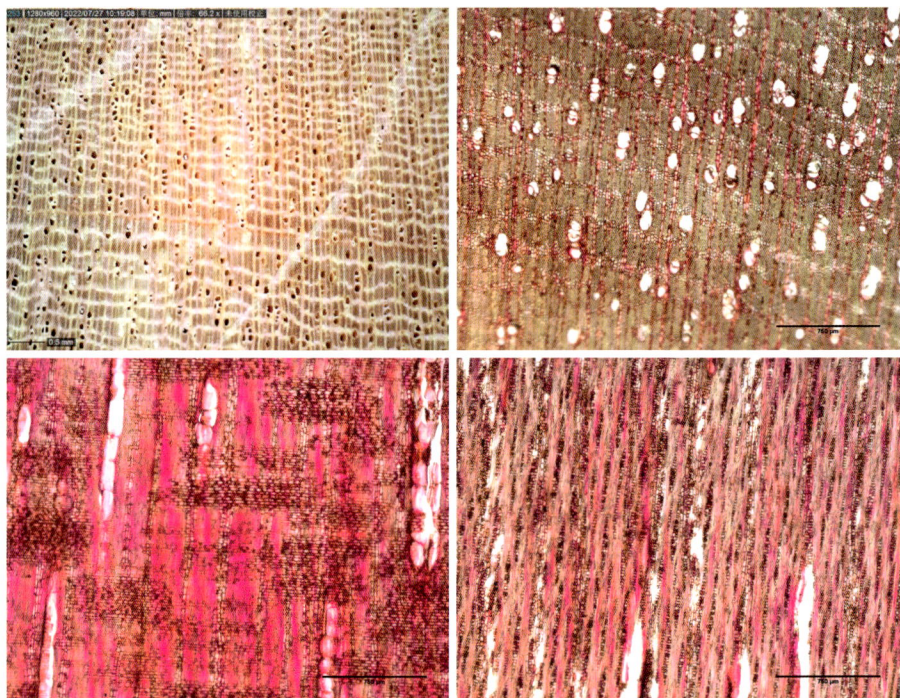

木材利用：木材纹理交错，结构细致，且均匀，材质硬，很重。加工不困难，干燥后不开裂，但稍有变形，耐腐。木材色调均匀鲜明，纵切面平滑，且有光泽，雅丽美观，但湿水后脱色，较适于作雕刻、美术、细木工、精仿工艺品等用材，亦可作门窗、上等家具等用材。因常用作精美鸟笼，故有"雀笼木"之称。

翻白叶树

Pterospermum heterophyllum Hance

梧桐科翅子叶属

三类材
22

别名：大叶白蒲、红蒲、加卜母、白叶、异叶翅子木、半枫荷、翅子树

树皮：厚可达1厘米，灰黄褐色至银灰色，浅微纵裂，韧皮部红褐色，内皮粉红（干后色较深），麻韧皮，端面锯齿状花纹，可层分，皮及材身波痕明显，材身波状起伏明显，具清淡的甜味。

木材：散孔材。淡红褐色，纵切面较淡且鲜。生长轮明显，因轮末有较深色纤维层呈现，年轮界分明。髓心棕红色，近圆形，径约6毫米，结实，反光，边缘有黏液道，呈似大管孔的圆孔，充满暗褐色的树胶内含物；纵切面呈小沟。导管中等大至小，肉眼隐约可见，10倍镜下易计算，复管孔占多数，以径向复管孔为主，由

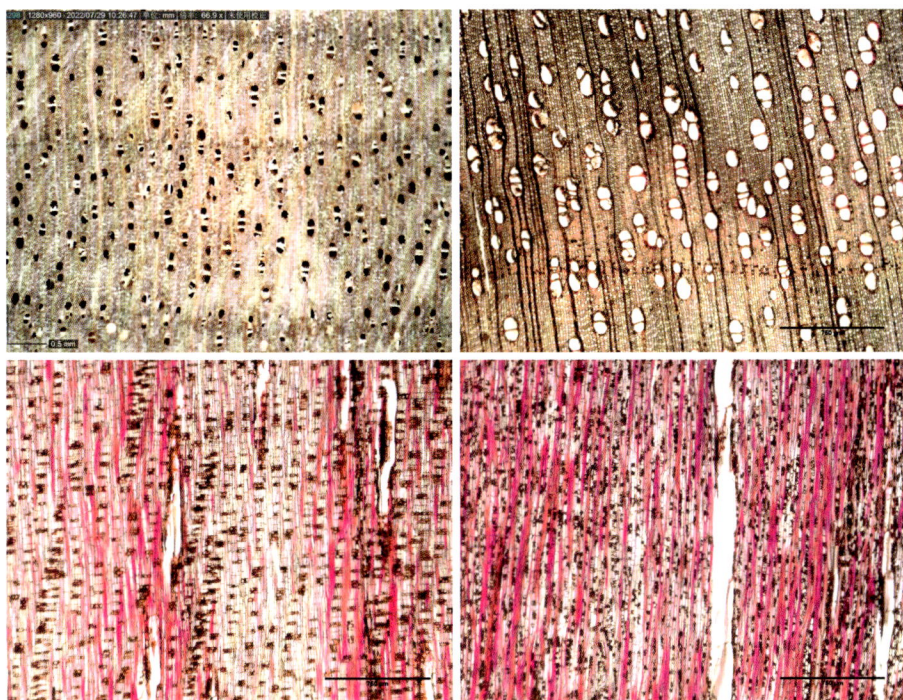

2~3个或达5个管孔组成；管孔团偶见，由2~3个管孔组成；单管孔不普遍。管孔分布常倾向于径向排列，年轮末显著较小和少，借以确定年轮界。管孔中等多，每平方毫米6~8个，侵填体偶见，呈极小反光点。弦切面上，导管线肉眼可见，呈细小沟，10倍镜下偶见少量侵填体，乳白色且反光。薄壁组织丰富，肉眼不见，10倍镜下可判别，离管型为主，星散薄壁组织，呈很短的细线状、弦向线和小点不规则地分布于射线间和两侧，均匀密布于年轮中，每毫米有带12行，轮末显著变疏，呈现窄的纤维层，借以确定年轮界。傍管型环管薄壁组织，仅很少数管孔具有，常仅呈很窄的环或不完整的环包围管孔。木射线局部似叠生，单列射线甚少，以多列射线为主，多列射线多数宽2细胞。射线宽和极窄两种，宽度相差2~3倍，肉眼隐约可见，10倍镜下可计算，宽射线间，极窄射线数目不定，可达10~20条或更多，间距近等。射线多，每毫米10~11条，极窄射线和薄壁组织，10倍镜下也区别不出，弦切面上宽射线呈纺锤形，高度可达4毫米，呈现层状构造（波痕），肉眼清楚可计算，每厘米达24~25层。此外，木材呈单宁反应，反应缓慢，观察不出变化过程，固定后呈青黑色，纵切面上色较淡。

　　木材利用： 木材纹理通直，结构细致，材质稍软，加工容易。干燥后少开裂，但稍有变形，不很耐腐。纵切面光滑且较鲜艳，生长轮略现花纹，具光泽，颇致美观，但湿水后较易脱色。新切面久置后颜色易变深沉，失去光泽。为美丽的轻材，尤适于作上等家具、文具、天花板，亦可作梁柱、门窗及其他细木工用材，较适于作室内用材，制成品需及早刷油漆以防止浸水后变色，亦宜作木船桅杆。

秋枫 *Bischofia javanica* Blume

别名：加冬、水胶、茄冬、重阳木

树皮： 厚约1厘米。老龄树黑灰褐色，中龄以下为灰褐色或灰棕褐色，外皮呈鳞片状脱落，粗糙，韧皮部为深褐色，削开时具血红色乳液，略带甜味。

木材： 散孔材。心边材显著，界限颇分明。心材大，约占直径的70%，浅紫褐色，纵切面同色；边材红褐色，近树皮处灰棕褐色，纵切面同色。生长轮颇明显，年轮界不分明，常难确定。髓心黄褐色，近星形，直径约6毫米，松软。管孔中等大小至大，肉眼隐约可见，10倍镜下易计算；复管孔占多数，以径向复管孔为主，由2~3个或达5个管孔组成，偶见斜向；管孔团亦常见，由3~4个管孔组成；单管孔普遍。管孔分散分布，在年轮外部一般较少，局部较显著，可借以确定年轮界。管孔中等多，每平方毫米7~9个，侵填体普遍，反光强。弦切面上导管线肉眼可见，呈小沟，10倍镜下见普遍充满侵填体，乳白色，反光强。心材普遍充满暗红褐色固体堆积物。薄壁组织很不丰富，肉眼不见，10倍镜下可判别，仅少数管孔具有傍管型环管薄壁组织，常呈不完整的环包围管孔。木射线非叠生，单列射线甚少，以多列射线为主，多列射线宽2~3细胞。射线窄和极窄两种，窄射线肉眼隐约可见，10倍镜下可计算，间距近等。窄射线间的极窄射线多在2~3条。射线中等多，每毫米6~7条，射线普遍具白色小点，疑为砂，弦切面上肉眼隐约可见，10倍镜下清楚，呈纺锤形。此外，木材呈单宁反应，反应缓慢，观察不出变化过程，固定后呈深黑

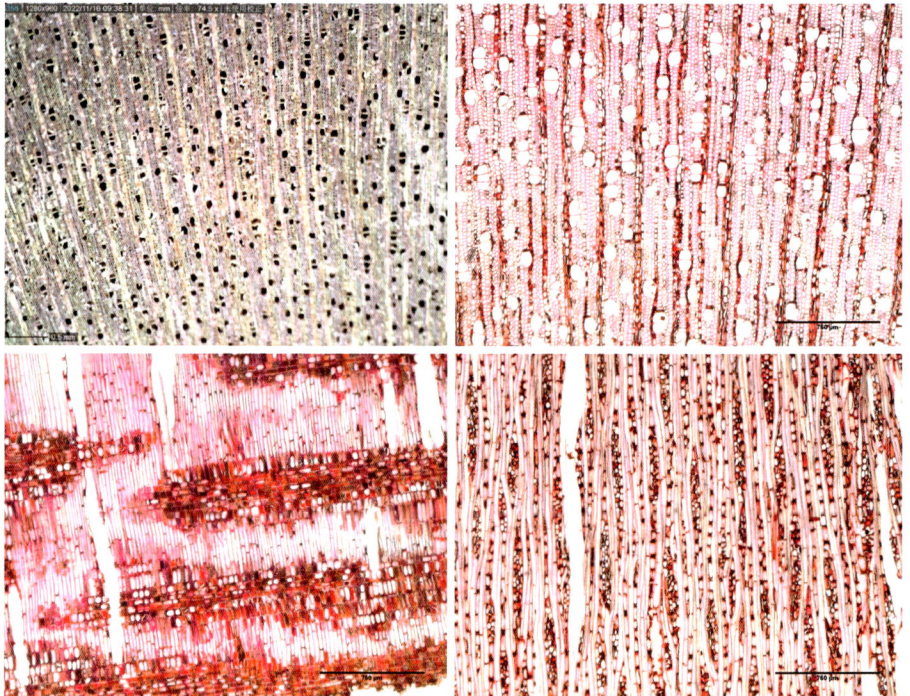

色，纵切面上反应更慢，色较淡。

木材利用： 木材纹理交错，结构细致，材质硬且韧，很重，加工容易。干燥后少开裂，但会变形，很耐腐，且耐水湿，常受白蚁侵害。材色深而略鲜明，纵切面平滑而具光泽。适于造桥梁、水工、桩木、枕木、梁柱、桁门窗、地板、上等家具、车辆、农具、雕刻及其他细木工等用材，过去亦常用于棺木。

闭花木

Cleistanthus sumatranus (Miq.) Müll. Arg.
大戟科闭花木属

别名：假乌营、水柳树

树皮： 厚2~3毫米，暗红褐色，片状脱落或平滑，内皮粉红色，纤维发达，能剥成条、韧，具清香略带甜气味。

木材： 散孔材。褐红色带紫、纵切面同色。最外几轮色较浅。生长轮不明显，年轮界不分明，因局部常呈现似轮末的较深色纤维层，年轮界很难确定。管孔小、肉眼不见，10倍镜下可计算，复管孔占多数，以径向复管孔为主，由2~3个或达6个管孔组成；管孔团仅偶见，由2~3个管孔组成；单管孔普遍。管孔径向排列，局部不明显，分布均匀，轮末常局部稍少，略呈很窄的纤维层，可借以确定年轮界。

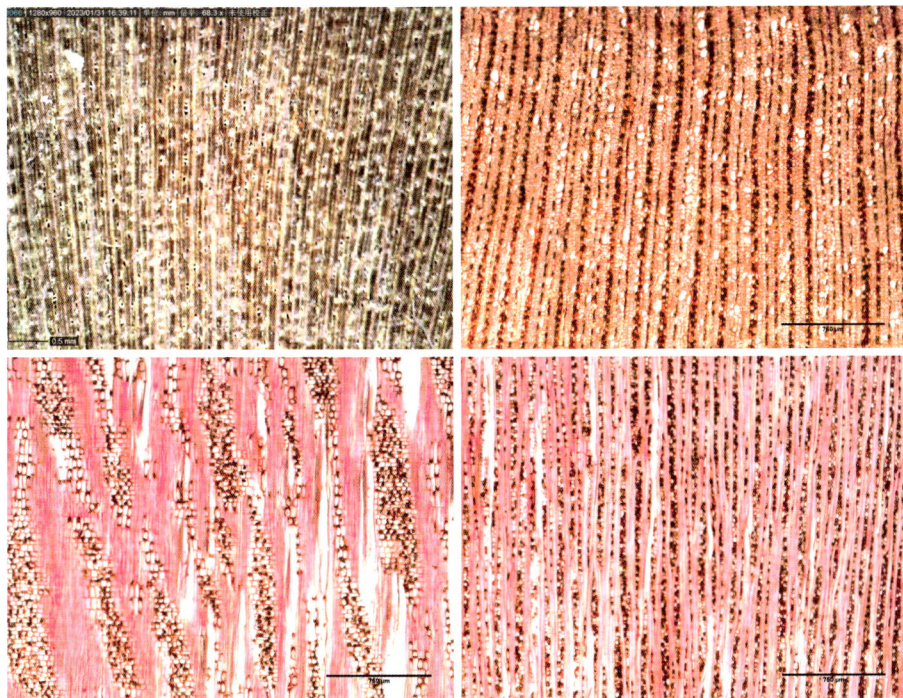

但年轮内局部常呈现1~2层类似的纤维层，易与年轮界混淆。管孔很多，每平方毫米25~27个，侵填体未发现，固体堆积物局部普遍，淡黄色。弦切面上导管线肉眼隐约可见，呈纤细线状，10倍镜下见局部普遍充满侵填体，乳白色，反光强或弱，局部具固体堆积物，淡黄色。薄壁组织很不丰富，肉眼不见，10倍镜下也难判别，仅离管型，少数管孔具有环管薄壁组织，常仅呈很窄的环或不完整的环包围管孔。射线极窄和窄两种，肉眼隐约可见，10倍镜下难计算，以极窄射线较多，间距近等。射线很多，每毫米12~14条，弦切面上10倍镜下也难辨别。木材呈单宁反应，反应缓慢，10倍镜下观察不出变化过程，固定后呈灰黑色，纵切面上同色。

木材利用：木材纹理显著交错，结构细致，材质硬而稍重，加工稍难。纵切面局部较难平滑，干后少开裂，亦不变形，很耐腐。材色一致，具光泽。为建筑用良材，尤适于水工、桥梁、造船、车辆、桩木等，亦可供梁柱、门窗、地板、农机具、上等家具用材。

白茶树

Koilodepas hainanense (Merr.) Croizat

大戟科白茶树属

别名：白螺、盖路达

三类材 **25**

树皮：皮薄，仅1~2毫米，皮面灰白、平滑、间有蓝色或绿色斑印，略有腥甜味。

木材：散孔材。橙黄色，纵切面色较淡。生长轮不明显，年轮界不分明，因常有似轮末较深的纤维层呈现，年轮很难确定，仅局部位置上轮末纤维层较明显。髓心黄褐色，圆形，直径1毫米，松软。管孔中等大小至小，肉眼隐约可见，10倍镜下易计算。复管孔占多数，以径向复管孔为主，由2~3个或达8~12个管孔组成，以3~4个组成者占多，偶见斜向；管孔团亦常见，由3~5个管孔组成，单管孔普遍。管孔分散分布，分布均匀，常局部成径向排列，或倾向于此。管孔中等多，每平方毫米8~9个，侵填体局部普遍显著，呈反光点，除最外几轮外，几乎全部充满白色和橙黄色固体堆积物。薄壁组织丰富，肉眼不见，10倍镜下可判别，离管型为主，星散薄壁组织成极纤细且短的弦向和稍斜向线，宽度约与射线相仿或较小，不规则地分布射线间，均匀密布于生长轮中，每毫米7~8行，轮末局部显著变疏，并呈现窄的纤维层，可借以确定年轮界。傍管型薄壁组织，少数管孔具有，常仅呈很窄的环或不完整的环包围管孔。木射线非叠生，单列射线甚少，以多列射线为主，多列射线宽2~3细胞。射线极窄，肉眼不见，10倍镜下难计算。射线大小不一致，间距亦不等，很多，每毫米10~14条，弦切面上，10倍镜下也难辨别出来。此外，有髓斑存在，局部很多，特别是头几轮，小且不显著，弦向宽1毫米，纵切面上10倍镜下才能辨别。

木材利用：木材纹理交错，材质坚硬，且很重，加工较难。干燥后不开裂，耐

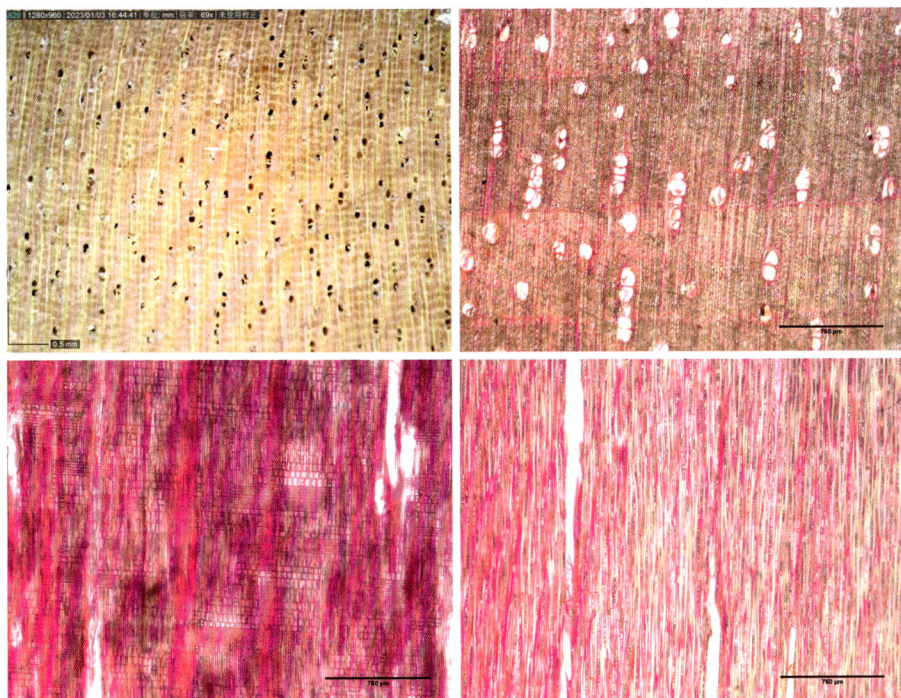

腐。材色淡而一致，切面平滑且具光泽。本种为良好强材，但以小径木为主，适于作梁柱、窗、地板等，亦可作桩木、枕木、农机具、把柄及其他细木工用材，当地多作扁担用。

网脉核果木

Drypetes perreticulata Gagnep.

大戟科核果木属

别名：白梨公、娇芭婆（包括海南核实）、密网核实

树皮：厚4~5毫米，灰黄色、平滑，石细胞层片状，细密，纤维成层状，略有甜味。

木材：散孔材。橙黄色，纵切面色较淡。生长轮明显，因常有似轮末深色纤维层的呈现，使年轮界难确定。髓心灰黄色，星形，径约2毫米，结实。管孔很小，肉眼不见，10倍镜下难计算。复管孔占多数，以径向复管孔为主，由2~3个或达5个管孔组成；管孔团偶见，由3个管孔组成，单管孔普遍。管孔呈分散分布，均匀，生长轮末梢较少，局部在年轮末梢较显著，借以帮助确定年轮界。管孔很多，每平方毫米34~36条，侵填体偶见，呈极小反光点，普遍充满固体堆积物，黄白色。弦

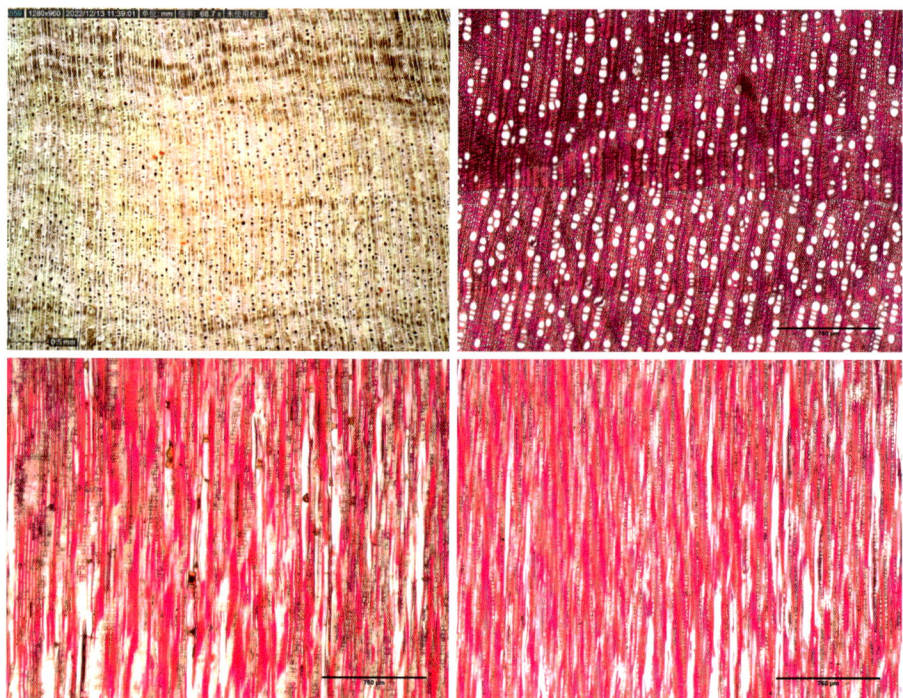

切面上导管线肉眼不见，10倍镜下也看不清楚，呈纤细线状，偶见侵填体，反光，普遍具有固体堆积物，黄白色。薄壁组织丰富，肉眼不见，10倍镜下可判别，几乎仅离管型。星散薄壁组织，呈极短的纤维细线状和小点，颇规则地分布于射线内和两侧，均匀密布生长于轮中，密至计算不出来。轮末较疏而呈现纤维层，借以确定年轮界，年轮中的局部位置，也常呈现纤维层。傍管型的薄壁组织仅少数管孔具有，不呈完整的环包围管孔。木射线非叠生，单列射线甚少，以多列射线为主，多列射线宽2~3细胞。射线极窄，肉眼不见，10倍镜下难计算。射线有大小两种，间距不等，宽的少，呈不规则分布。射线很多，每毫米16~17条，弦切面上在10倍镜下也难辨别。

木材利用： 木材纹理略通直，结构细致，材质坚硬，极重，加工较难。干燥后少开裂，稍有变形，不很耐腐。材色鲜淡调和，纵切面上生长轮略现花纹且具光泽。为强材之一，适于门窗、地板、车辆、机械器具、上等家具、运动器械、雕刻及其他细木工之用。

腺叶桂樱

Prunus phaeosticta Maxim.

蔷薇科桂樱属

别名：山豆、鹿筋、山蜞、腺叶野樱

树皮：厚仅2~3毫米，皮面暗灰，具明显红色。皮孔量多，排列整齐。内皮砍开由浅红褐转深，石细胞砂粒状或小米粒状，略呈层片状，有浓厚的杏仁气味。

木材：散孔材。具鲜明且深的红褐色，纵切面淡红褐色。生长轮明显，略现微波浪形，因轮末管孔显著减少，年轮数易计算，但年轮界不分明。管孔小，肉眼不见，10倍镜下可计算。复管孔占多数，以径向和斜向复管孔为主，由2~4个或达6~8个管孔组成；管孔团亦常见，由2~3个管孔组成；单管孔局部普遍。管孔斜向排列，方向不一致，局部呈之字形。射线两侧的管孔常斜向靠接得很近，极似很长的斜向复管孔，轮末显著减少，借以确定年轮界。管孔很多，每平方毫米32~36个，侵填体偶见，呈极小反光点，固体堆积物普遍，色淡。弦切面上导管线、肉眼隐约可见，呈细线状，10倍镜下局部普遍充满白色侵填体，彩色反光，普遍具有固体堆积物，淡黄色。薄壁组织带比射线窄，不规则地分布于个别年轮的局部位置上。少数管孔具有傍管型环薄壁组织，仅呈很窄的环。木射线非叠生，单列射线甚少，多列射线宽2~3细胞。射线极窄，肉眼不见，10倍镜下易计算。射线大小不一致，间距不等，多，每毫米9~10条。弦切面上肉眼不见，10倍镜下可判别，不呈纺锤形。此外，有髓斑存在，横切面上不显著，呈窄长的深色线条，纵向长度不一，有的达2厘米以上。木材呈单宁反应，但反应很慢，10倍镜下无法观察变化过程，固定后呈灰黑色，纵切面上较淡。

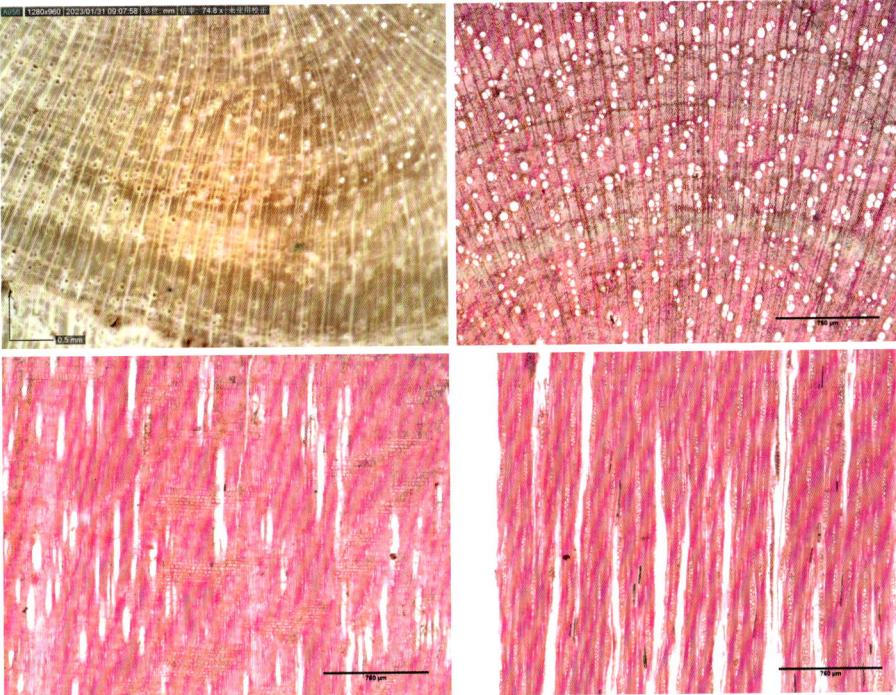

木材利用：木材纹理通直，结构密致，材质坚硬，很重，加工较难。干燥后稍开裂，且会变形，很耐腐。纵切面平滑且略具光泽。适于作梁柱、门窗、造船、桥梁、水工、车辆、机械器具、农具、上等家具、把柄、雕刻及其他细木工等。为工艺强材。但要注意加工干燥技术，克服变形缺点。

台湾相思

Acacia confusa Merr.

别名：相思仔、台湾柳、相思树

含羞草科金合欢属

（三类材）
28

树皮：皮厚约2厘米，皮面灰绿，粗糙，微纵裂。表层下绿色，内皮浅粉红，树皮以纤维为主，石细胞不明显，皮层内纤维、略交错、略韧，皮断后呈火焰状花纹。

木材：散孔材，浅黄褐色。管孔中等多，大小中等，单管孔为主，有相当数量复管孔，偶见管孔团，由2~5个管孔组成。薄壁组织傍管型，通常呈不完整的环包围管孔。木射线极窄，呈断断续续延伸，10倍镜下可见，比管孔径小，在材身上呈斑点状。木射线非叠生，单列射线甚少，以多列射线为主，多列射线宽2~3细胞。

木材利用：木材纹理交错，结构细密，材质很重，机械强度高，宜作坑木、枕木、地板木、造船等用材。木纤维细长，也宜作造纸用材。

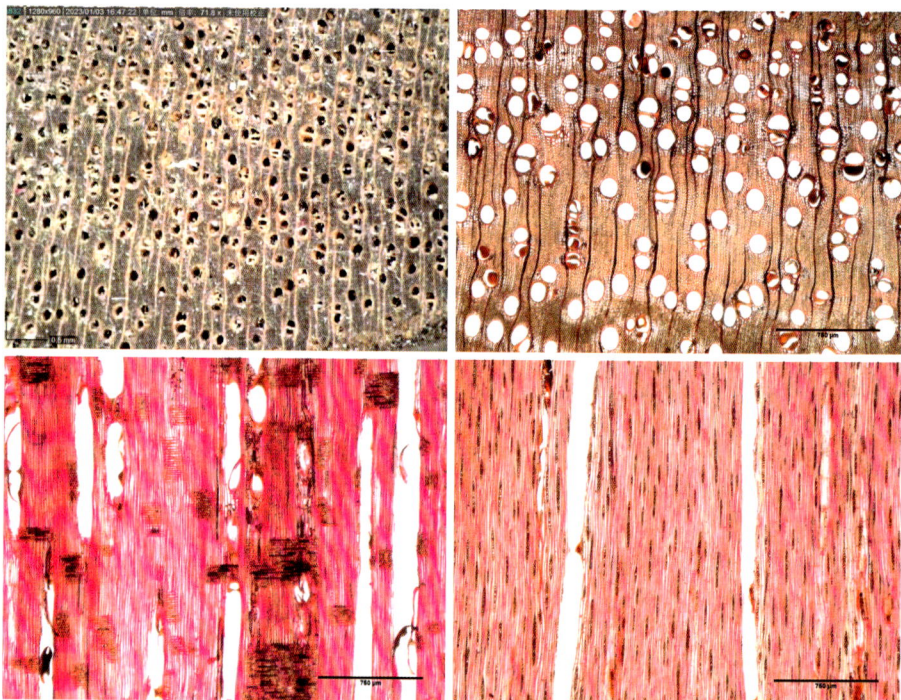

黄豆树

Albizia procera (Roxb.) Benth.　　含羞草科合欢属

别名：鹿角、陆国、白垢哥、白相思、白格、菲律宾合欢

树皮：厚约1.2厘米，灰白色至淡灰色、平滑（晒后长方格状开裂），下皮层微绿色，内皮粉红，韧皮部灰褐色，无味。

木材：散孔材。心边材显著，界限分明。心材大，约占直径的80%，深褐棕色，纵切面同色；边材淡红褐色，纵切面黄白微带棕。生长轮明显，有轮界薄壁组织存在，年轮界分明。髓心褐棕色圆形，直径约2毫米，松软。管孔大至中等大小，肉眼清楚可见，10倍镜下可计算，单管孔占多数，复管孔普遍，以径向复管孔为主，由2~3个管孔组成，偶见斜向；管孔团偶见，由3~5个管孔组成。管孔呈分散分布，常局部成斜向排列或倾向于此，年轮内部通常很多，借以确定年轮界。管孔少，每平方毫米2~3个，侵填体未发现，偶见深褐色内含物，反光强。弦切面上导管线肉眼可见，呈小沟，10倍镜下偶见固体堆积物，淡黄褐色，几乎贯穿全部导管线的内壁，反光强。薄壁组织丰富，肉眼隐约可见，10倍镜下易判别，傍管型为主，全部管孔具有，多数为短翼状，余为环管状。离管型的轮界薄壁组织显著可见，宽度与射线相仿；星散薄壁组织呈小点，不规则地分布于年轮中，局部显著。射线极窄，肉眼隐约可见。木射线非叠生，单列射线少，以多列射线为主，多列射线通常宽2~3细胞，10倍镜下可计算。射线大小一致，间距不等，中等多，每毫米6~7条，弦切面

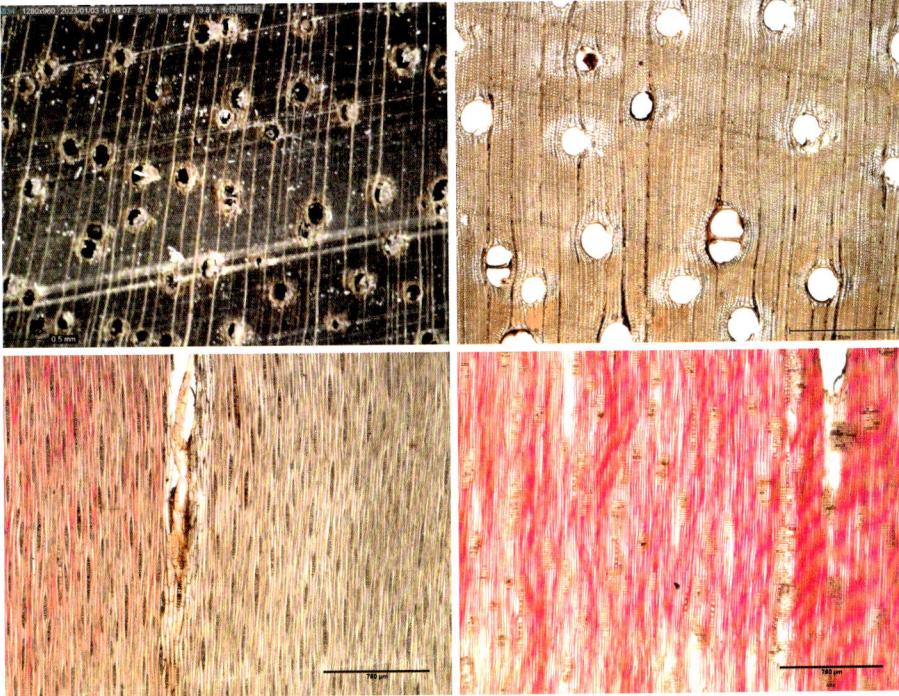

上隐约可见，呈微点，10倍镜下清楚呈纺锤形，常呈层状构造。此外，心材呈单宁反应，反应慢，10倍镜下观察不出变化过程，固定后呈黑色。纵切面上色较淡，用水滴上心材的切面上，较容易溶出可溶性物质，呈淡棕色溶液，横切面较显著。

木材利用： 木材纹理略通直，结构细致，心材硬，稍重，加工容易。干燥后少开裂，且不变形。边材不耐腐，易受虫蛀和变色菌侵染；心材很耐腐。纵切面平滑，且有光泽，生长轮呈现花纹，颇美观。边材可供一般家具及箱板之用，心材适于上等家具、建筑车辆、农具等用材，但心材湿水后较易脱色，利用时请注意。树皮和果实均含单宁，可提取栲胶。

香合欢	*Albizia odoratissima* (L. f.) Benth. 含羞草科合欢属 别名: 鹿角、山施、相思格、黑格相思、乌格、黄豆树、黑格	\三类材/ **30**

树皮： 厚约5毫米、淡灰色或深灰色，有无数显著稍狭的横纹，窄纵裂。小枝幼时被灰黄色茸，老时毛脱落后呈青灰褐色，无味。

木材： 散孔材。心边材显著，界限分明。心材大，约占直径的80%，褐棕色，纵切面色较淡；边材淡红褐色，纵切面淡红色。生长轮明显，因轮末较深色纤维层

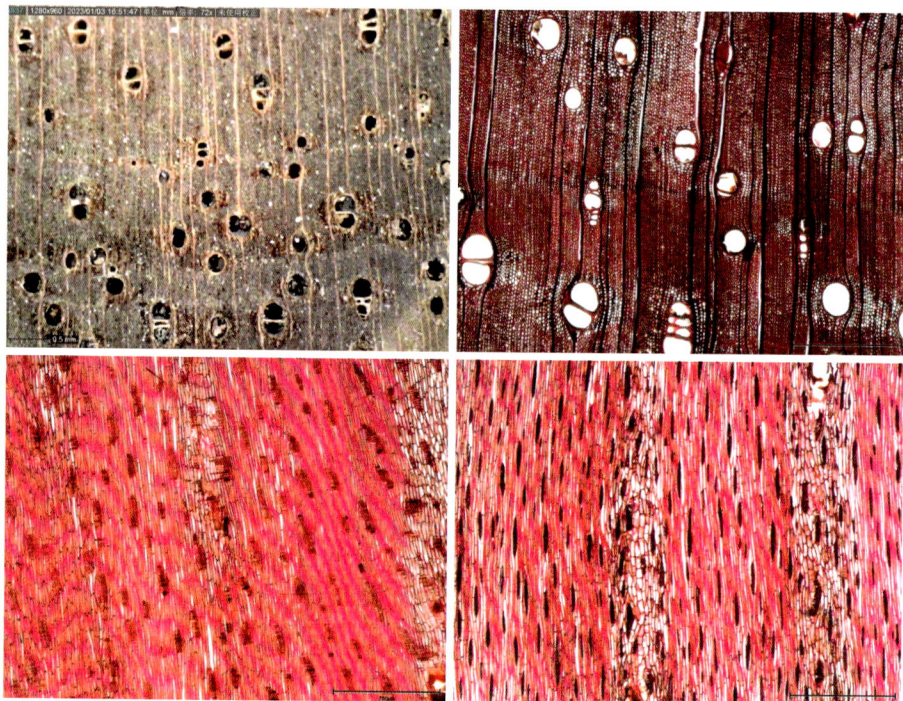

的呈现，年轮界多数分明。髓心棕褐色，梅花形，径约2毫米，松软。心材管孔内具白色粉末，管孔大，肉眼清楚，10倍镜下易计算。单管孔占多数，复管孔普遍，以径向复管孔为主，由2~3个或达6个管孔组成，偶见斜向；管孔团偶见，由3~5个管孔组成。管孔径向排列，局部倾向于斜向排列，轮末梢较少和小，局部显著，借以确定年轮界。管孔少，每平方毫米3~4个，侵填体未发现，黑褐色内含物普遍，反光强。弦切面上导管线肉眼可见，呈小沟，10倍镜下见普遍具黑褐色似树胶的内含物，反光，局部具少量淡黄色固体堆积物。薄壁组织丰富，肉眼隐约可见，10倍镜下易判别，傍管型为主，全部管孔具有，多数为翼状，余为环管状，少量仅呈很窄的环。离管型薄壁组织带约与射线等宽，不规则地分布于一些年轮的局部位置或局部轮界上，时与傍管型相连；星散薄壁组织呈小点，分布于纤维间，局部较显著。木射线非叠生，单列射线少，以多列射线为主，多列射线通常宽2~3细胞。射线极窄，肉眼隐约可见，10倍镜下可计算。射线大小一致，间距不等，多，每毫米6~8条。弦切面上肉眼可见，10倍镜下清楚，不呈纺锤形，倾向于呈层状构造。此外，心材呈单宁反应，反应慢，10倍镜下无法观察变化过程，固定后呈黑色。纵切面上色较淡，用水滴在心材切面上，较易溶出可溶性物质呈淡棕色溶液，横切面较显著。

木材利用： 木材纹理较通直，结构细致，心材稍硬且重，加工容易。干燥后不开裂，且不变形。边材不耐腐，易受虫蛀和变色菌侵染；心材很耐腐。纵切面平滑，且有光泽。材色深沉，颇美观。边材用途不大，仅可作一般家具或箱板等。心材适于作上等家具、运动器械、建筑、文具、车辆等用材，还可作农具、水车、造船底板、枪托、雕刻、名贵家具等用材。树皮和种子均含单宁，可提取栲胶。

海南黄檀

Dalbergia hainanensis Merr. & Chun

蝶形花科黄檀属

别名：花梨公、牛筋树

树皮： 甚薄，仅2毫米，幼时灰黄褐色，平滑；成林树皮灰黑色且为薄片状剥落。石细胞不见，纤维发达，可层分，内皮初砍黄色久则变黄褐，具杏仁气，皮底波痕明显。

木材： 散孔材。呈淡黄色带褐色，纵切面较淡且带红。木材无心材，但具创伤心材，不规则，生长轮不明显，年轮界通常较分明。管孔中等大小至小，肉眼可见，10倍镜下可计算。单管孔占多数，复管孔普遍，以径向复管孔为主，由3~4个或达5个管孔组成；有少数斜向管孔团偶见，由3~6个管孔组成。管孔分散分布，局部疏或密，年轮外部通常较小和少，局部显著，借以帮助确定年轮界。管孔很少，每平方毫米1~2个，侵填体偶见，呈小反光点，淡黄色固体堆积物偶见。弦切面上导管线肉眼可见，呈小沟，10倍镜下偶见侵填体，乳白色带褐，略反光，偶见固体堆积

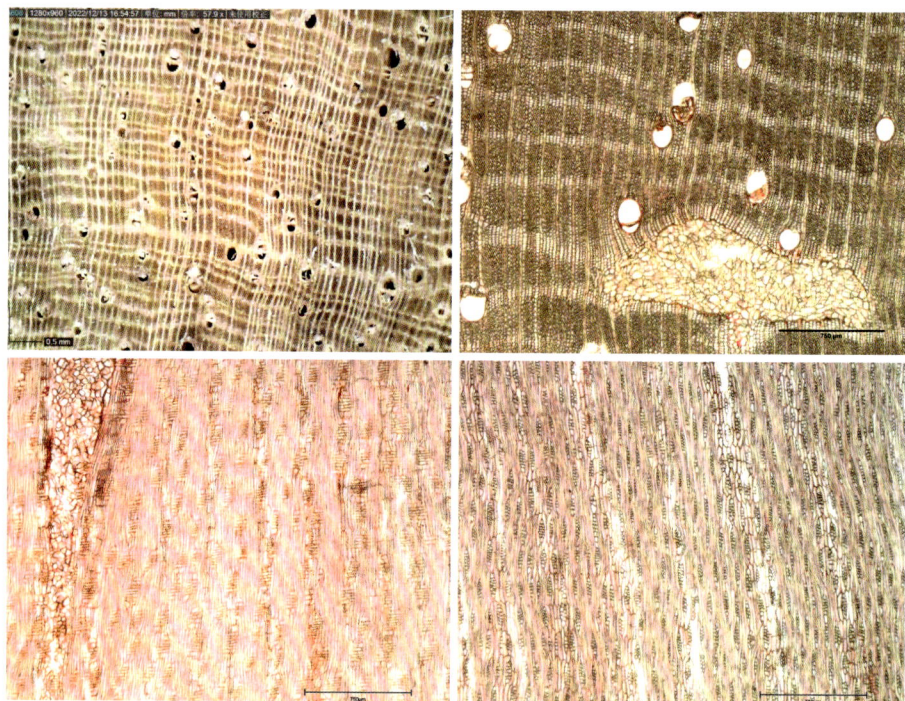

物，淡黄色。薄壁组织丰富，肉眼可见，10倍镜下可判别，傍管型为主，翼状，聚翼薄壁组织所连成的带比射线宽，常断续。离管型薄壁组织带，通常比傍管型细，常与射线成井格状，年轮外部较显著。傍管型常相连，难分辨，每毫米有带2~4行。木射线叠生，单列射线少，以多列射线为主，多列射线通常宽2细胞。射线极窄，肉眼不见，10倍镜下易计算。射线大小一致，间距不等，很多，每毫米10~12条，弦切面呈整齐的层状结构（波痕），肉眼可见，10倍镜下可见射线呈小点，整齐排列，每毫米达42层。

木材利用： 木材纹理交错，结构细致，材质硬且重，加工容易。各切面均平滑，干燥后稍开裂，并会变形，不很耐腐，较易被虫蛀和变色菌侵染，且材色不鲜明。适于门窗、农具、家具、器具、把柄等用材。此木是鞋楦特殊用材，握钉力强，取钉后钉口自然合拢。

木荚红豆

Ormosia xylocarpa Chun ex L.Chen

蝶形花科红豆属

\三类材/
32

别名：青同、乌心红豆、琼州红豆、欢五柴、牛角木、牛假森、羊胆木、野油坛树、黄姜树

树皮：厚约4毫米，灰黑色，具浅纵裂纹，平滑，内皮灰褐色，有浓烈的腥甜味。

木材：散孔材。心边材显著，界限分明。心材大，约占直径的50%，黄棕色，纵切面同色；边材淡黄棕色，纵切面同色。生长轮明显，因有轮界薄壁组织存在，年轮界多数分明。管孔大至中等大小，肉眼隐约可见，10倍镜下易计算。复管孔占多数，以径向复管孔为主，由2~3个或达6个管孔组成；管孔团偶见，由3~4个管孔组成。单管孔普遍，局部占多数。管孔呈分散分布，心材局部呈斜向排列，轮始和轮末的管孔较少和小，中部管孔较大，可借以帮助确定年轮界。管孔少，每平方毫米4~5个，固体堆积物偶见，淡橙黄色。弦切面上导管线肉眼可见，呈小沟，10倍镜下偶见侵填体，乳白色并发光，局部普遍具固体堆积物，黄白色。薄壁组织丰富，肉眼可见，10倍镜下易判别，傍管型为主，全部管孔具有。除少数为环管薄壁组织外，全为翼状至聚翼状薄壁组织，常局部连接成很长的带，轮末较疏而略现纤维层，借以帮助确定年轮界。离管型薄壁组织与射线等宽，通常显著，局部断续。边材一些年轮常有薄壁组织带分布，不规则，使年轮界难以确定。木射线非叠生，单

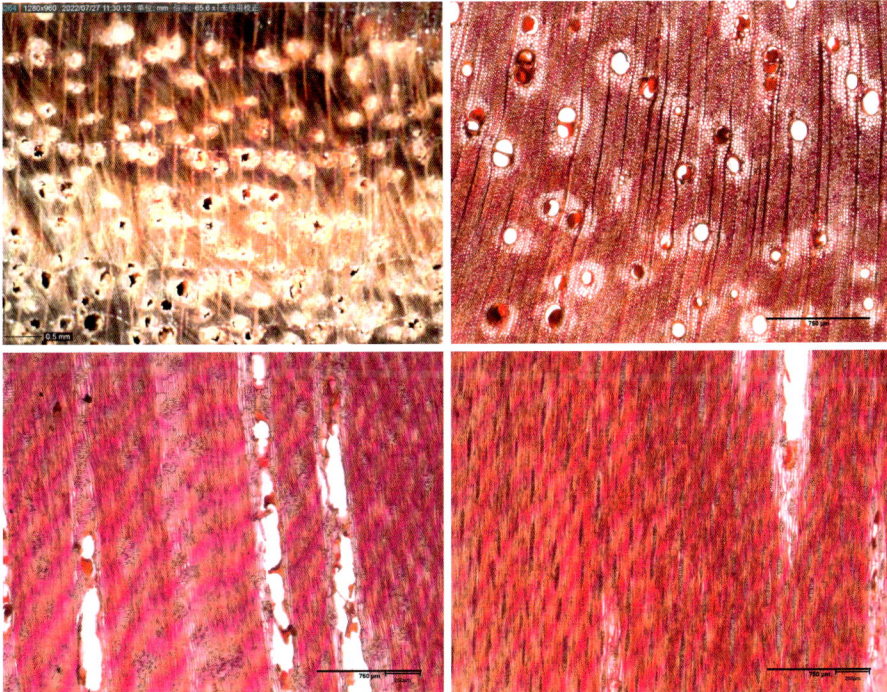

列射线少，以多列射线为主，多列射线通常宽3~5细胞。射线极窄，肉眼隐约可见，10倍镜下易计算。射线大小一致，但间距不等，中等多，每毫米6~7条。弦切面上呈现层状结构波痕，肉眼显著可见，10倍镜下更清楚，见射线整齐排列成层，每厘米28层。

木材利用： 木材纹理通直，结构细致，材质硬且重，加工容易。纵切面平滑，有光泽。生长轮呈现花纹，材色鲜明。干燥后稍开裂，也稍有变形，不耐腐，易受变色菌侵染和受虫蛀。适于作一般建筑门窗、家具、农具等。利用时注意防虫蛀和变色菌侵染，心材可供上等家具用材。

黧蒴锥

Castanopsis fissa Rehder & E. H. Wilson　　壳斗科锥属

别名：闽粤栲、裂斗锥、大叶栲、黧蒴栲、黧蒴

\三类材/
33

树皮： 厚3~5毫米，暗灰褐色，具纵裂，幼时近平滑，老皮粗糙，无味。

木材： 散孔材。心边材显著，界限分明。心材大，约占直径50%，暗黄棕色，纵切面淡黄棕色；边材色较淡，纵切面淡黄色带棕。生长轮明显，轮末较深色纤维层呈

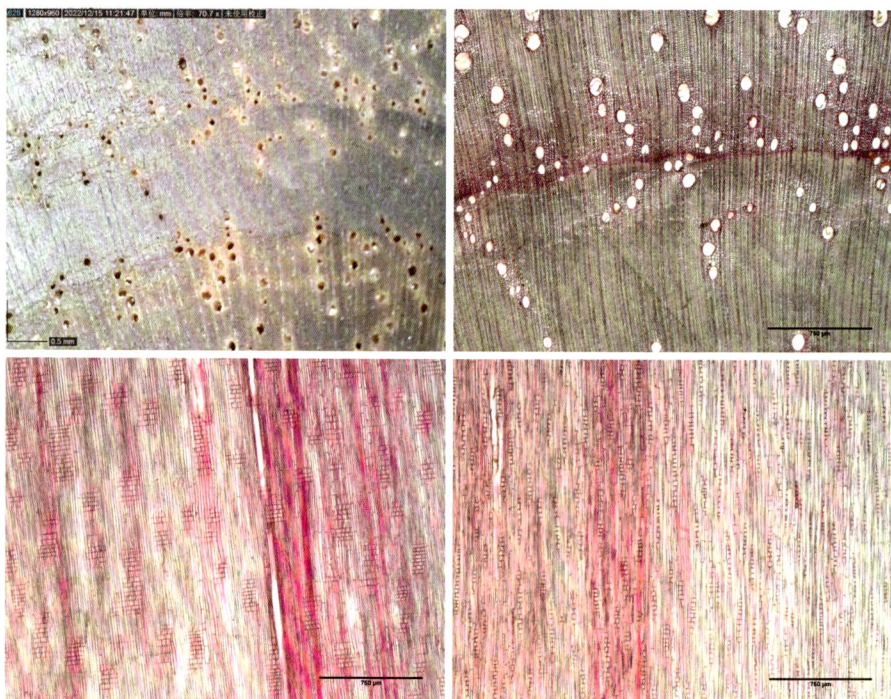

现，年轮界分明。髓心淡白色，星形，宽4毫米，松软。管孔中等大，肉眼可见，10倍镜下易计算，全为单管孔。管孔呈分枝状排列，常密集呈长短不一的径向和稍倾斜的斜向排列，年轮内部常密集成群，可借以确定年轮界。管孔少，每平方毫米3~4个，侵填体局部普遍，常充满管孔，反光强，显著。弦切面上导管线肉眼可见，呈小沟，10倍镜下可见侵填体，反光强。薄壁组织丰富，肉眼隐约可见，10倍镜下可判别，仅离管型；星散薄壁组织，呈小点和纤维短线，分布于射线间和两侧，常密集呈断续的带状，颇均匀地分布于年轮中。木射线非叠生，单列射线主为，稀见聚合射线。射线极窄，肉眼不见，10倍镜下可计算。射线大小不一，间距不等，每毫米11~12条。由极窄射线聚合而成的宽射线，自髓心按5个方向各自引申出2条，沿半径方向长度不定，可达6厘米以上。弦切面上肉眼隐约可见射线，10倍镜下清楚，不呈纺锤形。此外，木材呈单宁反应，反应较快，10倍镜下观察木材纤维先变色，固定后呈蓝色。

木材利用： 木材纹理通直、结构细致、材质稍软，加工容易。干燥后沿宽木射线开裂，稍变形不耐腐。切面平滑，材色鲜明。适合制作一般房建、桁椽、柱和一般家具。

瘤果柯

Lithocarpus handelianus A.Camus

别名：大脚板、大叶石栎、脚板橱

壳斗科柯属

\三类材/
34

树皮： 厚约2厘米，暗黄灰色，不规则浅纵裂，皮脆，不易层分。槽纹长、直、深，略具腥酸臭气。

木材： 散孔材。心边材显著，界限分明。心材大，约占直径80%，深红褐色带紫，纵切面色较淡；边材暗红棕色，纵切面局部有黄斑。生长轮不明显，年轮界不分明，难确定，仅从导管的分布大致可以确定。导管大至中等大小，肉眼可见，10倍镜下不可计算，全为单管孔。管孔略呈分枝状排列，常密集成串地呈径向和斜向排列，局部在年轮开始处显著地密集成群，倾向于火焰状排列，通常轮末较少管孔，借此可以确定年轮界。管孔少，每平方毫米4~5个。心材侵填体普遍呈反光点，局部显著，普遍具有红色固体堆积物。弦切面导管线可见呈小沟，局部镜下具侵填体且反光，普遍充满红褐色固体堆积物。薄壁组织丰富，肉眼不见，10倍镜下可判别，仅离管型。星散薄壁组织呈纤细的短线和小点，分布于射线间或两侧，密集呈带状，局部呈明显的薄壁组织带，规则地分布于年轮中，每毫米达9行，局部较轮末稀疏而略现窄的纤维层。木射线非叠生。射线宽和极窄两种，极窄射线单列，宽射线肉眼可见，自髓心向外增宽，可达0.5毫米，弯曲射线大小不一致，局部可见宽射线集聚成更大宽度，间距不等。极窄射线在10倍镜下难计算，大小一致，间距相等。宽射线的极窄射线可以有22~25条不等。射线很多，每毫米10~11条。弦切面上宽射线肉眼显著可见，呈纺锤形，高度可达3毫米，窄射线在10倍镜下也难判

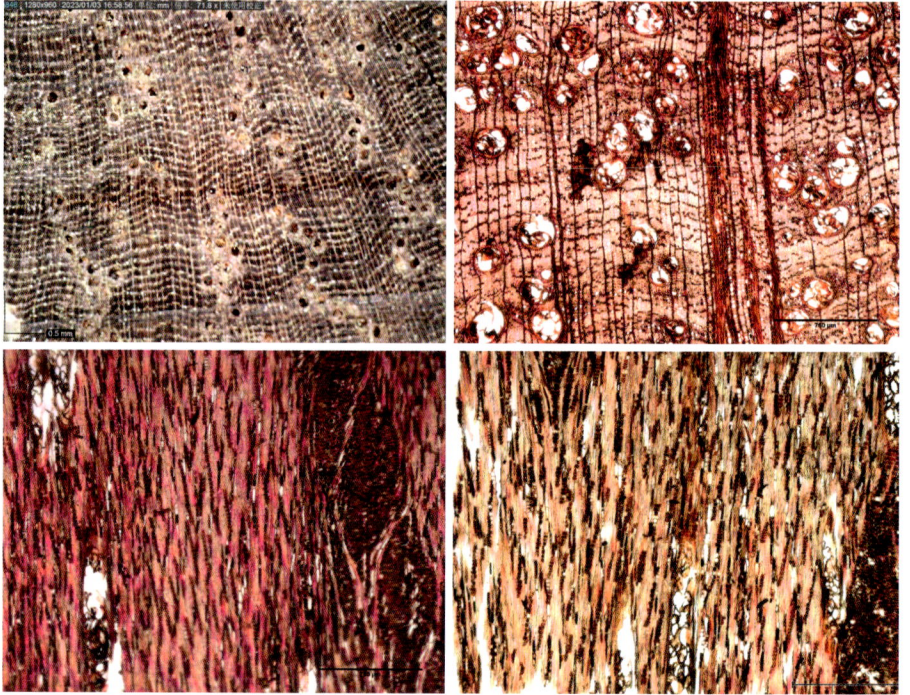

别。环管管胞显著，10倍镜下易判别，包围多数导管，似环管薄壁组织，但稍暗，常有呈稍发亮小点星散薄壁组织分布于附近。木材呈单宁反应，反应快，10倍镜下可见管孔周围薄壁组织先变色，固定后呈深黑色。

木材利用： 木材纹理交错，结构细致，材质坚硬，心材较重，加工较难，可作柱木、枕木、建筑、车辆、矿柱、农机具、家具及建筑用材，可造船等。

竹叶青冈　　*Quercus neglecta* (Schottky)Koidz.　　壳斗科栎属

\三类材/
35

别名：谷槠、竹叶青冈栎、竹叶槠、谷机槠

树皮： 厚3~5毫米。暗灰褐色，有明显的散生小皮瘤，内皮黄褐色，有淡腥味。

木材： 散孔材。暗红褐色，纵切面红棕色。生长轮不明显，年轮界不分明，仅从管孔分布情况大致可以确定。髓心红褐色，近星形，直径约2毫米，结实。管孔大，肉眼可见，10倍镜下易计算，全为单管孔。管孔略呈火焰状排列，常聚集成串或单行呈径向或斜向排列，长短不一，常弯曲，在年轮内部通常较多，但仅局部显著，可借以确定年轮界。管孔少，每平方毫米2~3个，侵填体未发现。弦切面上导管线可见，呈小沟，10倍镜下偶见少量固体堆积物，淡黄褐色。薄壁组织丰富，肉眼隐

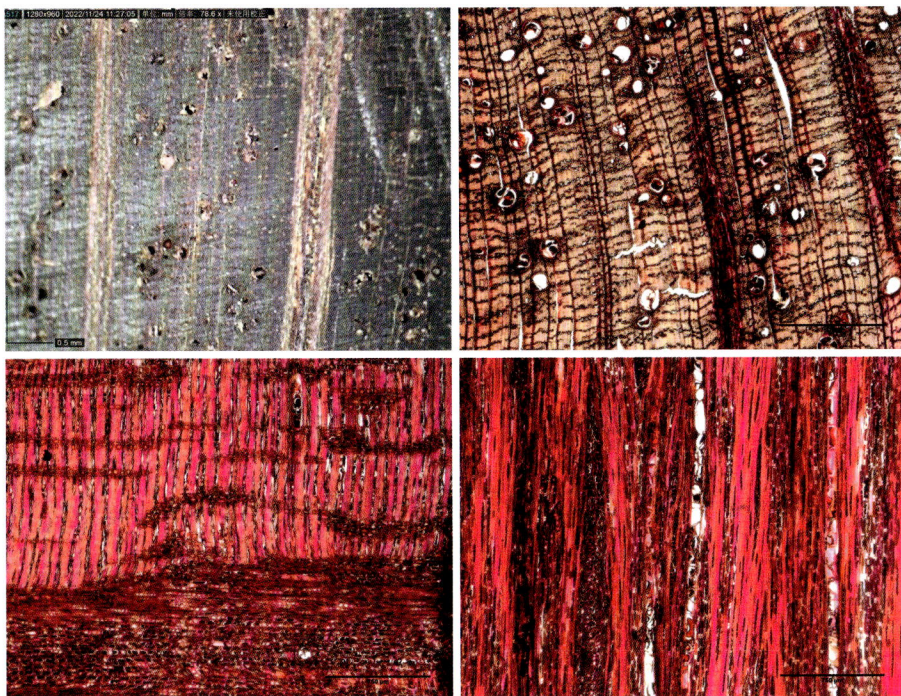

约可见，10倍镜下可判别，仅离管型。薄壁组织带比极窄射线宽，局部为星散薄壁组织的小点和短线，密集呈带状，颇均匀地分布于年轮中，每毫米7行，也有些分布管孔周围及带旁，薄壁组织带和短线上呈现很密的稍大的小点，显著，局部年轮较疏而略现纤维层，可借以确定年轮界。木射线非叠生。射线有宽和极窄两种大小，窄木射线单列，宽射线肉眼显著可见，大小不一致，间距也不等，自髓心附近头几轮向外增宽，可达0.5毫米，局部可见由极窄射线聚合而成，也有由宽射线聚合成更大的宽度。极窄射线，10倍镜下可计算，大小一致，间距近等，宽射线中的极窄射线，多为4~24条。射线很多，每毫米10~11条。弦切面上宽射线肉眼可见，呈纺锤形，高度可达12毫米；极窄射线，在10倍镜下可判别。环管管胞显著，10倍镜下可判别，多数管孔具有似环管薄壁组织，但色稍暗，并有星散薄壁组织分布其附近及当中。木材呈单宁反应，反应较慢，10倍镜下观察见薄壁组织先变色，固定后呈深蓝黑色。纵切面较淡，见薄壁组织和射线先变色，以径向切面较易观察。

木材利用： 木材纹理交错，结构细致，材质坚硬，特重，加工较难。干燥时较易沿宽射线开裂，且会变形，很耐腐。纵切面平滑，且略具光泽，材色调较均匀。为工业强材，尤适于水工、造船、车辆，亦可用于柱、门窗、地板、桩木、枕木、机械器具、农具、运动器具、把柄等。

注： 壳斗及树皮含单宁，可提制栲胶。

托盘青冈

Quercus patelliformis (Chun) Y.C.Hsu & H.W. Jen

壳斗科栎属

别名：盘壳青冈、青冈栎、列兰椆

树皮： 皮面灰而粗糙，常具环纹，内皮红，略黏，材身槽棱均匀而平行（椆类较不明显，或射线、聚合射线在与髓心一定距离处才聚合）。

木材： 散孔材。管孔大，肉眼可见，全为单管孔，排列略呈火焰状，常聚集成团，呈径向及斜向排列，长短不一，通常在年轮内部稍较多，但仅局部较显著。薄壁组织丰富，肉眼可见，离管型，薄壁组织带比极窄的射线宽，局部为星散小点。木射线非叠生。射线宽窄两种，窄射线单列，宽射线（聚合射线）宽20~30细胞，肉眼可见。

木材利用： 木材纹理交错，结构细致，材质硬而特重，加工困难。干燥后少开裂，但会变形；耐腐，切面平滑，且略具光泽，材色均匀，为工业强材之一，尤适于作水工、桥梁、机械器具、造船、车辆、桩木、枕木等，亦可供矿柱、柱、门、窗、地板、农具、运动器械、把柄等用材。利用时应注意在干燥和加工技术上克服变形的缺点。

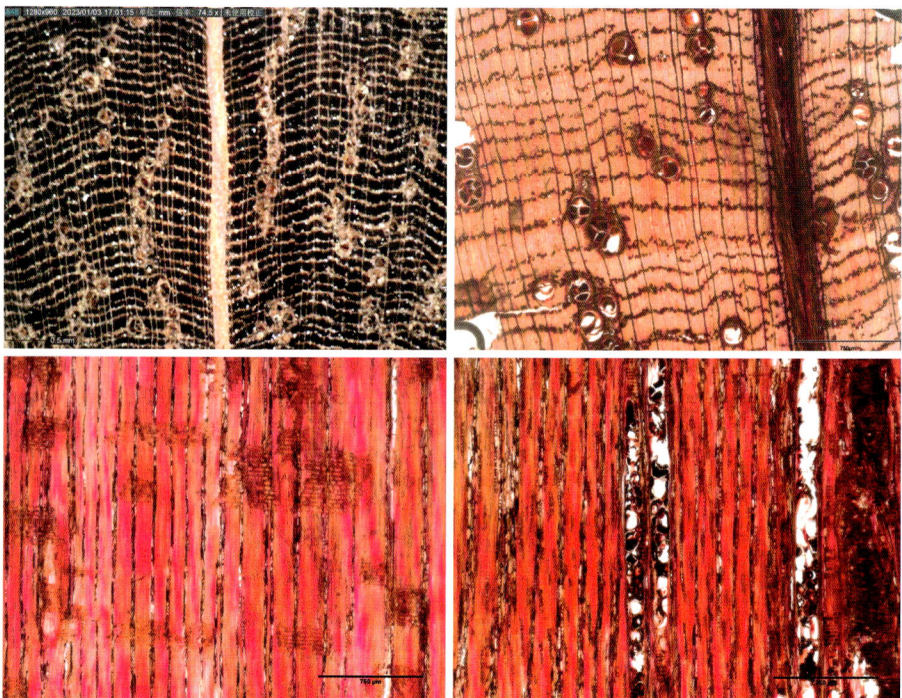

白颜树

Gironniera subaequalis Planch.

别名：大叶白颜树

榆科白颜树属

树皮： 厚约1厘米，灰褐色，近平滑，韧皮部黄褐色，内皮浅棕红，可层分，具腥臭味。

木材： 散孔材。淡黄色，纵切面同色。生长轮不明显，年轮界不分明，因局部轮末略现纤维层，年轮界局部较易确定。髓心黄白色，圆形，直径约2毫米，松软。管孔中等大小，肉眼隐约可见，10倍镜下易计算。单管孔占多数，复管孔不普遍，以径向复管孔为主，由2~3个管孔组成；管孔团偶见。管孔分散分布，局部呈斜向排列或倾向于斜向，年轮末通常较少，局部略现纤维层。管孔中等多，平均每毫米5~6个，侵填体偶见，呈反光点，显著，白色内含物普遍，常充满管孔。弦切面上导管线肉眼可见，呈小沟，10倍镜下普遍具少量侵填体，无色，反光强，普遍充满白色砂纸内含物。薄壁组织丰富，肉眼隐约可见，10倍镜下可判别，几乎仅傍管型，全部管孔具有环管薄壁组织，通常呈很窄的环；离管型轮界薄壁组织偶见于局部轮界上。木射线非叠生，单列射线略多。射线有窄和极窄两种，窄射线肉眼隐约可见，大小一致，极窄射线在10倍镜下可计算，窄射线间的极窄射线1~6条。射线多，每毫米7~8条。弦切面上肉眼略见窄射线，10倍镜下清楚，呈纺锤状，高度可达1毫米；极窄射线在10倍镜下也辨别不出。此外，10倍镜下局部隐约可见纤维腔。

木材利用： 木材纹理通直，结构细致，材质轻柔，因木材管孔含砂，加工较

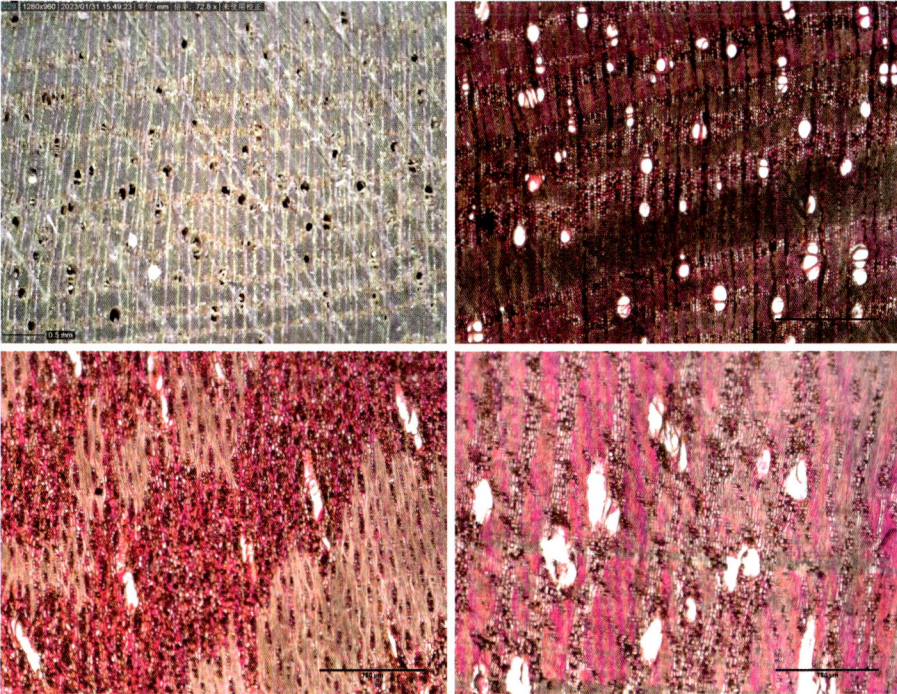

难，易损刀具。干燥后不开裂，亦不变形，不耐腐。材色淡且直，切面平滑，略具光泽，适于制作一般家具、梁柱、门窗等。因木材易传声，常用来制作简单的木鼓等乐器。本种木材含硅多，为至今海南树种之冠。

假鹊肾树

Streblus indicus (Bureau) corner　　桑科鹊肾树属

别名：水垒、水坡垒

三类材
38

树皮：厚约4毫米，皮面灰褐，皮孔纵裂成行，皮韧，撕开成条时边缘有绢缘状毛，生树砍开流白汁。

木材：散孔材。心边材略明显，边材米黄白色，心材浅绿色，心材占直径50%~60%。管孔小，单管孔分布略均匀，密，多，每平方毫米约4~5个，偶见径列复管孔，由2~3个组成；管孔团少见。管孔内充满白色沉积物，10倍镜下可见。薄壁组织为傍管型和离管型，多数为束状，少数为短翼状至聚翼状。离管型为细线状短弦线或轮界状细线。木射线非叠生，以多列木射线为主，宽通常2细胞，单列木射线少。射线极细，10倍镜下可见，比管孔略小，局部射线与带状薄壁组织交织成井字形。纵切面可见小沟状，部分射线充满白色侵填体，略反光。射线密、多、细，

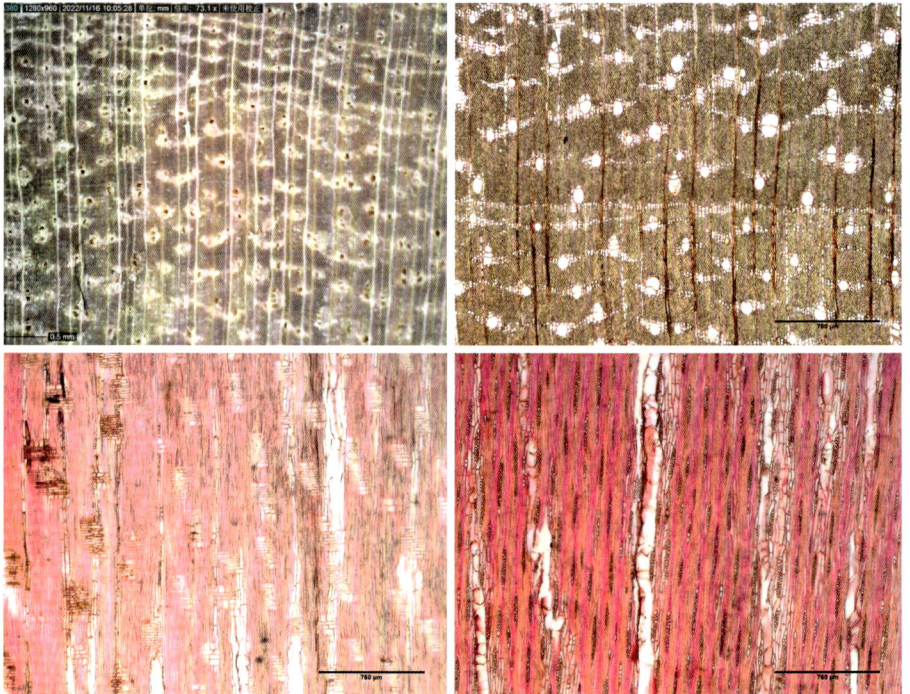

间距略一致，每毫米6~7条。弦切面隐约可见，呈纺锤形，高可达1毫米。木材外观似青皮而不见树脂道，似坡垒不及坡垒重硬，材具椰香气味，是鉴别该木种的最佳方法。

木材利用：木材纹理交错，结构致密。木材材色一致，鲜明，切面平滑且具光泽，硬软适中，可刨可切。干燥后少开裂，微变形，当地居民以水垒称之，仅次于坡垒，宜作桁桷、门窗及高级家具、屏风，摆设，家装饰等用。

| 盾柱榄 | *Pleurostylia opposita* (Wall. ex carey) Alst.
卫矛科盾柱榄属
别名：盾柱卫矛（海南只尖峰岭林区产）、多柱花 | \三类材\
39 |

树皮：厚4~5毫米，淡黄褐色，近平滑，韧皮暗褐色，略有腥味。

木材：散孔材。淡棕色带红，纵切面较淡。生长轮明显，年轮界较易确定。髓心很小。管孔很小，肉眼不见，10倍镜下难计算，几乎全为单管孔，复管孔偶见。管孔分散分布，年轮开始处较密集，可借以确定年轮界。管孔很多，每平方毫米80~100个，侵填体未发现。弦切面上导管线呈极纤细线状，10倍镜下也不清楚。薄壁组织丰富，肉眼隐约可见，10倍镜下可判别，几乎全为离管型。薄壁组织带约是

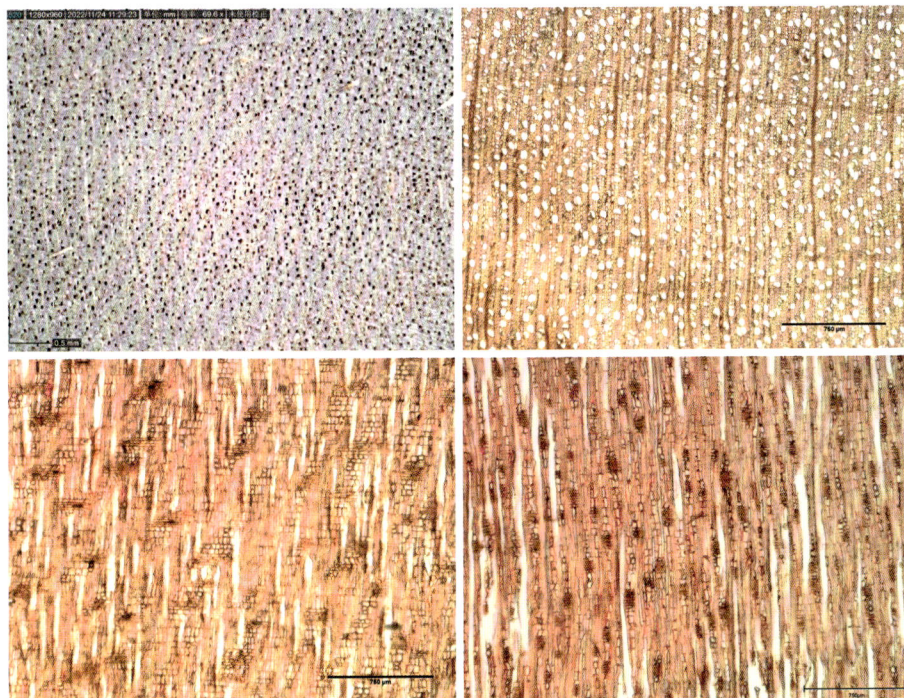

射线宽度的2~3倍，色较深，有断续，每毫米2~3条。傍管型环管薄壁组织，仅少数管孔具有，通常仅呈很窄的、不完整的环包围管孔。木射线非叠生，单列。射线极窄，倾向于两种大小，10倍镜下可计算，间距不等，多，每毫米10~12条，弦切面上呈微小点，10倍镜下也不清楚。

木材利用： 木材纹理交错，结构密致，材质坚硬，很重，加工稍难。干燥后稍开裂，不变形，耐腐。切后光滑，薄壁组织带呈现花纹，材色鲜艳调和，颇美观。适于上等家具、雕刻、工艺等用材，亦可供造木船，作桥梁、水工、建筑、枕木、木床等用材。

栋叶吴茱萸	*Tetradium glabrifoliun* (Cham. ex Benth.) T. G. Hartley	\三类材/
	芸香科吴茱萸属	**40**
	别名：山苦楝、才槁、秤星树、假苦楝	

树皮： 暗灰色或灰褐色，皮孔圆扁形，呈水平方向开裂，凸出，树皮以韧皮纤维为主，剥后材身稍带麻丝。

木材： 半环孔材。心边材显著，心材大，约占直径70%，黄褐色，纵切面鲜艳，具光泽；边材较淡色，纵切面淡黄色。生长轮明显，年轮界分明，易确定。管孔中

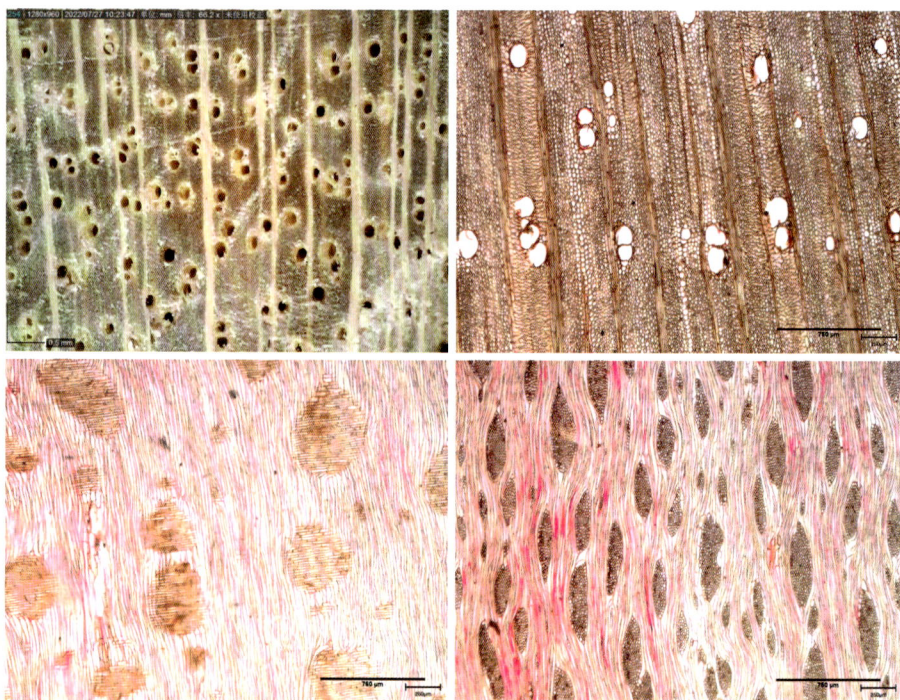

等大小至小，年轮内部大，外部中等大小，肉眼可见，10倍镜下易计算。复管孔占多数，以径向复管孔为主，斜向复管孔也常见，由2个或达4个管孔组成；管孔团在年轮外部至轮末常见，由3~4个或更多个管孔组成。单管孔普遍，局部占多数。管孔分散分布，常局部呈斜向排列，或倾向于此，在年轮外部尤为显著，分布很不均匀，生长轮内部显著得多。管孔中等多，每平方毫米在年轮内部为9~10个，外部5~7个，侵填体偶见，反光强，局部普遍具少量固体堆积物，淡黄褐色。薄壁组织丰富，肉眼不见，10倍镜下可判别，傍管型为主，多数管孔具有环管薄壁组织，除轮末管孔较显著外，通常仅呈很窄的环或不完整的环包围管孔，年轮内部多数不具薄壁组织，离管型薄壁组织仅局部可见。木射线非叠生，以多列木射线为主，宽通常6~12细胞，单列木射线甚少。射线宽至窄，肉眼可见，10倍镜下易计算，以宽射线为主。射线间距不等，中等多，每毫米4~5条。弦切面上肉眼可见，呈纺锤形，比管孔大，弦向聚集成带，可达1厘米，充满黑褐色似的树胶内含物，纵切面呈小沟状。此外，伤原垂直胞间道存在，10倍镜下观察为射线间的矩形小孔。

木材利用： 木材纹理通直，局部略扭曲，结构细致，材质稍软且轻，加工容易。干燥后不开裂或少开裂，且不变形，耐腐，纵切面平滑，且有明亮的光泽。生长轮呈现花纹，材色鲜艳，切面久置后仍不失其色泽。心材变深色后很鲜美，宜于作家具、门窗、天花板、文具、高级箱盒、镶嵌、装饰等用材，也可制作乐器及枪托。

乌榄

Canarium pimela K.D. Koenig　　橄榄科橄榄属

\三类材/
41

别名：黑榄、木威子

树皮： 厚3~5毫米，灰褐色，稍平滑，空旷地生长较粗糙，内皮棕黄色，略有辛甘气味。

木材： 散孔材。心边材显著，界限分明。心材大，约占直径的60%，褐红色，纵切面较淡；边材淡灰棕色，纵切面同色。生长轮不明显，年轮界不分明，很难确定。髓心红褐色，近圆形，约9毫米、松软。管孔中等大小，肉眼可见，10倍镜下易计算。单管孔占多数，复管孔普遍，以径向复管孔为主，由2~4个管孔组成；管孔团偶见，由3~5个管孔组成。管孔分散分布，常局部呈斜向排列，或倾向于此。分布均匀，年轮末梢较小和少，但不显著。管孔中等多，每平方毫米6~8个，侵填体局部普遍，反光强，固体堆积物普遍，淡红色。弦切面上导管线肉眼可见，呈小沟，10倍镜下见普遍具少量侵填体，反光强，普遍充满固体堆积物，褐红色。薄壁组织不丰富，肉眼不可见，10倍镜下难判别，几乎仅旁管型，少数管孔具有很窄的环管薄壁组织，并常呈不完整的环包围管孔，离管型薄壁组织偶见于局部轮界上。木射线斜列成行，单列射线甚少，多列射线宽2~3细胞。射线极窄，肉眼隐约可见，10倍镜下可计算。射线大小一致，间距不等，中等多，每毫米3~5条。弦切面上肉眼可见，10倍镜下清楚，呈纺锤形。木材呈单宁反应，10倍镜下观察不出变化过程，

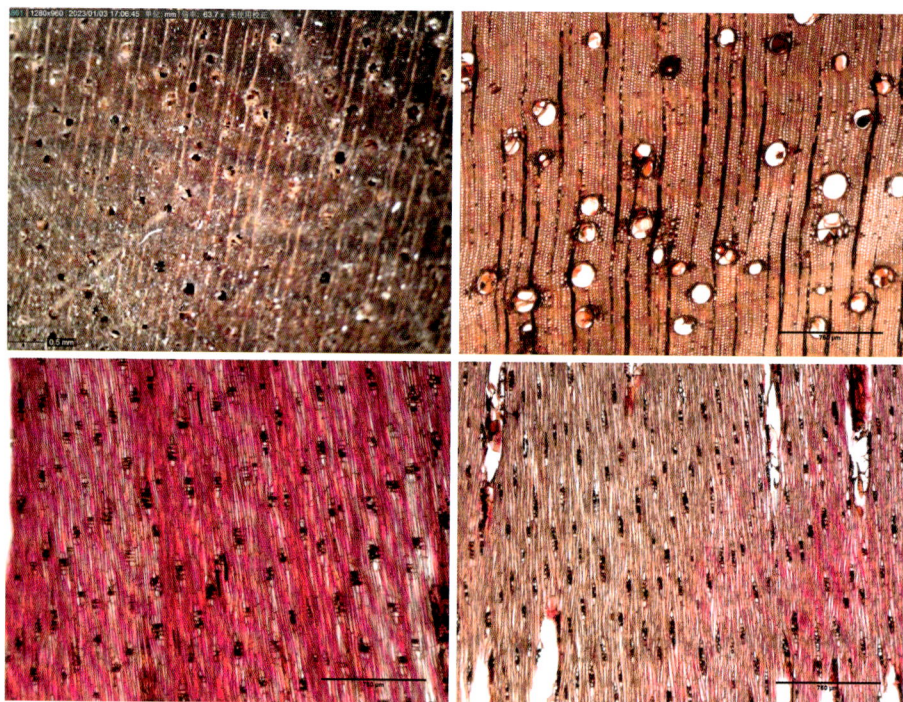

固定后呈淡蓝黑色，心材色较深，纵切面上同色反应缓慢。

木材利用： 木材纹理通直，结构细致，材质稍软，稍重，加工容易。干燥后稍开裂，且稍有变形，不耐腐，易受虫蛀。适于制作建筑上的门窗、家具箱板，心材与边材可分别利用，当地多用作家具、床板。

望谟崖摩

Aglaia lawii (Wight) C. J. Saldanha 楝科米仔兰属

\三类材/ 42

别名：干心罗、曾罗、四瓣椤、四瓣米仔兰、红罗、沙罗子、曾氏米仔兰、石山崖摩、铁椤、云南崖摩、四瓣崖摩、大叶四瓣崖摩

树皮： 皮面浅灰褐，微纵裂，薄片状脱落，内皮浅黄，腥甜气，可层分，脆，砍开有白汁分泌，材身波状起伏或否。

木材： 散孔材。心边材区别明显，心材浅紫褐色，常见心腐（立木心腐）且呈现很密的斑点，状如枯干（故崖县称为干心罗）；边材浅棕色，边材包围在心腐材外面（故乐东冲坡叫其葫芦）（应为伪心材）。管孔大小中等，单管孔及径列复管孔，部分管孔内含深色树胶。轴向薄壁组织呈环管状、环管束状、短翼状、聚翼状及局部不规则带状。木射线非叠生，具单列和多列木射线，多列木射线宽2~3细胞。

木材利用： 木材纹理略交错，结构很细致，材质硬而重，加工容易。干燥后稍开裂，但不变形；不很耐腐。纵切面平滑而略具光泽，材色均匀。适于作建筑、车辆、农具等用材，尤适作上等家具。

山楝

Aphanamixis polystachya (Wall.) R. N. Parker　楝科山楝属

别名：山椤、山椤姑、沙罗子、沙罗

树皮： 厚1.2厘米，暗红褐色，有细纵裂纹，薄片状脱落，内皮淡褐色，无味。

木材： 散孔材。心边材显著，界限分明。心材大，约占直径80%。红褐色，纵切面同色；边材淡灰褐色，纵切面色较淡。生长轮明显，因薄壁组织成带，使年轮界很难确定，仅局部较清楚。管孔中至大，肉眼可见，10倍镜下易计算。单管孔占多数，复管孔局部普遍，其中以径向复管孔为主，由2~3个或达5个管孔组成；管孔团仅偶见，由3~4个管孔组成。管孔分散分布，均匀，仅局部轮末较显著地小和少，可借以确定年轮界。管孔中等多，每平方毫米6~7个，侵填体未见，红褐色似树胶的内含物普遍，反光，常充满整个管孔，淡黄色固体堆积物亦普遍。弦切面导管线肉眼可见，呈小沟，红褐色。薄壁组织丰富，肉眼可见，10倍镜下可判别，傍

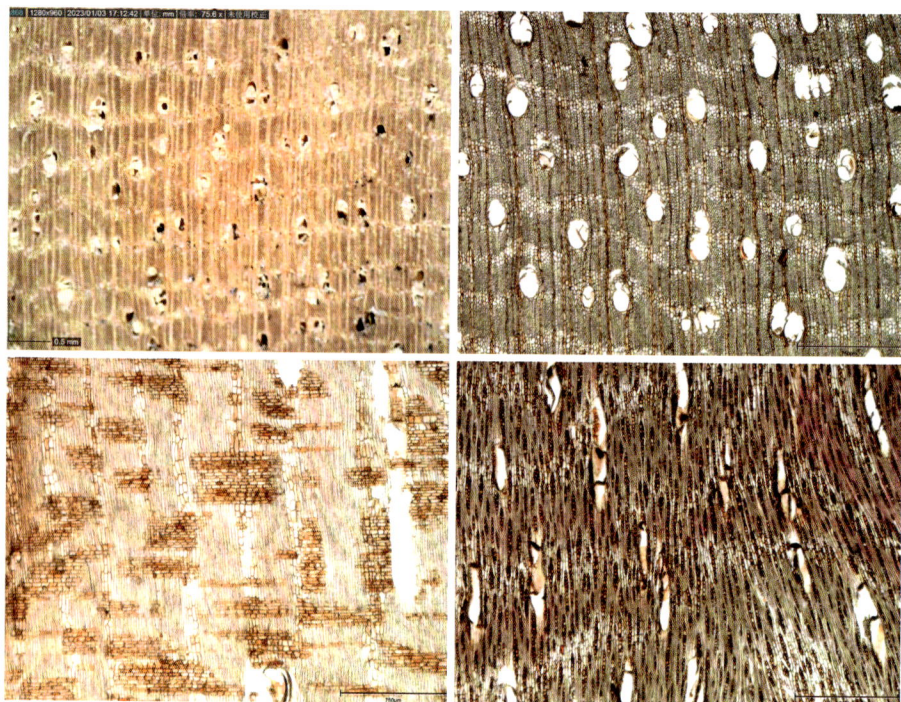

管型为主，多数管孔具有翼状至聚翼状的薄壁组织，余为环管薄壁组织。薄壁组织带与聚翼带相仿，呈不规则的、断续的波浪形，常与管孔相连接，傍、离管型常难区分。年轮外部常较内部密，局部显著，可借以确定年轮界。射线非叠生，单列木射线多，多列木射线宽2细胞。射线很窄，肉眼不见，10倍镜下可计算。射线大小一致，间距不等，很多，每毫米13~15条。弦切面上10倍放大镜下隐约可见。木材呈单宁反应，但反应很慢，10倍镜下观察不出变化过程，固定后呈黑色，纵切面上色较淡。

木材利用： 木材纹理交错，结构细致，材质硬且重。加工容易，干后少开裂，耐腐。纵切面平滑且有光泽，材色鲜明美观，适于作建筑、造船、车辆、桩木、家具、农具及家建用材。

注： 木材加工时气尘袭鼻，令人流涕（似有沙尘，故名沙罗）。

楝

Melia azedarach L.

别名：苦耐，苦利、唔连、苦楝

棟科楝属

树皮：灰褐色，纵裂，幼时皮孔极明显，韧，可剥成长条，内皮淡黄，可层分。内皮及材色细砂纹，剥后材身仍附麻质。

木材：环孔材或半环孔材。心边材区别明显，边材黄白或黄褐色，心材浅红或红褐色。木材有光泽，无特殊气味和滋味，生长轮明显。早材管孔中至略大，肉眼下明显，通常连续排列呈早材带，宽2~5列管孔，含红色树胶。早材至晚材略急变，晚材管孔小至甚小，放大镜下可见至明显，向生长轮外部逐渐减少，斜列，在最外部，与薄壁组织侧向相连，呈短弦列或略呈波浪形。轴向薄壁组织肉眼下可见，放大镜下明显，环管束状。射线非叠生，多列木射线宽2~6细胞，通常宽4~6细胞，单列木射线偶见。木射线稀至中，极细至中，肉眼下可见，径切面上有射线斑纹，波痕不见，胞间道未见。

木材利用：木材纹理斜，结构中，不均匀，重量轻或至中，硬度软至中，干缩小，强度低或低至中，冲击韧性中。加工容易，干燥不难，不易开裂和翘曲。心材稍耐腐，抗蚁性弱，边材易受蓝变菌侵蚀。切面光滑，油漆光亮性好，胶粘容易。握钉力中，板面花纹美丽，宜制作家具、各类箱盒、农具，以及房建的门架、窗及其他室内装修、玩具及人造板料。

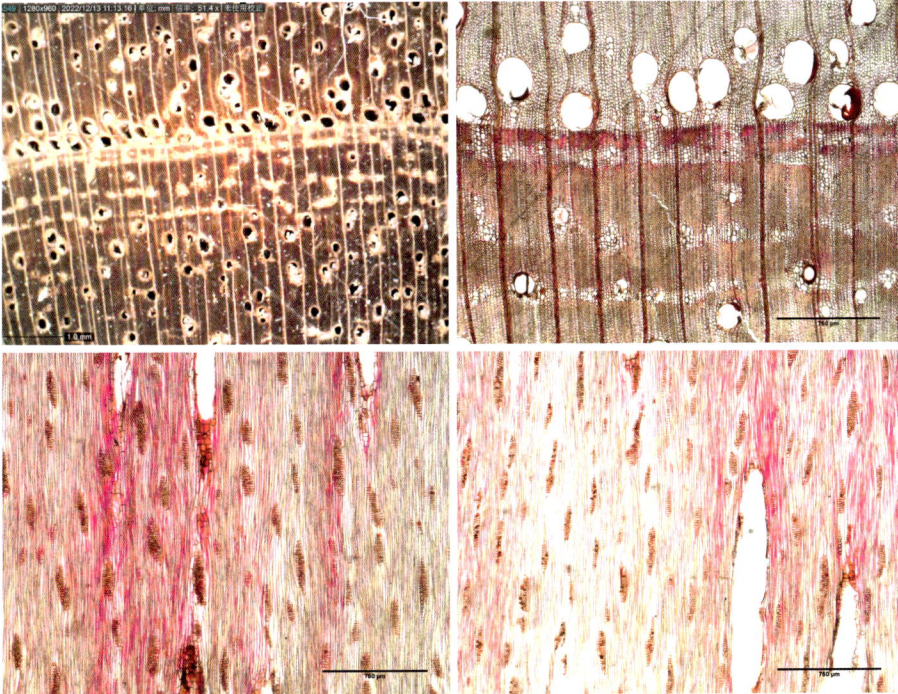

海南韶子

Nephelium topengii (Merr.) H.S.Lo　无患子科韶子属

别名：山荔枝、酸古蚁、荔枝公、毛荔枝

树皮： 薄，约4毫米，暗棕褐色，木栓不发达，稍平滑，内皮浅棕红，有淡腥甜气味，易剥离，晒后呈褐色，皮晒后横裂，石细胞砂粒状，韧皮纤维不发达，材身多钉凸。

木材： 散孔材。暗红褐色，纵切面较鲜艳。生长轮明显，因常有似轮末的较深色纤维层呈现，年轮界常难以确定，仅局部的轮末纤维层较显著。髓心淡褐色，略呈钝三角形，径约3毫米，结实。管孔中等大小至小，肉眼隐约可见，10倍镜下可计算。单管孔占多数，复管孔局部普遍，径向复管孔由2~3个或达5个组成，管孔团未发现。管孔分散分布，分布不均匀，常局部呈斜向排列，或倾向于呈弦向排列，局部稀疏。管孔中等多，每平方毫米5~6个，侵填体偶见，呈小反光点，固体堆积物局部普遍，黄白色，并偶见红色似的树胶内含物。薄壁组织丰富，肉眼可见，10倍镜下易判别，傍管型为主；全部管孔具有翼状至聚翼状薄壁组织，二者相连，但通常不成一定的带；离管型轮界薄壁组织不显著，仅局部可见，常与傍管型相连。年轮中也常局部出现类似的带或聚翼状，易与年轮界混淆；另有少量薄壁组织呈小点，分布于射线间。射线非叠生，单列射线为主，偶见多列木射线，宽2细胞。射线极窄，肉眼不见，10倍镜下易计算。射线大小一致，间距不等，很多，每毫米4~15条，弦切面上呈极密的小点，10倍镜下才较清楚，呈纺锤形。

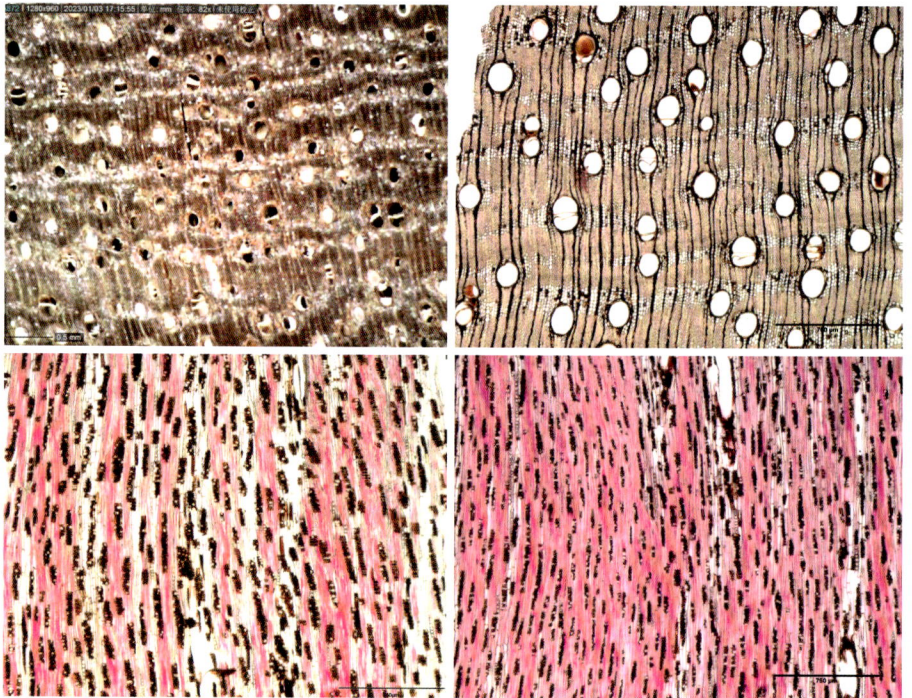

木材利用： 木材纹理交错，结构细致，材质硬，很重，加工容易。干燥后稍开裂，稍变形，略能耐腐，局部较易受变色菌侵染。切面平滑且具光泽，材色略鲜明。适于作梁柱、桷、门窗、车辆、家具、农具等用材。果实的假种皮，肉质可以酿果酒。果皮含单宁，可以提取栲胶。

假山椤	*Harpullia cupanioides* Rox. 别名：山木患	无患子科假山椤属	\三类材/ **46**

树皮： 薄，2~3毫米，暗灰白色，韧皮灰褐色，无味。

木材： 散孔材。鲜淡的橙黄色，生长轮明显，因常有轮末较深色纤维层呈现，年轮界多数分明。髓心淡粉红色，近圆形，径约3毫米，结实。管孔中等大小至小，肉眼隐约可见，10倍镜下易计算。单管孔占多数，复管孔普遍，以径向复管孔为主，由2~3个或达4个管孔组成；管孔团偶见，由3~4个管孔组成。管孔分散分布，轮末通常较少。管孔多，每平方毫米10~11个，侵填体未发现，弦切面上导管线肉眼可见，呈细线，10倍镜下偶见淡黄色固体堆积物。薄壁组织丰富，肉眼可见，10倍镜下可判别，傍管型为主，全部管孔具有。多数为短翼状薄壁组织，少数成聚翼，有

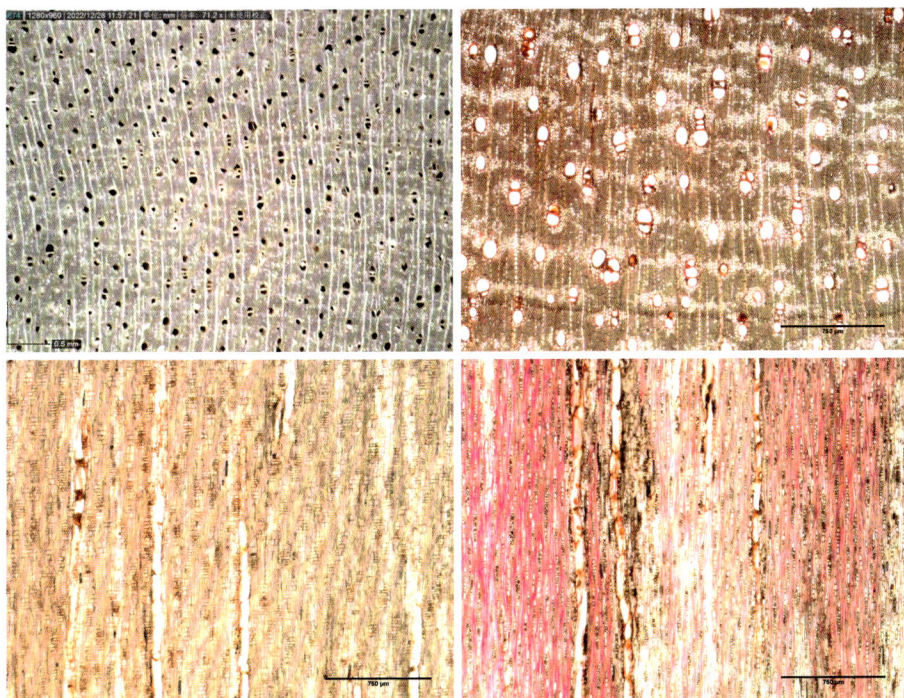

时二者相连，但不成一定的带；离管型薄壁组织局部可见，常与傍管型相连，但少数年轮中局部也呈现类似的带，易与轮界混淆。星散薄壁组织呈小点和很短的弦向线，分布于射线间。有些与傍管型相接触，靠得很近。射线非叠生，单列射线甚少，多列木射线宽2~3细胞为主，通常宽2细胞。射线极窄，肉眼可见，10倍镜下可计算，射线间距不等，很多，每毫米11~13条。弦切面上在10倍镜下才能看清楚，不呈纺锤形。木材呈单宁反应，反应缓慢，10倍镜下观察不出变化过程。固定后呈蓝色，纵切面上色较淡。

木材利用：木材纹理略通直，结构细致，材质硬，很重，加工容易。干燥后稍开裂，稍变形，颇耐腐，易被变色菌侵染。切面平滑具有光泽，材色清淡而一致。适于用作梁桷、梁柱、门窗、车辆、家具、农具等。

南酸枣

Choerospondias axillaris (Roxb.)B.L.Burtt & A.W.Hill

漆树科南酸枣属

别名：山枣、醋酸树、啃仔死、棉麻木、醋酸树、花心木、鼻涕果、酸枣、五眼睛果、五眼果、山桉果、枣木

\三类材/
47

树皮：厚约4毫米，褐色，割开后分泌白色汁液，纵裂，呈片状脱落，内皮粉红、韧，可层分，材似苦楝而更红，且细致。

木材：环孔材。心边材区别明显。边材黄褐或浅黄褐色，感染蓝变色菌后呈灰褐色。木材有光泽，无特殊气味和滋味。生长轮明显，宽度略均匀，每厘米3~5轮。早材管孔中至略大，肉眼可见至明显，连续排列呈早材带，宽2~3或4个管孔。心材管孔中有侵填体，早材至晚材略急变，晚材管孔略小，10倍镜下可见，散生或斜列。轴向薄壁组织略少，在放大镜下明显，傍管状。射线非叠生，单列射线数少，多列木射线为主，宽2~6细胞。木射线稀少，极细至略细，肉眼下略见，径切面上射线斑纹明显。

木材利用：纹理直，结构中等，弦向花纹美观，可制胶合板、装饰板。木板少变形，略开裂，易加工。适用作房建门窗、桁桷、室内装修、楼梯扶手、农具，亦可作木船龙骨和家具用材。

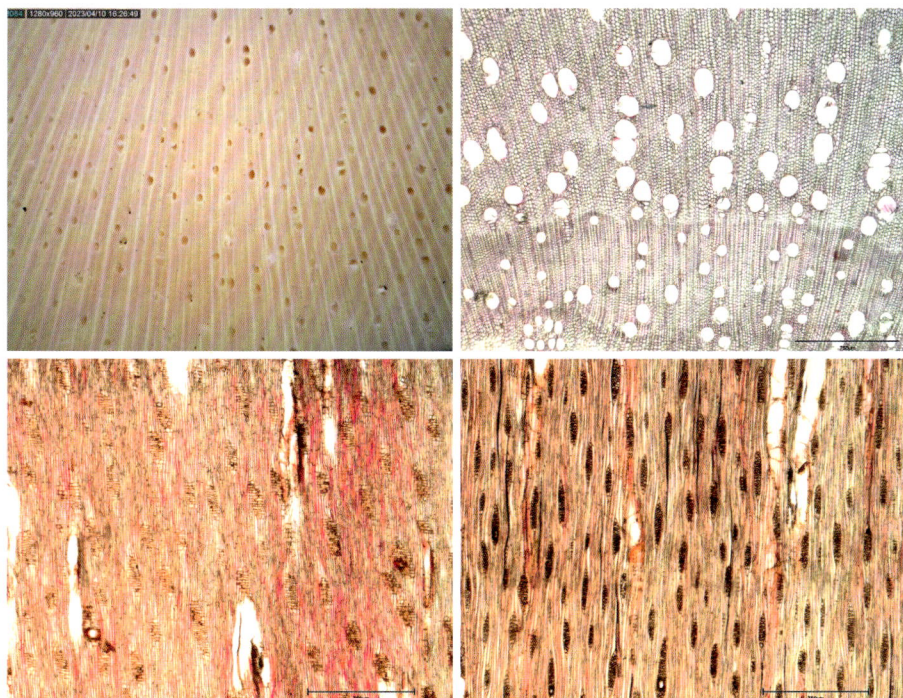

野漆

Toxicodendron succedaneum (L.) Kuntze   漆树科漆树属

别名：漆树、山漆

树皮： 皮面浅灰黄，平滑或薄片状脱落，皮孔明显，脱落层内面黄色，皮薄且软，内皮粉红色，有浅褐色的树胶分泌，丁后变黑（材端外缘有凝聚），石细胞脆、黄色，米粒状，皮底可见，猫尿酸气。

木材： 散孔材。心边材区别明显。边材黄白或浅黄褐色，易感染蓝变色菌呈灰褐色；心材深黄色，有光泽，无特殊气味、滋味微苦。生长轮明显，宽度不均匀，每厘米5~8轮。肉眼可见边缘树胶道。管孔略少，大小中等，肉眼下可见。自生长轮内向外逐渐减小，分布略均匀，斜列，心材管孔含有侵填体。轴向薄壁组织10倍镜下明显，轮界状和环管束状。射线非叠生，单列射线数少，多列木射线宽2~3细胞为主，通常宽2细胞。木射线稀至密，极细至略细，10倍镜下明显，肉眼下径切面上有射线斑纹。

木材利用： 纹理斜或交错，结构细，略均匀，重量中，硬度中至略硬，干缩小，强度中。木材适合用作一般房建、农具、细木工、雕刻。种子可制油，用于漆艺、油漆，有些人对其皮肤过敏。

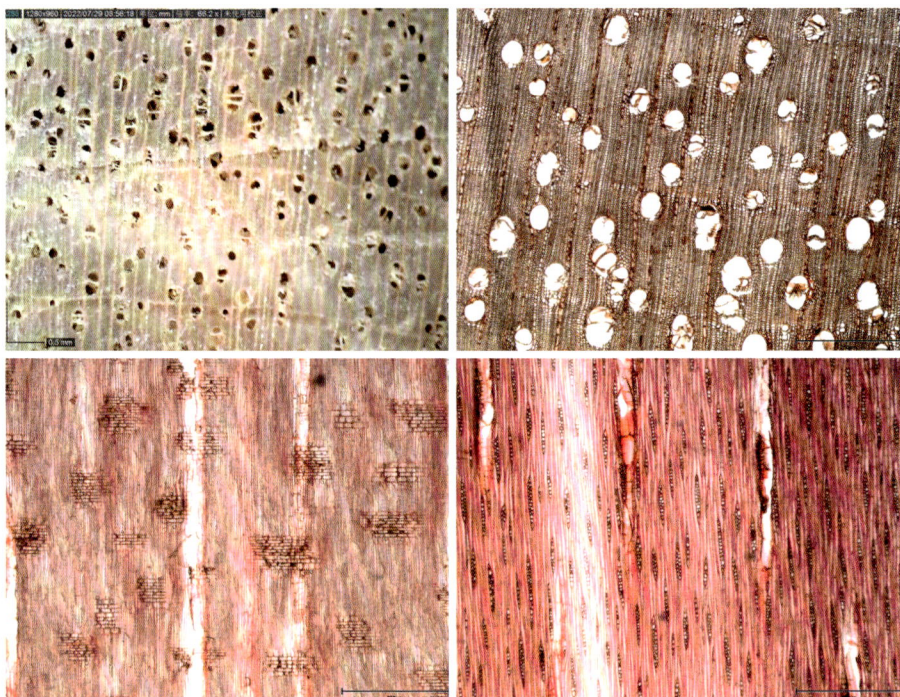

黄杞 *Engelhardia roxburghiana* Lindl.　　　　胡桃科黄杞属　〉三类材〈
49

别名：黄桦、黄久、柏浪崖（吊罗黎语：嘹那崖）

　　树皮： 灰褐色至褐色，宽条，纵裂，或具纵裂细纹（幼树色浅而平滑），剥不尽，材身仍附着纤维。砍开时黄白变浅黄，碘酒气，皮韧，可剥成长条状。材身通常平滑，极少数密生钉凸，或有波状起伏，旧皮撕开皮底见硫黄色斑，材分黄白、灰白两类型，材白者色较浅。外皮与坡垒相似。

　　木材： 散孔材。暗淡紫红色，纵切面较鲜艳且带棕。生长轮略明显，因年轮末略现较深色纤维层，年轮界易确定。管孔大至中等大小，肉眼可见，10倍镜下易计算。单管孔普遍，复管孔占多数，复管孔由2~4个或达6个管孔组成，也有偶见9个管孔的。管孔分散分布，常局部倾向于径向或斜列排列，年轮开始处通常较多，可借以确定年轮界。管孔少，每平方毫米4个，弦切面导管线肉眼可见，呈小沟，10倍镜下偶见少量侵填体，乳白色，反光；局部可见固体堆积物，淡黄棕色。薄壁组织丰富，肉眼不见，10倍镜下可判别，几乎全为离管型；薄壁组织带宽度与射线相仿或较小，呈现不规则的波浪形，常局部断续或相连接，分布不均匀，通常每毫米3~4条，年轮开始处常显著地密，略见稍深色的层次，可借以确定年轮界。傍管型薄壁组织少量，仅少数管孔具有，通常仅呈很窄的环，或呈不完整的环包围管孔，

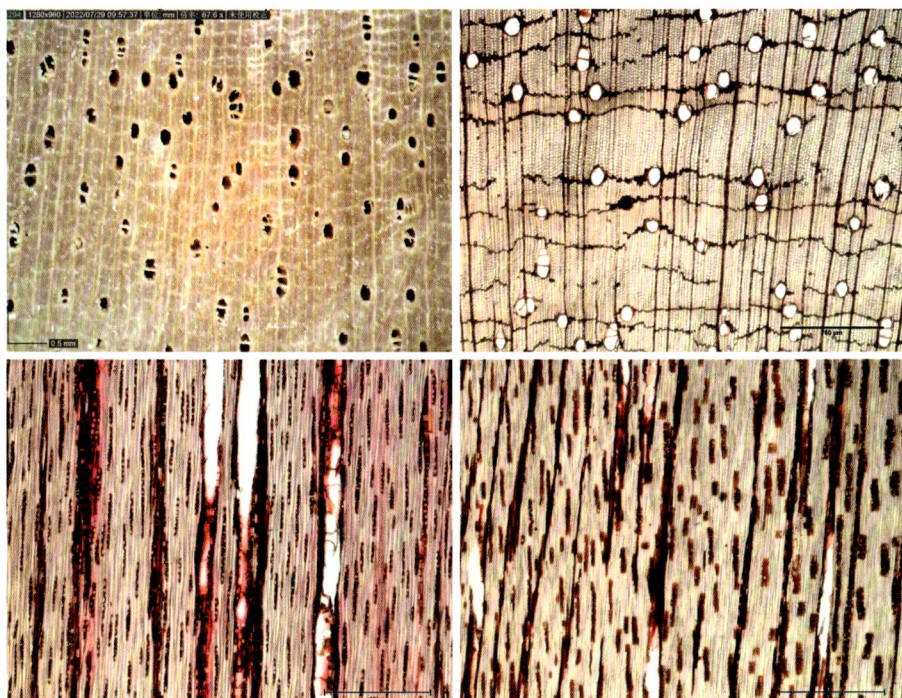

管孔常与射线及薄壁组织带接触。射线非叠生，具单列和多列射线，多列木射线通常宽2细胞。射线窄至极窄，肉眼隐约可见，10倍镜下可计算，以较宽的射线占多，间距不等，多，每毫米8~9条。弦切面上肉眼隐约可见，10倍镜下清楚，呈纺锤形。木材呈单宁反应，反应较快，10倍镜下观察其薄壁组织带先变色，次及射线，固定后呈蓝色，纵切面反应较慢，色较淡。

木材利用：木材纹理略通直，结构细致，材质硬且稍重。加工容易，干燥后少开裂，且不变形，颇耐腐。纵切面具强光泽，材色清淡调和，美观雅致，适于作樑桷、柱、天花板、门窗、车辆、车厢、家具等用材。

八角枫　*Alangium chinense* (Lour.) Harms　八角枫科八角枫属

别名：包子、石梓公、华瓜木、瓜木

树皮：厚4毫米，灰色至灰黑褐色。内皮浅黄，脆，气腥（似沙葛气），石细胞砂粒状，刚砍时边材黄白，心材明显，浅棕红，继而变深，呈褐色；边材灰色带黄。材身图案为细砂状。

木材：环孔或半环孔。淡黄棕色，纵切面色更淡。生长轮明显，髓心黄白色，

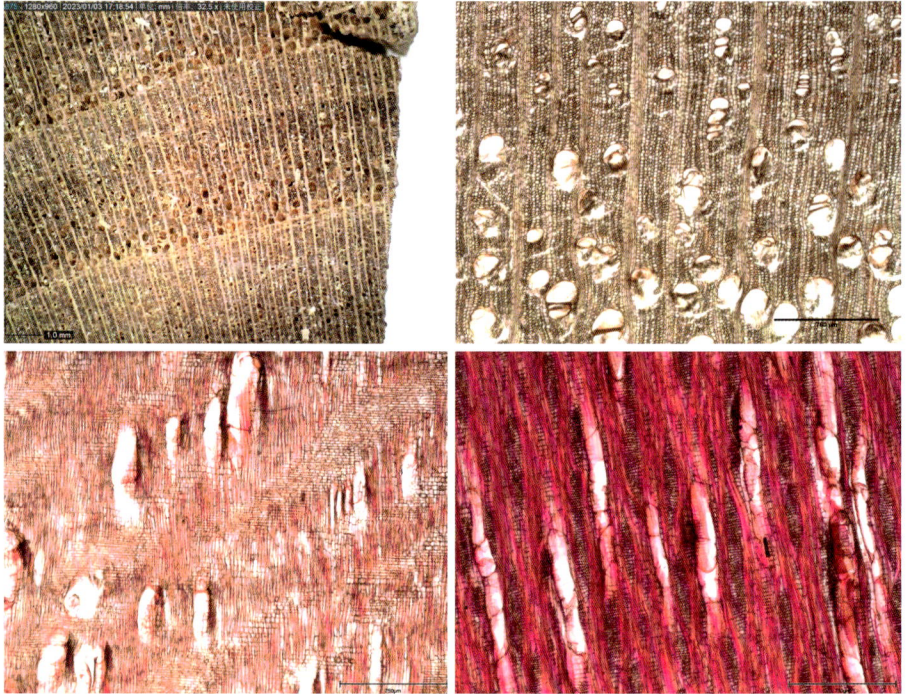

星形，径宽3毫米，松软。管孔中等大小至大，肉眼可见年轮内部管孔，10倍镜下易计算。单管孔占多数，复管孔普遍，以径向复管孔为主，由2~3个管孔组成，管孔团偶见。管孔分散分布，年轮内部管孔显著地大和多，局部倾向于呈环孔带。管孔中等多，每平方毫米5~7个，侵填体局部可见，反光强。弦切面上导管线肉眼可见，呈小沟，10倍镜下可见侵填体，固体堆积物偶见。薄壁组织丰富，肉眼不见，10倍镜下可判别，离管型为主，星散薄壁组织，呈纤维细的弦向短线和小点，颇均匀，密布于射线间和两侧。轮界薄壁组织显著，宽度稍比窄射线小，局部年轮出现类似的带；傍管型的薄壁组织仅少数管孔具有，为不完整的环。射线非叠生，单列射线少，以多列射线为主，通常宽4~7细胞。射线窄至极窄，肉眼可见，10倍镜下易计算，间距不等，中等多，每毫米5~6条，其中宽的1~3条，弦切面上肉眼可见，呈纺锤形。

木材利用：木材纹理通直，结构细致，材质稍软且轻，加工容易。干燥后会开裂，但不变形，不很耐腐，较易受变色菌侵染。材色清淡调和，生长轮呈现花纹，颇美观。适于家具，天花板、门窗、装饰和其他板料用材。产地多数用来做屋梁。

肉实树

Sarcosperma laurinum (Benth.) Hook. f.

山榄科肉实树属

别名：山苦瓜、山奉瓜、饭粒松、水石梓

树皮： 薄，仅2~3毫米，暗灰黄、浅棕色，稍平滑。木栓发达，薄片状脱落，内皮粉红，有白色乳液流出，略有腥味。老树皮下纤维显现粗大（似洗衣刷），呈碎麻状。树干多凹痕，树身有细直槽（纤维压线）并多钉凸。

木材： 散孔材。褐红色，纵切面较淡。生长轮不明显，年轮界不分明，又常略现似轮末纤维层的层次，使年轮界更难确定，仅局部稍清楚。髓心淡黄色，近圆形，径约5毫米，结实；10倍镜下具有乳汁痕，呈深色小点；纵切面呈细线，局部充满黑褐色内含物。管孔中等大小至小，肉眼隐约可见，10倍镜下可计算。复管孔占多数，以径向复管孔为主，由2~4个或达7个管孔组成；管孔团偶见，由3~4个管孔组成。单管孔不普遍，管孔径向排列，分布均匀，无助于确定年轮界。管孔中等多，每平方毫米8~11个，侵填体偶见，呈细线，10倍镜下见普遍充满侵填体，乳白色并反光。薄壁组织丰富，肉眼不可见，10倍镜下可判别，仅离管型；星散薄壁组织呈纤细短线和小点，分布于射线间和两侧，密布于年轮中，常于年轮中呈现1~2层薄壁组织较疏的层次，似轮末纤维层，仅局部范围内轮末纤维层较宽且显著，可借以确定年轮界。星散薄壁组织倾向于聚集呈带状，在分布较密处，大体每毫米13~18行。射线非叠生，单列射线少，多列射线为主，通常宽2细胞，3细胞偶见。射线极

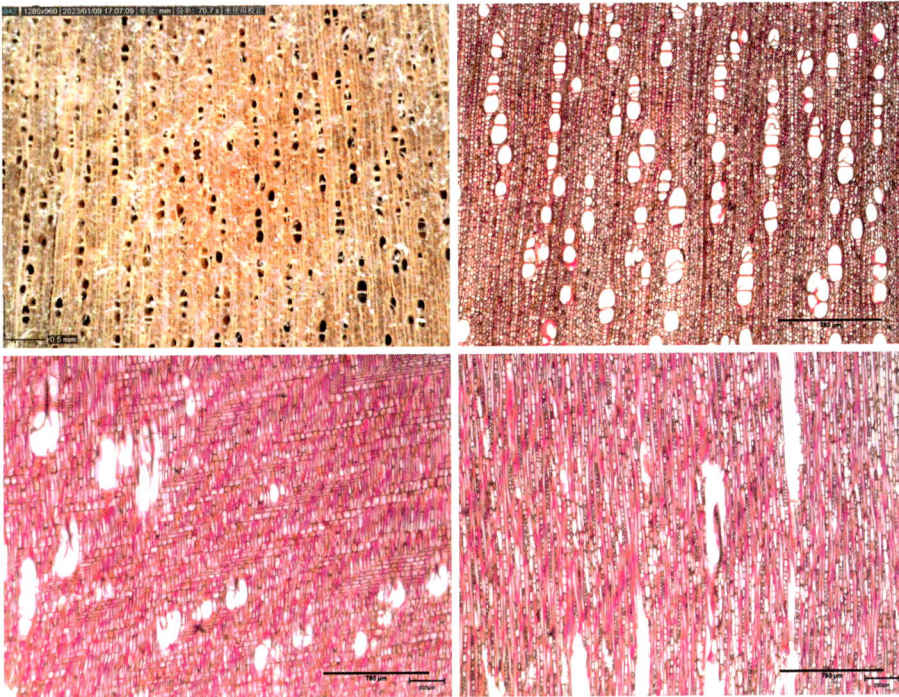

窄，肉眼不见，10倍镜下难计算。射线大小一致，间距近等，每毫米12~16条，弦切面上肉眼难以辨别，10倍镜下也不清楚，不呈纺锤状。此外，10倍镜下可见纤维腔。木材呈单宁反应，反应较慢，10倍镜下观察不出变化过程，固定后呈黑色，纵切面较淡。

木材利用： 木材纹理通直、结构细致，材质稍软而轻。加工容易，干燥后少开裂，且不变形，不很耐腐。切面平滑且具光泽，材色较淡且均匀，切面久置后色调变深，湿水后容易脱色。适于作梁柱、桁桷、门窗家具、车辆、板材用料。

枝花李榄

Chionanthus ramiflorus Roxburgh

木樨科流苏树属

别名：乌骨、黑皮插柚柴、乌骨银税、假骨节木

树皮： 厚3~4毫米，皮面暗灰黄或灰黑褐色，粗糙近平滑，树干不圆满，内皮黄色，砍开变红褐（晒干变浅色），甜气，石细胞米粒状在皮底凸起，材身米粒状压痕，木材纵切面边缘也见米粒状起伏。

木材： 散孔材。淡棕色，纵切面灰黄棕色带红。生长轮略明显，因薄壁组织带

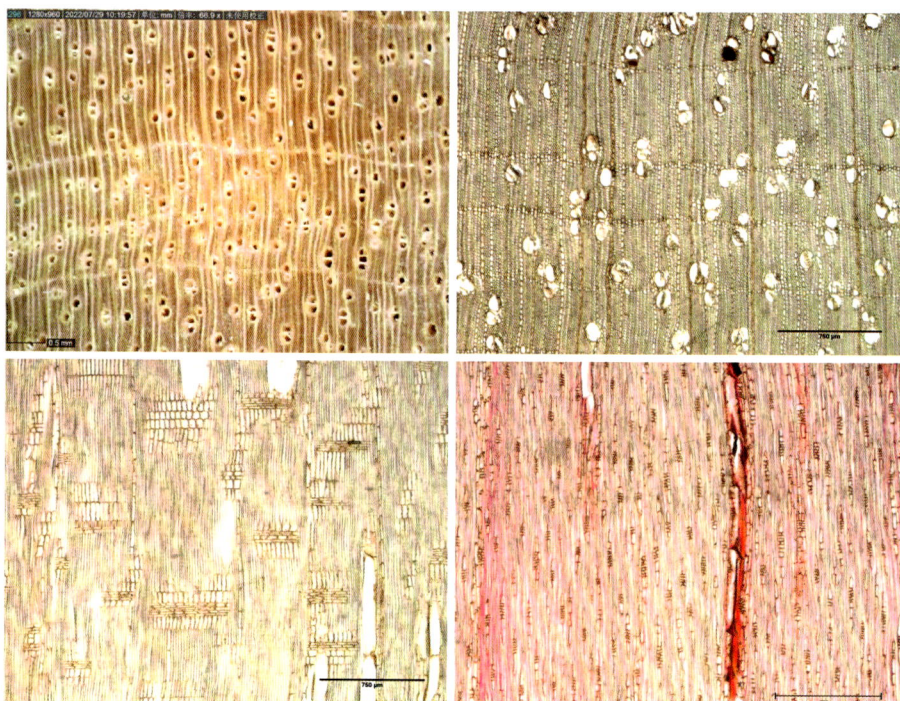

的存在，年轮很难确定。髓淡黄色，近圆形，径约2毫米，结实。管孔中等大小至小，肉眼局部隐约可见，10倍镜下可计算。单管孔占多数，复管孔普遍，局部占多数，以径向复管孔为主，由2~4个管孔组成，偶见斜向；管孔团仅个别。管孔分散分布，局部径向或斜向排列或倾向于此，通常年轮末梢较少，仅局部较显著，可借以确定年轮界。管孔中等多，每平方毫米7~10个，侵填体未发现，头几轮普遍具黄白色固体堆积物。弦切面上导管线肉眼可见，呈细线，10倍镜下见少数侵填体，反光。薄壁组织丰富，肉眼可见，10倍镜下易判别，离管型为主。薄壁组织带稍比射线宽，分布不规则，轮界薄壁组织与薄壁组织带难区分，每厘米有带10~20个，傍管型略显著，全部管孔几乎都具有环管薄壁组织，通常宽度比管孔小。射线非叠生，单列射线少，多列射线为主，宽2~3细胞。射线极窄，肉眼隐约可见，10倍镜下易计算。射线大小一致，间距不等，每毫米10~12条，弦切面上肉眼不见，10倍镜下清楚，呈纺锤形。

木材利用：木材纹理通直，结构细致，材质硬，很重，加工颇易。干燥后会开裂，也会变形，颇耐腐，局部较易为变色菌侵染。切面平滑且具光泽，材色鲜艳，生长轮呈现花纹状，颇美观。适于作建筑用材，作上等家具、美工等用材尤佳。

海南槽裂木

Pertusadina metcalfii (Merrill ex H. L. Li) Y. F. Deng & C. M. Hu

茜草科槽裂木属

三类材 **53**

别名：黄柳、长叶黄柳、广东水杨梅、海南水团花

树皮：厚约4毫米，淡灰褐色，一般平滑，薄片状脱落，韧皮部黄色，皮孔明显，表层下黄绿，内皮黄白，豆腐气，皮削开后浅黄，稍久变灰绿，以韧皮纤维为主，可层分。

木材：散孔材。深黄棕色，纵切面黄色带棕。生长轮略明显，年轮界通常难确定，髓心很小。管孔小，肉眼不见，10倍镜下可计算。几乎全为单管孔，复管孔仅个别。管孔分散分布，局部在年轮末显著地少至无管孔，呈现很窄的深色纤维层，可借以确定年轮界。管孔多，每平方毫米12~15个，侵填体未发现，固体堆积物普遍，淡黄色。弦切面上导管线肉眼可见，呈细线，10倍镜下见普遍具固体堆积物。薄壁组织不丰富，肉眼不见，10倍镜下可判别，离管型为主，星散薄壁组织，呈纤细线和小点，分布于射线间，局部密集；傍管型薄壁组织多数管孔具有，呈很窄的环。射线非叠生，单列射线较多，多列射线宽2~3细胞（多数2细胞），2列部分常与单列部分约等宽。射线极窄，肉眼不见，10倍镜下可计算。射线大小不一致，间距不等，多，每毫米12~13条。弦切面上呈小点，10倍镜下也不清楚。

木材利用：木材纹理交错，结构紧密，材质坚韧，重，加工较难。切面较难平

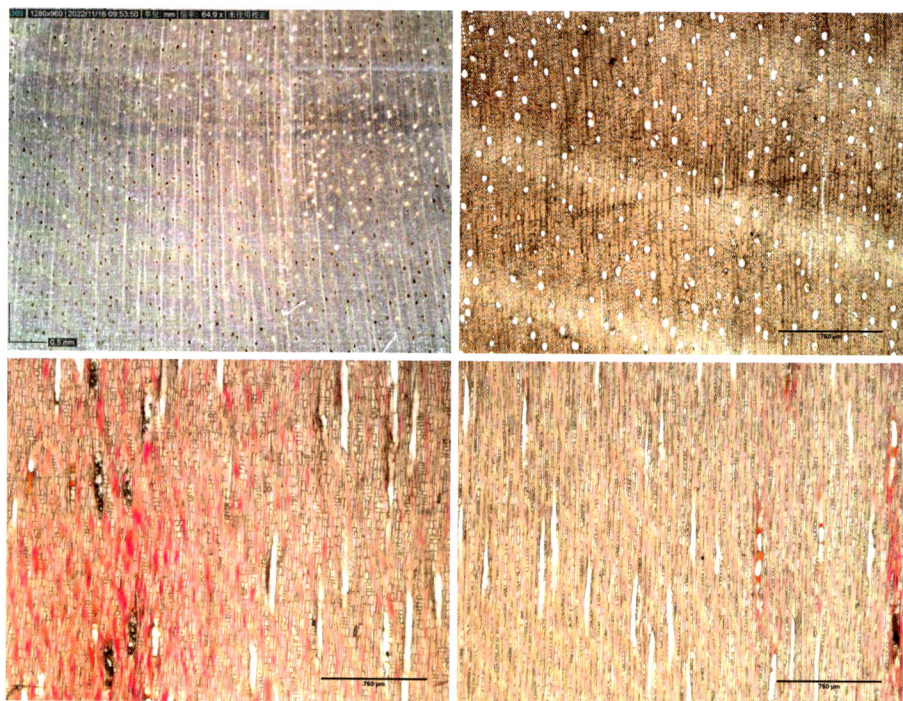

滑，干燥稍开裂，稍变形，很耐腐，但湿水后易于脱色。材色鲜艳，为优良的工业用材之一，适用面广。可供造船、桥梁、水工、桩木、枕木、车辆用材，并可作家具、运动器械及工艺雕刻用材。

鱼骨木

Psydrax dicocca Gaertner

别名：鱼骨、铁灵木、铁桐、假鱼骨木、铁屎米

茜草科鱼骨木属

树皮： 厚约5毫米，暗灰黑色、平滑，内皮深褐色，具甜味或水豆腐带酸气。皮表层似山乌桕或金叶树，下皮层片状，可层分。石细胞层片状或否，材浅黄色，材身波状起伏或否。

木材： 散孔材。心边材略现，界限不分明。心材大，约占直径80%，暗淡红褐色带紫，纵切面色较淡；边材淡红棕色，纵切面久置色更淡。生长轮明显，因通常有深色轮末纤维层呈现，年轮界分明。髓心暗红色，近星形，径2毫米，结实。管孔小，肉眼不见，10倍镜下可计算。单管孔占多数，复管孔不普遍，以径向复管孔为主，少数斜向，由2~3个管孔组成；管孔团仅偶见，由3个管孔组成。管孔分散分布，局部呈弦向或斜向，年轮末通常显著地少，且呈现纤维层，并常局部呈显著

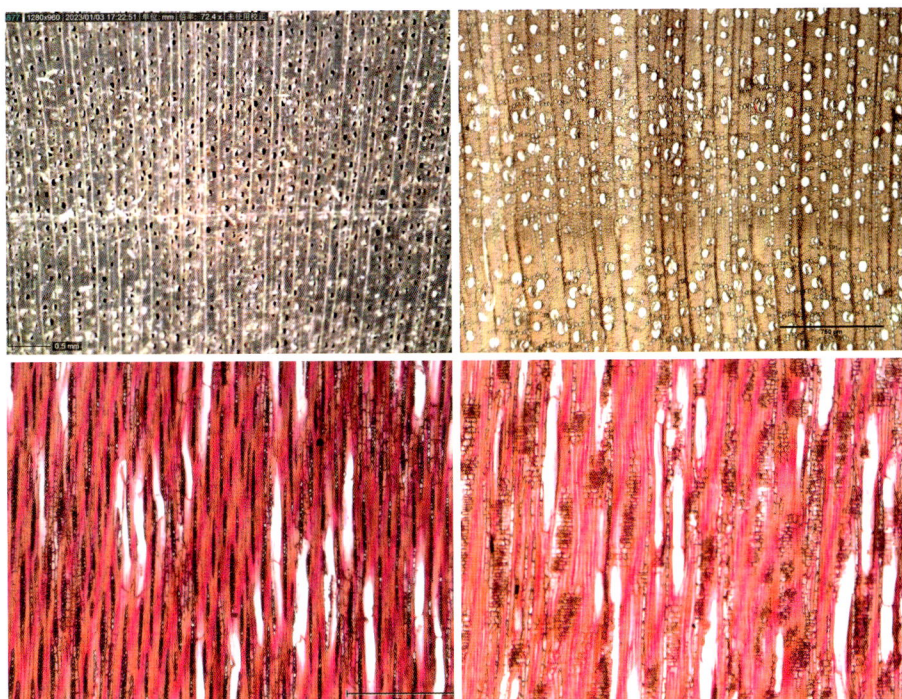

的无孔带。管孔很多，每平方毫米21~24个，侵填体和其他内含物未发现，弦切面上导管线肉眼可见，呈细线。薄壁组织丰富，肉眼不见，10倍镜下可判别，仅离管型、星散薄壁组织，呈极短的细线和小点，分布于射线间，不很均匀地密布于年轮中。轮末显著地少至没有，在年轮中常局部聚集呈带状，傍管型的环管薄壁组织，仅少数管孔具有。射线非叠生，单列射线少，多列射线宽2~3细胞（多数2细胞），2列部分间或与单列部分约等宽，射线极窄，肉眼不见，10倍镜下可计算。射线大小近一致，间距不等，多，每毫米8~9条。弦切面上，在10倍镜下也不清楚。

木材利用： 木材纹理略交错，结构密致，材质硬、很重。加工稍难，干燥后少开裂，稍有变形，耐腐，但仍受变色菌侵染。切面平滑，具光泽，材色一致，生长轮略显花纹，适于用作梁、门窗框、造船、车辆、桩木、农机具、把柄、桥梁。

乌檀

Nauclea officinalis Pirre ex Pit.

别名：药乌檀、黄胆、熊胆树

茜草科乌檀属

\三类材\
55

树皮：皮稍厚，3毫米。小树皮似油丹，皮面灰白色；大树皮层红黄色，豆腐气，味特苦，以韧皮纤维为主，能剥成长条。

木材：散孔材。木材鲜黄色，久则呈深黄色，心边材区别不明显，有光泽。无特殊气味，滋味苦。生长轮略明显，轮间呈深色带。管孔略少，略小至中，肉眼下略见，10倍镜下明显，大小一致，分布均匀，斜列或径列，侵填体未见。轴向薄壁组织不见，或在放大镜下湿切面上略见，离管，短细线状。射线非叠生，单列射线少，多列射线宽2~3细胞（多数2细胞），2列部分有时与单列部分约等宽，同一射线内常出现2~7（多数2）次多列部分。木射线中至略密，甚细至中，在10倍镜下可见，在肉眼下径切面上射线斑纹不明显。

木材利用：木材纹理交错，结构细，均匀，轻且软。干缩小，加工容易。少开裂，天然耐腐性中等，心材对木腐菌、白蚁、海生钻孔动物有抵抗力，边材需进行防腐处理。切面光滑，木材颜色鲜黄、美观，其板材及胶合板材宜作家具、室内装修、珠宝箱盒、车旋或镶嵌各种美术工艺品，也宜作房建用材。

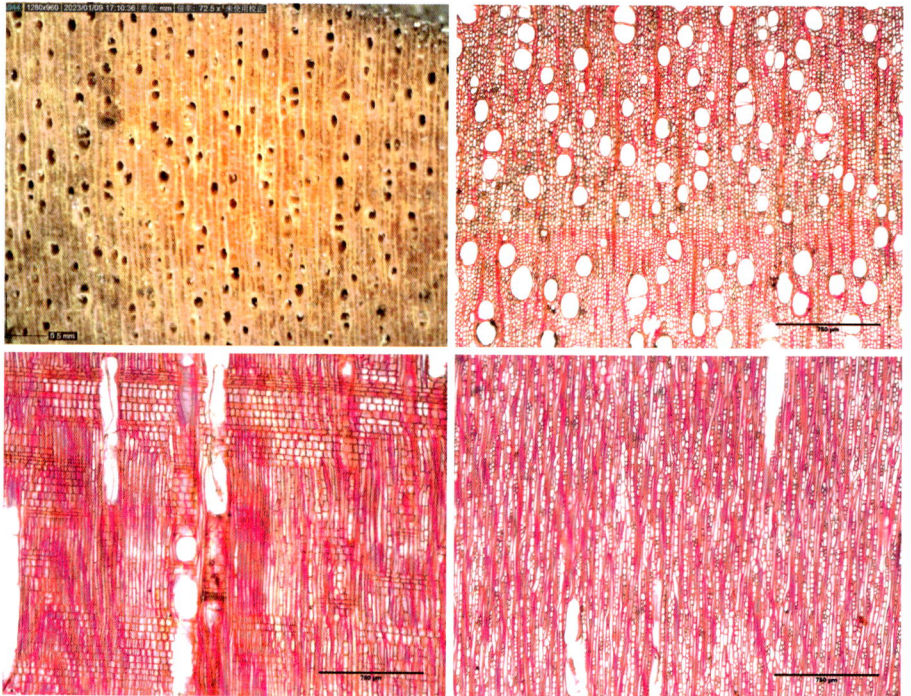

岭罗麦

Tarennoidea wallichii (Hook.f.)Tirveng. & Sastre

茜草科岭罗麦属

别名：鹅肾树、插抽柴、接骨木、达仑、解油、大叶达仑木、大叶乌口树

树皮： 灰黄或灰白，外圆片状脱落后呈小圆斑，表层下浅绿，内皮浅黄，皮晒后横裂，似白格，硬且厚，约1厘米，晒后分三层，外层棕红，中层紫灰，内层浅紫灰。髓圆形，径约4毫米。

木材： 散孔材。管孔极小，肉眼不见。每平方毫米约64个，管孔圆形，或近椭圆形，径列复管孔，通常2~4个，稀有6个管孔组成。薄壁组织肉眼不见，10倍镜下可见，离管型。射线非叠生，单列射线少，多列射线宽2~3细胞，同一射线内有时出现2次多列部分，射线窄至极窄两种。

木材利用： 木材结构细、均匀。木材重，硬度中、干缩大、强度中。切削较难，切面光滑、漆面光亮，胶粘颇易，握力强。为车工、农具、手杖、农机具及雕刻用材，一般家具用材。

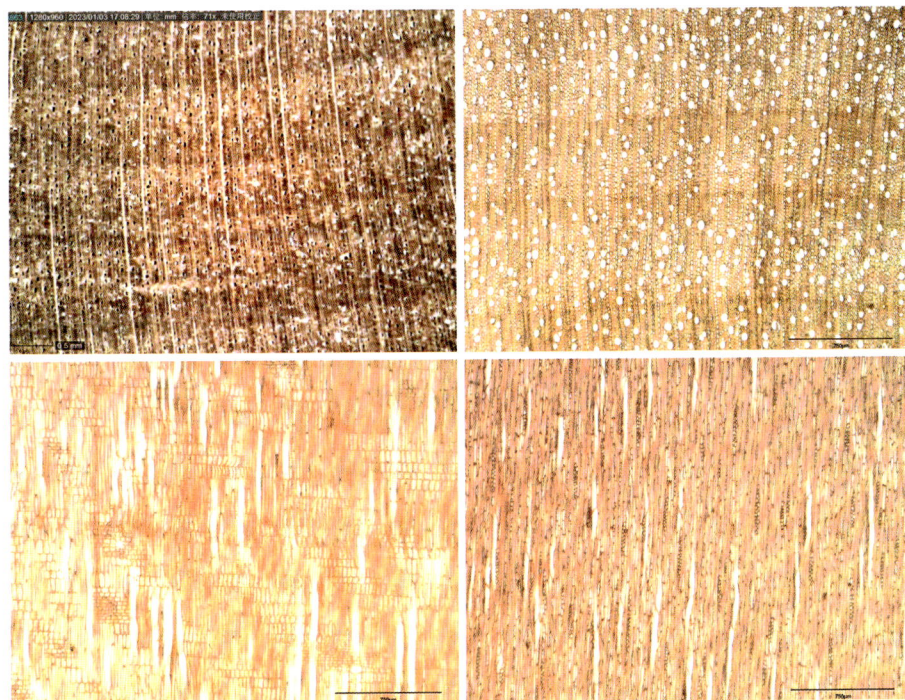

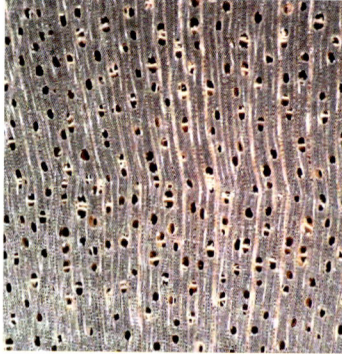

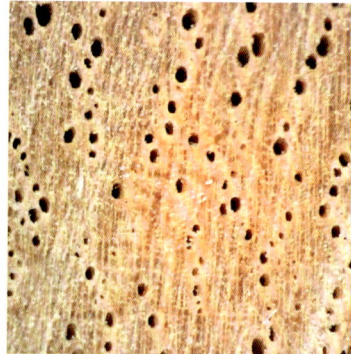

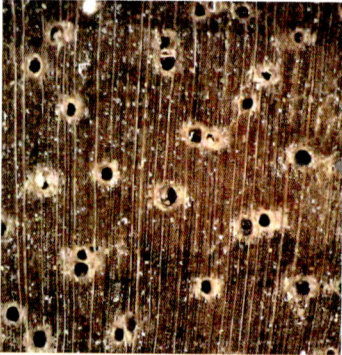

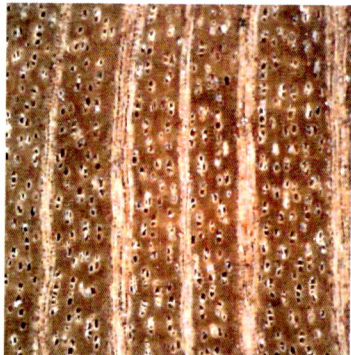

第五章 四类材

银钩花

Mitrephora tomentosa Hook. f. & Thomson

番荔枝科银钩花属

别名：大叶杂古、岭赤年、定春

树皮： 厚3~5毫米，灰黑色至深灰黑色，呈不规则的纵裂，稍平滑，韧皮淡赤褐色，丰富，略带香甜气味，横切面不规则火焰状或三角形，纤维韧，略呈层片状，多具虫害造成的虫眼（沟）。

木材： 散孔材。淡橙黄色带灰，纵切面同色。生长轮明显，呈不规则的微波浪形，因轮末纤维层呈现，年轮界多数分明。管孔小，肉眼不见，10倍镜下可计算。单管孔占多数，复管孔局部普遍，以径向复管孔为主，由2~3个或达5个管孔组成；管孔团偶见，由2~3个管孔组成。管孔分散分布，常倾向于径向排列，多数管孔不与射线相接触，而与薄壁组织带接触，生长轮局部宽大处管孔较少，通常轮末较显著地少，可借以帮助确定年轮界。管孔很多，每平方毫米21~22个，局部仅17个。侵填体偶见，呈极小反光点。固体堆积物普遍，白色似矽，少数灰白色，充满整个管孔。弦切面上导管线肉眼隐约可见，呈纤细线，10倍镜下偶见侵填体反光，白色固体堆积物普遍。薄壁组织丰富，肉眼不见，10倍镜下可判别，离管型为主。薄壁组织带呈纤细线，宽度比射线小，规则地密布于轮中，每毫米7~9行，与射线构成整齐的网状，轮末较疏，呈较窄的纤维层，可借以确定年轮界；傍管型的环管薄壁组织仅少数管孔具有。射线非叠生，单列射线少，多列射线宽3~7细胞。射线窄与

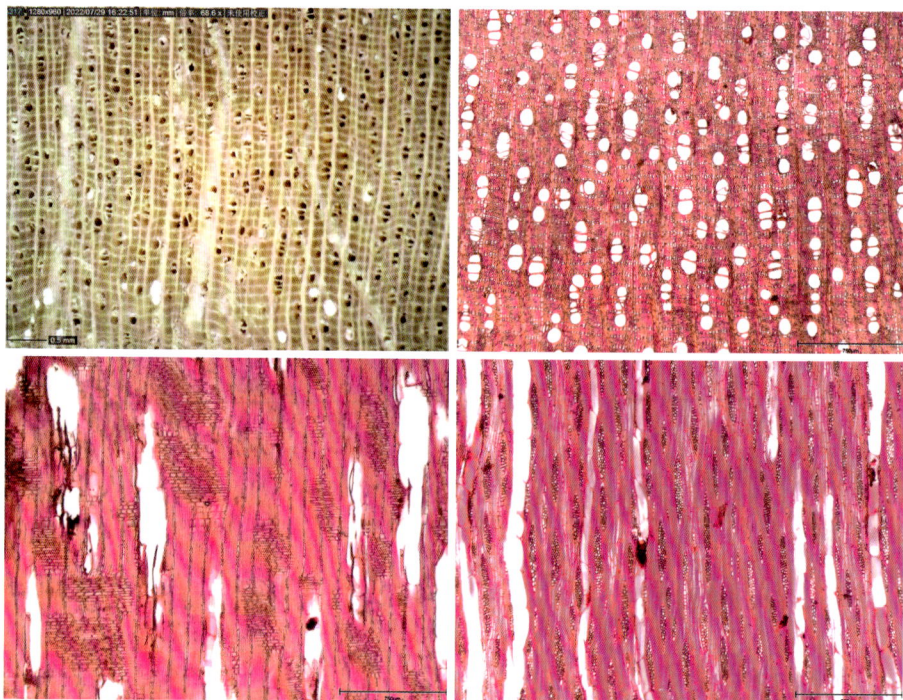

极窄，肉眼隐约可见，10倍镜下易计算，以宽的射线占多数，间距不等。射线中等多，每毫米5~6条，弦切面上肉眼隐约可见，10倍镜下清楚，呈纺锤形，高度可达1毫米。此外，白色堆积物呈碳酸钙反应，纵切面上明显。

木材利用： 木材纹理通直，结构细致且均匀，材质硬且重，加工容易。干燥后少开裂，不变形，较易为变色菌侵染。纵切面略具光泽，材色一致。适于用作梁、柱、门窗、农具、车轴、器具用材。

囊瓣木

Miliusa horsfieldii Baill. ex Pierre

番荔枝科野独活属

别名：黄皮椿、黄皮藤椿

\四类材/
02

树皮： 通常厚6~8毫米，黄褐色，平滑或稍纵裂，薄片状脱落，韧皮纤维层片状，颇强韧，黄褐色，略有腥味。

木材： 散孔材。暗淡黄带青色，纵切面较浅而鲜。生长轮略明显，因轮末有较深色纤维层略现，年轮界通常较易确定。管孔中等大小至小、肉眼不见，10倍镜下易计算。单管孔占多数，复管孔普遍，有少量斜向；管孔团只是个别，由3个或达4

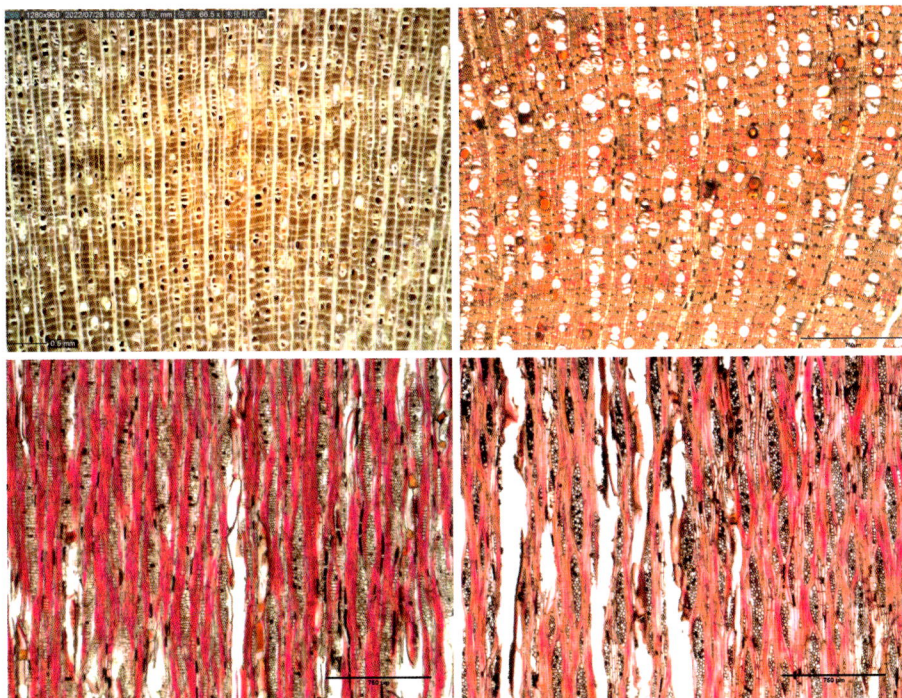

个管孔组成。管孔分散分布，多数不与射线接触，通常年轮末较显著地少，略现纤维层，可借以确定年轮界。管孔多，每平方毫米13~16个，弦切面上导管线肉眼可见，呈细线。薄壁组织10倍镜下可判别，离管型为主。薄壁组织带呈纤细弦向线，宽度与极窄射线相仿，均匀地分布于年轮中，每毫米8~10行，与射线交织成整齐的网状；傍管型的环管薄壁组织仅少数管孔具有，通常仅呈很窄的环或不完整的环包围管孔。射线非叠生，单列射线甚少，多列射线宽4~7细胞。射线极窄至窄，肉眼隐约可见，10倍镜下易计算，以较宽的射线占多数，间距不等。射线多，每毫米7~8条，弦切面上肉眼隐约可见，10倍镜下清楚，呈纺锤形。

木材利用： 木材纹理通直，结构密致，材质硬且重，加工容易。干燥后不开裂，亦不变形。纵切面平滑，略具光泽，材色均匀，不鲜明。适于作梁、柱、门窗、地板、矿柱、车辆、农具、机械、家具等用材。

厚叶琼楠

Beilschmiedia percoriacea C. K. Allen

樟科琼楠属

\四类材/
03

别名：二色琼楠

树皮： 厚3~4毫米，韧皮部为红褐色，具微香樟气味。

木材： 散孔材。暗棕色，纵切面浅棕色。生长轮不明显，因薄壁组织带存在，使轮界难以确定。管孔大至中等大小，肉眼可见，10倍镜下易计算。单管孔占多数，复管孔普遍，以径向复管孔为主，由2~3个或达4个管孔组成；管孔团偶见，由2~3个管孔组成。管孔分散分布、均匀，局部在轮末梢较小和少，但并不显著，仍可借以确定年轮界。管孔少，每平方毫米3~4个，侵填体偶见，呈极小反光点，固体堆积物普遍，浅黄褐色。弦切面上导管线肉眼可见，呈小沟，10倍镜下普遍具侵填体，反光强，部分乳白色，略发光，普遍具有固体堆积物。薄壁组织丰富，肉眼可见，10倍镜下可判别，傍管型为主。全部管孔具有环管薄壁组织，常成短翼状，个别以不完整的环包围管孔，离管型薄壁组织带稍比射线大，不很规则地分布于年轮中，通常每厘米有12条，一个年轮内可有2~7条，通常3~4条，间距不等。轮界薄壁组织与薄壁组织带略同，难以区分。射线非叠生，具单列和多列射线，多列射线宽2~5细胞。射线极窄，肉眼隐约可见，10倍镜下易计算。射线大小不一致，间距也不等，射线多，每毫米9~10条。弦切面上肉眼尚可判别，10倍镜下清楚，呈窄纺锤形，高度可达1毫米，局部倾向于成梯阵排列。油或黏液细胞少，10倍镜下可见，不很明显，呈较浅的小点，主要分布于傍管型薄壁组织和射线中。此外，有髓斑存在，径切面上呈纵向长度不一的窄线，可达25毫米，弦切面上有约2毫米的纵向长斑，深棕色。

木材利用： 木材纹理通直，结构细致均匀，材质稍软且轻，加工容易。纵面平

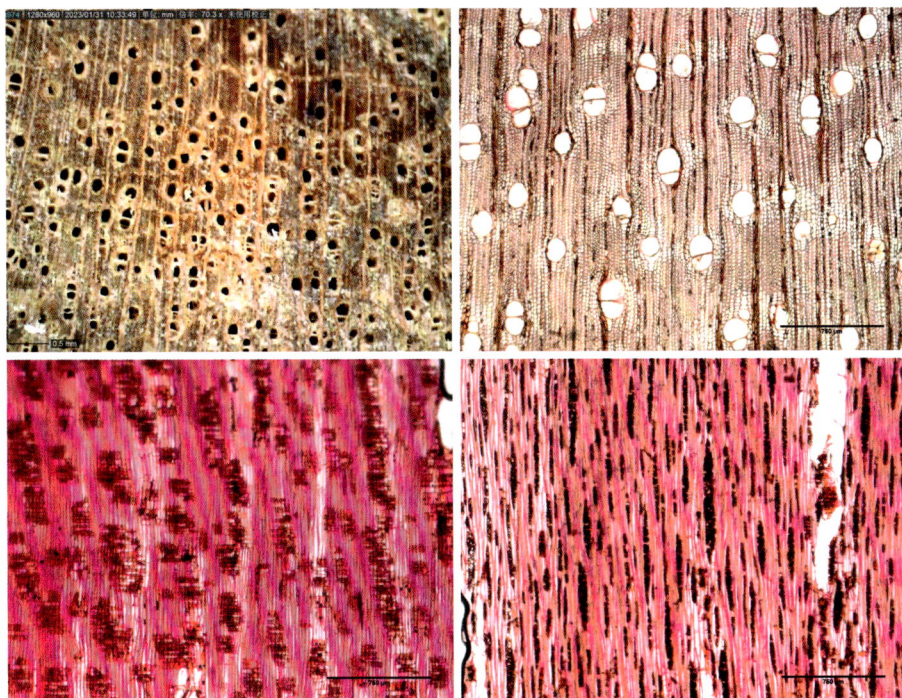

滑，干燥后稍有干裂，但不变形。含油或黏液少，不耐腐。纵切面材色一致，刨光后有明亮光泽，适于作梁、柱、天花板、门窗，一般作较好家具、农具等用材。

软皮桂

Cinnamomum liangii C. K. Allen

别名：软皮樟、向日樟、轻樟

樟科樟属

\四类材/

04

　　树皮： 皮较厚，约1厘米，皮面灰色平滑，内皮黄白，砍开即褐色，且软、富黏质，具胡椒辣气。

　　木材： 散孔材。材色黄白，心边材区别不明显，木材久置后略带深色，木材具胡椒气（淡）。生长轮不明显，年轮界难以确定。髓心淡，褐色圆形，径约3毫米，松软。管孔中等大小，肉眼隐约可见，10倍镜下易计算。单管孔占多数，复管孔普遍，径向复管孔由2~4个管孔组成；管孔团偶见，由3~4个管孔组成。管孔分散分布，局部常呈斜向排列或倾向于此，分布不均匀，局部轮末较小和少，可借以确定年轮界。管孔中等至多，每平方毫米4~6个，侵填体普遍，略发光。弦切面上管孔线隐约可见，呈小沟状，10倍镜下见普遍充满侵填体，乳白色，反光强。薄壁组织丰富，肉眼隐约可见，10倍镜下可判别，傍管型为主，仅少数呈不完整的环包围导管。射

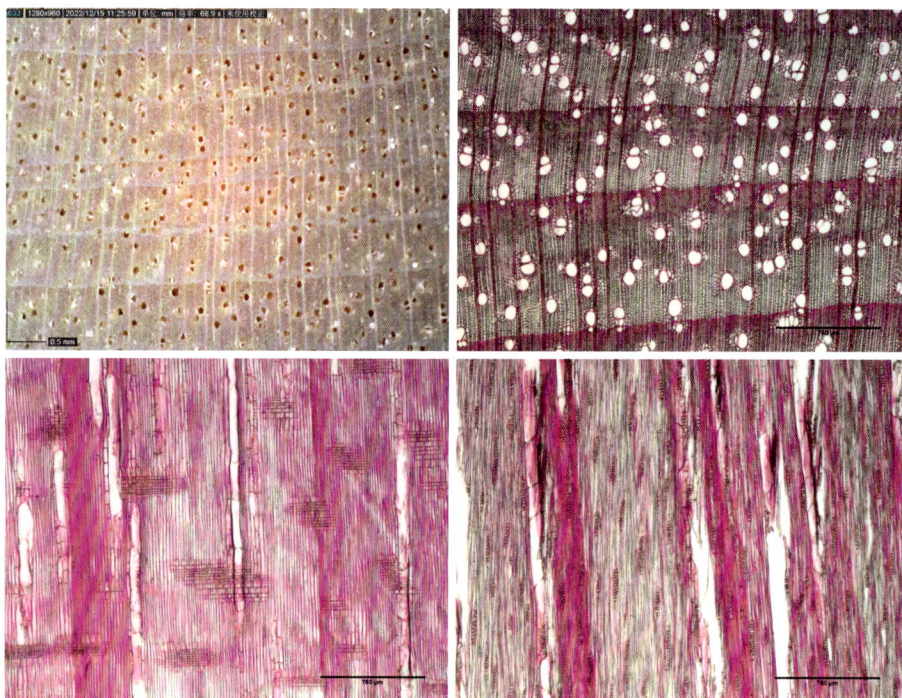

线非叠生，单列射线少，多列射线宽2~3细胞。射线极窄，肉眼隐约可见，10倍镜下易计算。射线大小不一致，间距亦不等，每毫米5~6条；弦切面肉眼隐约可见，10倍镜下清楚，呈纺锤形。

木材利用： 木材纹理通直，结构均匀细致，材质轻软，加工性能良好。干燥后少开裂，也不变形。含油或黏液较少，但干后仍具樟脑气。纵切面油亮光泽，材色鲜淡调和，生长轮略具花纹，适于作上等家具及装修天花板、屏障、隔板用料，以及细木工用料。

Cinnamomum bejolghota (Buch.-Ham.) Sweet

樟科樟属

钝叶桂

别名：香桂楠、老母楠、山肉桂、山玉桂、奉楠、山桂、山桂楠、鸭母楠、鸭母桂、大叶山桂、梅宗英龙、泡木、青樟木、老母猪桂皮、土桂皮、假桂皮、抱木、钝叶樟

\四类材/
05

树皮： 厚5~6毫米，棕褐色或灰棕褐色，平滑，内皮淡褐色，脆且微浅的香桂气味，具白纤毛。

木材： 散孔材。暗红棕色，纵切面灰棕色，久置后变深色而带黄。生长轮不明显，年轮界不分明，较难确定。髓心浅褐色，圆形，径约3毫米，松软。管孔大至中等大小，肉眼隐约可见，10倍镜下易计算。单管孔占多数，复管孔普遍，径向复管孔由2~3个或达5个管孔组成，偶见斜向，管孔团未发现。管孔分散分布，常局部斜向或倾向于此，分布均匀，仅局部轮末梢较少，借以确定年轮界。管孔中等多，每平方毫米6~7个，侵填体普遍，反光强。薄壁组织丰富，肉眼隐约可见，10倍镜下易判别，仅傍管型。全部管孔具有环管薄壁组织，环的宽度大小一致，常局部较宽，少数呈不完整的环包围管孔。射线非叠生，单列射线少，多列射线宽2~3细胞。射线极窄，肉眼隐约可见，10倍镜下易计算。射线大小不一致，间距不等，中等多，每毫米5~6条，弦切面上肉眼隐约可见，10倍镜下清楚，呈纺锤形。油或黏液细胞少，10倍镜下可见，但不显著，呈色稍浅的小点，分布于环管薄壁组织和射线中，纵切面较显著，但观察不出细胞个体。此外，有髓斑存在，横切面弦向宽达1毫米，径向宽近0.5毫米，弦切面上较显著，纵向长度有的达6厘米以上，色较深。

木材利用： 木材纹理通直，结构均匀细致，材质稍软，中等重。加工容易、干燥后稍有开裂，且会变形，不耐腐，纵切面材色均匀。适于制作建筑，一般作较好的家具、农具等用材。宜在干燥和加工技术上克服其变形的缺点（本种的叶、根、皮，可以蒸制芳香油）。

钝叶厚壳桂

Cryptocarya impressinervia H. W. Li

樟科厚壳桂属

别名：钝叶桂、粘桂、大叶乌面稿、那果

树皮：厚5~6毫米，灰黑褐色，平滑，内皮黄褐色，具芳香味，微纵裂，皮底及材身湿水后甚黏。石细胞较明显，横切面呈锯齿状花纹。

木材：散孔材。淡灰棕色带黄，纵切面淡黄棕色带红，生长轮明显，因薄壁组织带存在，使年轮界很难确定。导管线中等大小，肉眼隐约可见，10倍镜下可计算。单管孔占多数，复管孔普遍以径向复管孔为主，由2~3个或达4~5个管孔组成；管孔团偶见，由3~4个管孔组成。管孔分散分布、均匀，局部年轮的中部至外部管孔比内部多，在年轮开始处略现很窄的稍深色的纤维层，可借以确定年轮界。管孔多，每平方毫米1~2个，侵填体偶见，呈小反光点。弦切面上导管线肉眼可见，呈细线，10倍镜下见普遍具少量侵填体，乳白色，并反光。薄壁组织丰富，肉眼可见，10倍镜下易判别，傍管型为主，全部管孔具有环管薄壁组织，环的宽度通常比管孔小，少数仅呈很窄的环和不完整的环包围管孔；离管型薄壁组织带约与射线等宽，分布不规则，局部断续，有时2条带靠接得很近，且局部相连，一个年轮内可有1~5条带，通常1~2条，每厘米10~12条，轮界薄壁组织与带状薄壁组织难区分。射线极窄，肉眼隐约可见，10倍镜下易计算，射线大小不一致，间距不等，中等多，每

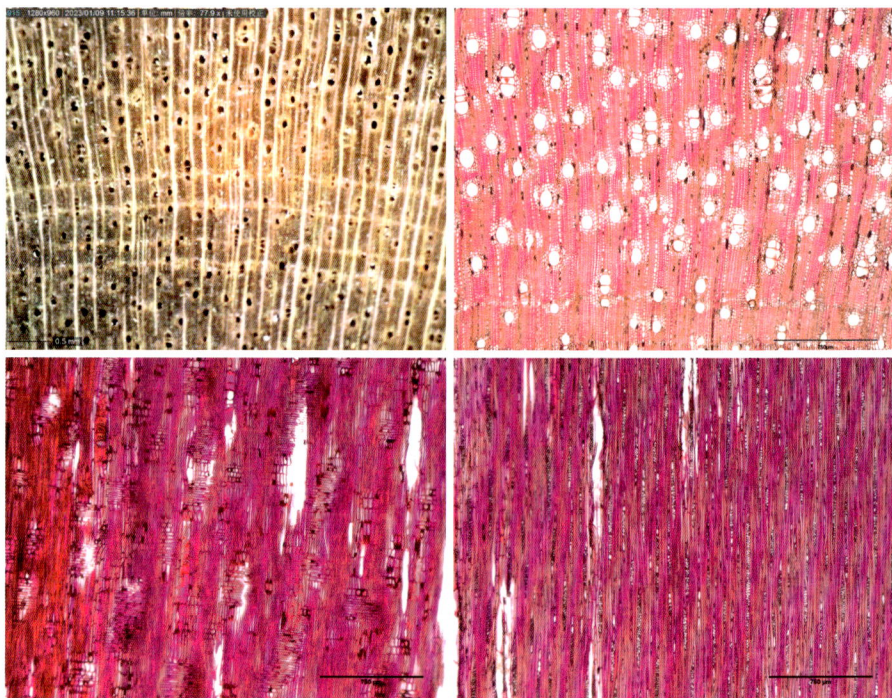

毫米5~6条，弦切面上肉眼可见，10倍镜下不清楚，略呈纺锤状。油或黏液细胞多，10倍镜下可见，但不显著，呈色较淡的小点，分布于环管薄壁组织及射线中，偶见分布于薄壁组织带中。若滴水在横切面上，水渗入木材后，湿水的范围在一些环管薄壁组织及射线中呈现颇多的无色反光点，这是从黏液细胞溶出的胶黏质。射线非叠生，单列射线少，多列射线宽2~3细胞。此外，木材干后具有微香气味，横切面显著。横切面10倍镜下，可见胞间道，呈小孔，比管孔小很多，分布于射线和薄壁组织的纤维间，有时在薄壁组织带中及其旁边多且显著。

木材利用：木材纹理通直，结构细致，材质硬且重，加工容易。干燥后少开裂，且不变形，含黏液丰富，但不耐腐，较易被菌侵染。纵切面平滑，略具光泽，材质鲜明。适于作桁桷、门窗、器具、家具板材等用料。

注：华南厚壳桂、海南厚壳桂、白背厚壳桂木材结构与本种相似。

大萼木姜子

Litsea baviensis Lec. 　樟科木姜子属

别名：白肚槁、狗浪子、香椒槁、山苍树、红干、黄槁、毛丹、白面槁、托壳果

树皮：灰黑、紫黑，平滑，内皮浅黄，剥后即较黄褐，姜辣味，创伤色斑灰黑色。

木材：散孔材。暗青黄色带褐，局部鲜青黄，纵切面鲜青黄色。生长轮不明显，年轮界不分明，常难确定。管孔中等大小至小，肉眼隐约可见，10倍镜下易计算。管孔分散分布，局部成斜向排列，分布不均匀，有时稍疏或密，局部在年轮开始处较明显地多，可借以确定年轮界。单管孔占多数，复管孔普遍，以径向复管孔为主，由2~3个或达4~6个管孔组成，有少数斜向。管孔团仅偶见，由3~4个管孔组成。管孔中等多，每平方毫米9~10个，侵填体偶见，呈极小反光点。弦切面上导管线肉眼可见，呈细线，10倍镜下普遍见侵填体，反光强，亦见普遍具固体堆积物，棕褐色。薄壁组织不丰富，肉眼不见，10倍镜下可判别，仅傍管型。绝大多数管孔具有环管薄壁组织，一般呈很窄的环，有些呈不完整环包围管孔。射线非叠生，单列射线少，多列射线宽2~3细胞，同一射线内出现2次多列部分。射线极窄，肉眼隐约可见，10倍镜下易计算。射线大小不一致，间距不等，中等多，每毫米4~5条，弦切面上肉眼隐约可见，10倍镜下较清楚，呈窄的纺锤形。油或黏液细胞很少，10倍镜下可见，不显著，呈较浅的小点，偶见薄壁组织和射线，纵切面观察不出来。10倍镜下隐约可见纤维腔。髓斑普遍，横切面上不明显，一般宽度在1~2毫米，纵切面上较显著，纵向长1~2厘米，淡棕色。

木材利用：木材纹理通直，结构均匀细致，材质稍软且轻，加工很容易。干燥后少开裂，且不变形。纵切面上材色鲜艳，色淡均匀，油润而有强光泽，极为细致，

切面久置后，会逐渐变成黄棕色。适于作文具、家具、天花板用材，亦可作桁桷、门窗、板料及其他轻工用材或乐器用材，较适宜作室内装饰及细木工用材，亦可供旋、刨、切加工用材。

Horsfieldia amygdalina (Wall.) Warb.

风吹楠

肉豆蔻科风吹楠属

别名: 桃叶贺得木、荷斯菲木、霍而飞、丝迷啰、枯牛、埋央孃

\四类材/
08

树皮: 皮似翻白叶，无波痕，可层分，具有番石榴气，或糖气，生材砍开有白汁流出。材身波状起伏，材浅红，晒后呈棕红。树干受伤后通过鞣质管孔流出无色或黄色液体，久置后为血红色。

木材: 散孔材。管孔明显，单管孔及径列复管孔，射线及轮界可见，材身可见细砂纹。髓心红色，径约3毫米，质松软。薄壁组织环管束状，以及轮界状。射线非叠生，具单列和多列射线，多列射线宽2细胞，同一射线内出现2次多列部分。木射线中等大，径切面上可见木射线中部有时出现红色线条。

木材利用: 木材结构细至中，纹理直，无特殊气味和滋味。木材有光泽，有蜡

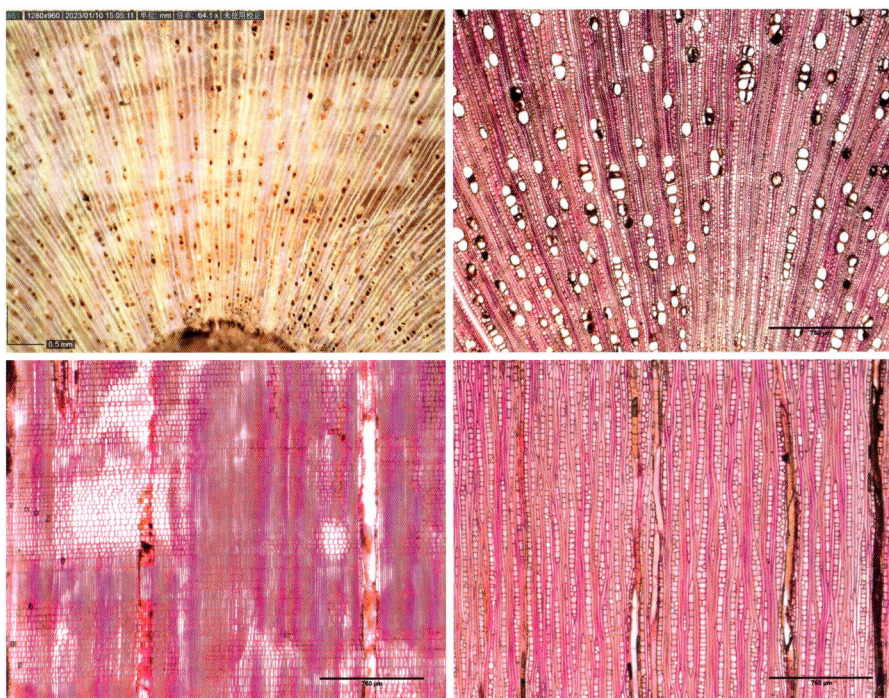

质感，材色均匀，或不甚均匀。木材差异干缩中等，重量中至略重，硬度中。利用木材不同带状花纹，可作装饰品和一般家具，并适于作房建中的桁桷、门窗等用材，亦可旋切作板材。

<table>
<tr><td>黄叶树</td><td>*Xanthophyllum hainanense* Hu
别名：扁担木、青蓝树、岭鸟蛇</td><td>远志科黄叶树属</td><td>\四类材/
09</td></tr>
</table>

树皮： 厚约3毫米，黄灰色，有不规则的裂纹，稍粗糙，韧皮部甚薄，横切面火焰状（但无纤维质），硬，脆，具臭腥气。

木材： 散孔材。橙黄色，纵切面淡黄。生长轮颇明显，常有类似轮末较深色纤维层呈现，年轮界常难确定。管孔大至中等大小，肉眼可见，10倍镜下易计算，全为单管孔。管孔分散分布，倾向于呈火焰状，常局部疏或密，或局部在年轮开始处较显著地大且多，轮末呈现很窄而较深色，有时是无管孔的纤维层，可借以确定年轮界，生长轮内部管孔多于外部。管孔少，每平方毫米2个，侵填体偶见，反光强，固体堆积物局部普遍，深橙黄色。弦切面上导管线肉眼清楚可见，呈小沟，10倍镜下偶见侵填体，反光，局部普遍具固体堆积物，橙黄或浅黄色。薄壁组织丰富，肉眼隐约可见，10倍镜下易判别，离管型为主。薄壁组织呈纤细线，常断续，星散薄

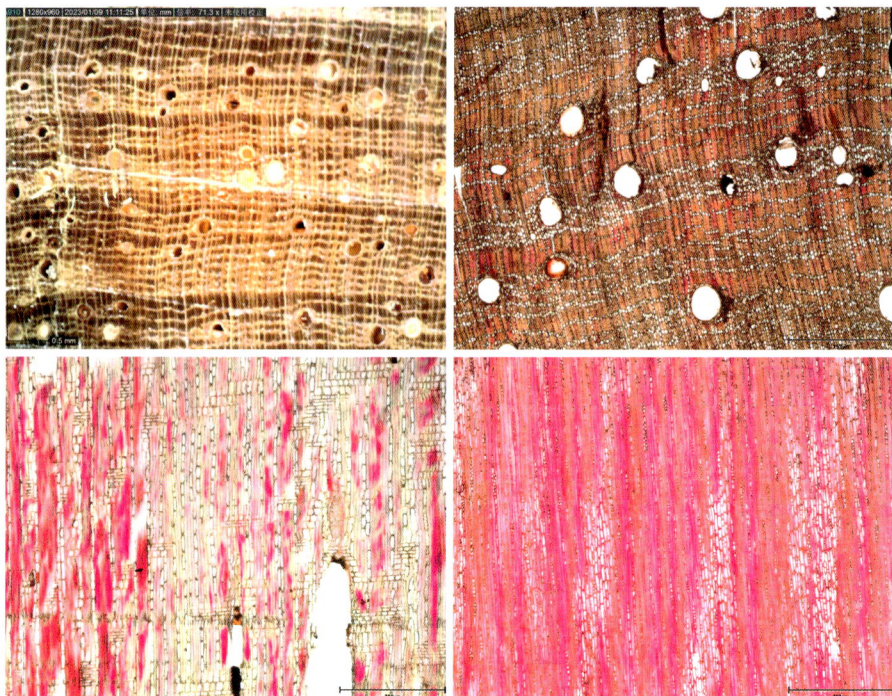

壁组织呈短的纤细线或小点，颇规则地密布于年轮中，与射线交织成网状，一般分布颇均匀，轮末显著地少，呈现窄的纤维层，但也常在年轮中局部较疏而呈现类似的纤维层。一个年轮内可以有1~2层，易与年轮混淆。一般每毫米内有薄壁组织带，达10~12行，有些生长轮内部比外部密一倍以上。傍管型的薄壁组织，多数管孔具有，常有离管型的薄壁组织密布于管孔周围。射线非叠生，单列射线较多，多列射线少，通常宽2（稀3）细胞，同一射线内出现2次多列部分。射线极窄，肉眼不见，10倍镜下难以计算。射线大小不一致，间距近等，很多，每毫米16~17条，弦切面上10倍镜下也难以辨别。

木材利用： 木材纹理交错，结构细致，稍硬、稍重，加工性能良好。各切面均平滑，干燥后稍开裂和变形，略能耐腐，但较容易被变色菌侵染。材色清淡均匀。适于作木梁、柱、门窗等用材，亦可供农具、家具、把柄器具等用。为强材之一，但在干燥和加工技术上宜注意避免变形和防止被变色菌侵染。

注： 在广东大陆西部，本种为半环孔材。

毛萼紫薇

Lagerstroemia balansae Koehne 千屈菜科紫薇属

别名：黄蛇木、会施、大紫薇、皱叶紫薇

树皮：皮薄，1~2毫米，浅黄，间有绿色块状斑印，甚光滑，似番石榴或黄牛木，内皮深黄色，略有腥味。

木材：半环孔材。棕色，纵切面淡棕带灰色。生长轮不明显，年轮界分明，但局部不分明，难确定年轮界。管孔小至中等大小，肉眼隐约可见，10倍镜下难以计算。复管孔占多数，径向复管孔由2~4个或达6个组成，管孔团未发现。单管孔普遍，局部年轮处占多数，常为较大的管孔。管孔分散分布，局部显著地径向排列或倾向于此，生长轮开始处常成弦向排列，分布不均匀，局部疏或密。管孔很多，每平方毫米27~29个，侵填体普遍显著，反光强。弦切面上导管线肉眼可见，呈细线，10倍镜下局部普遍具侵填体，反光强。薄壁组织丰富，肉眼不见，颜色不显著，10倍镜下可判别，离管型为主。短的薄壁组织带约与射线等宽或稍宽，分布不规则，多分布于年轮外部，带的长短不一，有些与管孔相连，略似傍管型的聚翼薄壁组织带。傍管型的环管薄壁组织不显著，仅少数管孔具有。射线非叠生，单列射线多，多列射线宽2~3细胞。射线极窄，肉眼不见，10倍镜下难计算。射线大小一致，间距相等，很多，每毫米11~13条。弦切面上肉眼隐约可见，10倍镜下清楚，呈不成规整的层状构造，每厘米32层。此外，木材呈单宁反应，但反应缓慢，10倍镜下观察不出变化过程，固定后呈蓝黑色，纵切面较淡。

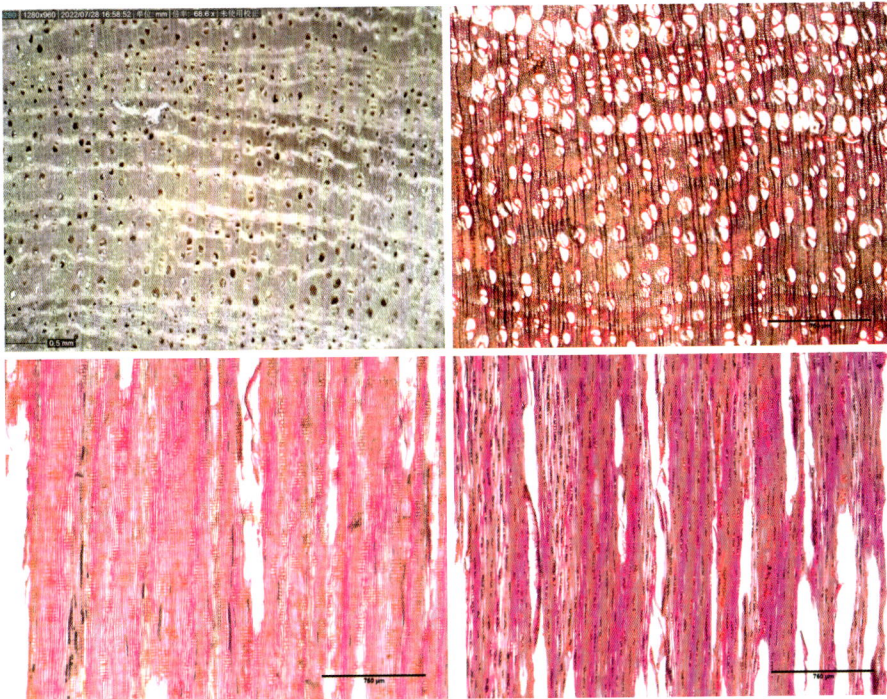

木材利用： 木材纹理通直，结构细致，材质稍硬且重，易于加工。各切面光滑，干燥后少开裂，且不变形。纵切面具光泽，生长轮呈现花纹，材色鲜明，色调均匀，颇美观。适于制作上等家具，亦可作文具高级箱盒、装饰、细木工或雕刻等用材。

海南山龙眼

Helicia hainanensis Hayata

山龙眼科山龙眼属

\四类材\
11

别名：海南罗卜、倒卵叶山龙眼、假山龙眼、红心割、野乌榄、调羹、那托、红叱、罗卜

树皮： 厚4毫米，灰褐色，平滑，不脱落。韧皮部黄褐色，与木质部的宽射线连合，横切面呈格状，略带腥甜气。

木材： 散孔材。心边材略现，界限分明。心材小，约占直径30%，褐色，纵切面较鲜艳。生长轮不明显，年轮界不分明，难确定。管孔小，肉眼不见，10倍镜下可计算。单管孔占多数，复管孔普遍，其中以弦向复管孔为主，少量径向，由2~3个管孔组成；管孔团偶见，由3个管孔组成。管孔弦向排列，常与薄壁组织共同构成花形状，分布均匀，年轮末稍少，而略现很窄的纤维层，但年轮中心也常有类似

的层次，易与年轮混淆，通常轮末纤维层较明显。管孔多，每平方毫米15~17个，侵填体偶见，呈小反光点。弦切面上导管线肉眼可见，呈细线，10倍镜下见普遍具侵填体，反光。薄壁组织丰富，肉眼不见，10倍镜下可判别，傍管型为主。全部管孔具有环管薄壁组织，宽度比管孔大或小，离管型的薄壁组织带呈纤细的弦向线，规则地密布于生长轮中，每毫米6~7行，常与傍管型相连，在宽射线间常呈向髓心方向稍凹入的弦形，管孔分布在薄壁组织带倾髓心的一面，状如悬挂。射线非叠生，射线宽和极窄两种大小，窄木射线比宽木射线少。窄木射线为单列射线，宽木射线宽22细胞以上，宽射线肉眼显著可见，大小不一致，最宽可达0.5毫米，间距不等，每毫米1~2条，弦切面上肉眼可见宽射线，纺锤形，高可达6毫米。

木材利用： 木材纹理通直，结构不很细致，材质硬且重，易加工。干燥后少开裂，但会变形。纵切面材色一致，刨滑后有光泽。射线呈现花纹，唯材色并不鲜美。适于作栋桁、桶、门窗框、农具、家具及小件用材，较宜作室内用材，如在加工技术上使其宽射线呈现花纹，做家具更佳，但应于干燥技术上防止其开裂变形。

小花五桠果

Dillenia pentagyna Roxb.

五桠果科五桠果属

别名：牛耙、海南五桠果、坡枇耙、叉脉五桠果、小花第伦桃

树皮： 皮厚8~10毫米，灰褐色，为薄片状脱落，树干常有瘤状突出，内皮红褐色，脆，稍有腥甜味。树皮以硬化石细胞为主，为砂粒状，外缘明显有一层火焰状。

木材： 散孔材。暗红褐色，纵切面色较淡。心材比大花五桠果稍小，占直径50%~55%。生长轮明显，因轮末纤维层略现，年轮界较容易确定。髓心暗褐色，椭圆形，短径5毫米，长径7毫米，结实。管孔中等大小至大，肉眼可见，10倍镜下易计算。全为单管孔，管孔分散分布，常倾向于呈径向排列，年轮内部较外部多，年轮开始处较为密集，借以确定年轮界，但局部于年轮中也有类似年轮界的纤维层出现，与年轮界混淆。管孔中等多，每平方毫米7~9个，固体堆积物局部可见，充满整个管孔，有纯白、淡黄褐色粉末状的，也有蓝白色和玻璃状的，多分布于生长轮内部。弦切面上导管线肉眼可见，呈小沟状，10倍镜下见普遍具少量侵填体，反光，固体堆积物普遍。薄壁组织丰富，肉眼不见，10倍镜下可判别，几乎仅离管型。星散薄壁组织在射线内呈不规则的纤细短线，密布于年轮中，常与管孔接触而似环管薄壁组织的不完整的环；傍管型的薄壁组织偶见于一些较小的管孔。射线非叠生，单列射线较多，多列射线宽3~8细胞。射线宽，肉眼清楚可见，10倍镜下易计算。射线大小一致，常局部较宽或窄，常见有呈白色小点的内含物，射线间距不等，

少，每毫米3~4条，弦切面上肉眼可见，10倍镜下清楚，呈纺锤形，高度可达8毫米。此外，木材呈单宁反应，10倍镜下观察横切面，见射线很快变色，呈黑色的小点，很密，固定后呈蓝黑色，纵切面上同色。

木材利用： 木材纹理不定方向地弯曲，切面上射线方向不一，结构较粗。材质硬而稍重，加工稍难。各切面较难平滑，较易耗钝刀具，干燥后不开裂，亦不变形，能耐腐。材色一致，生长轮略现花纹，径切面射线略现花纹，但色沉暗而不鲜明。适于作柱木、枕木、矿柱、梁柱、桁桷等，由于纹理弯曲，加工较难，较适于作枋材使用。树皮含单宁8%~10%，树叶含单宁5%~9%，均可制作鞣料之用。

红鳞蒲桃

Syzygium hancei Merr.& L.M. Perry

桃金娘科蒲桃属

别名：赤兰、韩氏蒲桃、红车辕

树皮： 厚6~7毫米，淡灰褐色，平滑，内皮褐红色，呈现皱状，微起伏。

木材： 散孔材。心边材略现，界限不分明。心材大，占直径50%，紫棕色，边缘及髓心附近色较深，纵切面同色；边材棕红带紫，纵切面同色。生长轮明显，年

160

轮界不分明，局部有似年轮末的深色纤维层呈现，轮界常难确定。管孔小至中等大小，肉眼不见，10倍镜下可计算。复管孔占多数，以径向复管孔为主，由2~3或达5个管孔组成，有少数斜向；管孔团也常见，由3~4个管孔组成，单管孔普遍。管孔分散分布，常局部倾向于径向或斜向排列，分布均匀，年轮末稍少，局部显著，呈很窄的纤维层，借以确定年轮界。但年轮中局部有类似的纤维层，与年轮界混淆。管孔很多，每平方毫米19~21个，侵填体普遍呈反光点。弦切面上导管线肉眼隐约可见，呈细线，10倍镜下见普遍充满侵填体，乳白色且反光，普遍具少量淡黄褐色固体堆积物。薄壁组织丰富，肉眼不见，10倍镜下可判别，傍管型为主。多数管孔具有环管薄壁组织，一般比管孔窄，有些呈不完整的环包围管孔；局部有短翼状薄壁组织；离管型薄壁组织带常与傍管型相连，与翼状、聚翼薄壁组织带难区分，有时分布于局部年轮界上；星散薄壁组织呈小点。射线非叠生，单列射线少，多列射线宽2~3细胞，同一射线内出现2次多列部分。射线极窄，肉眼不见，10倍镜下较难计算。射线大小不一，间距不等，每毫米13~16条。弦切面上，在10倍镜下也不清楚，不呈纺锤形。此外，木材呈单宁反应，局部反应快，10倍镜下观察，见薄壁组织先变蓝色，固定后呈蓝黑色。纵切面上固体堆积物和薄壁组织先变色。

木材利用： 木材纹理局部交错，结构极细致且均匀。材质较硬，很重，加工不难。各切面较平滑，干燥后不开裂，亦不变形，很耐腐。材色一致，且具光泽，颇美观，为一种耐腐的工业用材。适于作造船，桥梁，水工桩木、枕木等用。也可用作梁柱、门窗框、地板、机械器具，农具、家具以致雕刻及其他细木工和小件用材。树皮含单宁33.4%，可以提制栲胶。

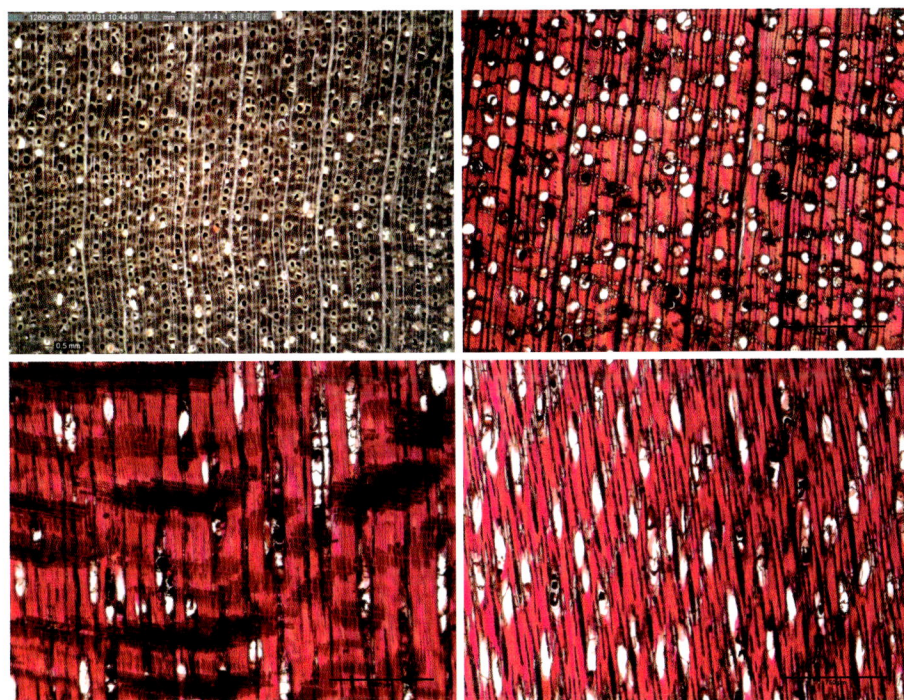

多花五月茶

Antidesma maclurei Merr.　大戟科五月茶属

\四类材/
14

别名：五月茶、污秽树、红柳

树皮： 皮面浅灰褐，平滑或浅纵裂，纸质脱落，内皮红色，树深红褐。

木材： 散孔材。木材紫红褐，心边材区别不明显。木材有光泽，无特殊气味和滋味，生长轮不明显。管孔通常略小，10倍镜下可见、大小一致、分布均匀，径列复管孔由2~4个或多至6个组成，具少量侵填体和树胶。薄壁组织极少（未见）。射线非叠生，具单列和多列射线，多列射线宽2~5细胞。木射线略密至密，甚细至中，肉眼下难见。射线约与管孔大小一致，径切面上射线斑纹明显。

木材利用： 木材纹理直或斜各切面色泽均匀，木材重且硬。可供房建用材及农具、雕刻、纸浆材。

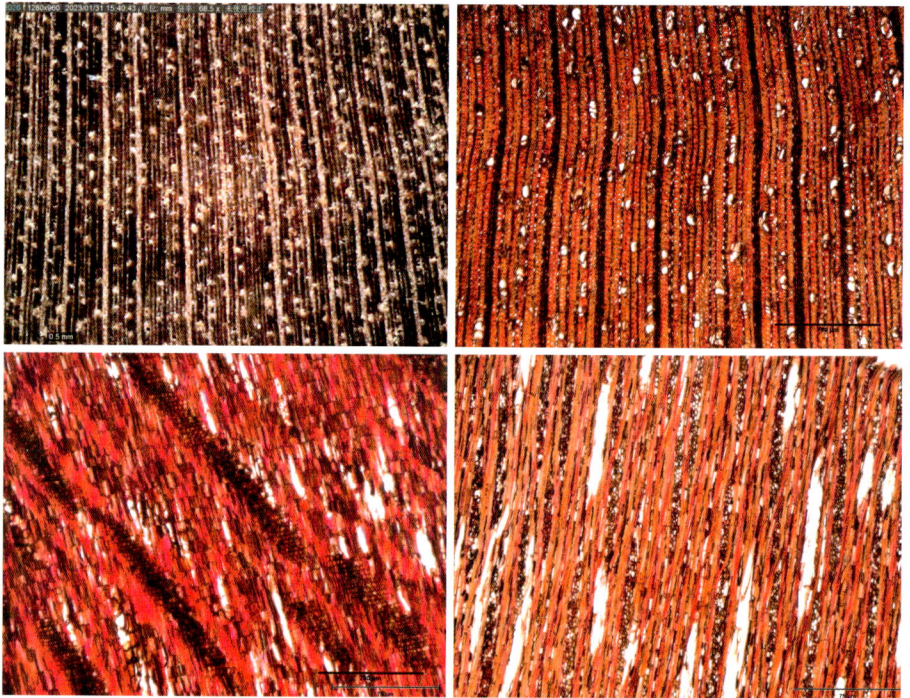

禾串树

Bridelia balansae Tutcher

大戟科土蜜树属

别名: 大叶土蜜树、鸡眼木,鸡谷夜、假石梓、猪哥牙,
串羊树,大叶逼迫子

树皮: 厚3~4毫米, 灰黄褐色, 小薄片脱落, 近平滑, 偶见猪牙状凸起枝刺,内皮血红色, 略有腥味, 可剥成长条。

木材: 散孔材。心边材略显著, 界限不明。心材大, 约占直径80%, 黄棕色,纵切面黄棕带青黄; 边材淡棕带黄, 纵切面色较淡。生长轮明显, 因常有似轮末的较深色的纤维层呈现, 年轮界常难以确定。管孔中等大小, 肉眼隐约可见, 10倍镜下易计算。单管孔占多数, 复管孔普遍, 以径向复管孔为主, 由2~3个或达5个管孔组成, 有少数斜向。管孔团局部也常见, 由3~5个管孔组成。管孔分布分散, 局部轮末显著的较少, 呈现纤维层, 可借以确定年轮界, 但局部在年轮中也有一层类似的纤维层, 易与年轮界混淆。管孔多, 每平方毫米11~12个侵填体局部普遍, 且显著, 反光强, 弦切面上普遍具少量固体堆积物, 褐色。薄壁组织丰富, 肉眼不见, 10倍镜可见傍管型。大多数管孔具有环管薄壁组织, 一般比管孔窄, 离管型的星散薄壁组织呈小点, 分布射线旁和环管薄壁组织旁, 不显著。射线非叠生, 具单列和多列射线, 多列射线宽2~5细胞, 同一射线出现2~3次多列部分。射线窄至极窄。肉眼不见, 10倍镜下可计算, 以较窄的射线占多数。射线间距不等, 多, 每毫米8~9条, 弦切面上肉眼隐约可见, 10倍镜下清楚, 呈纺锤形, 横切面上10倍镜下

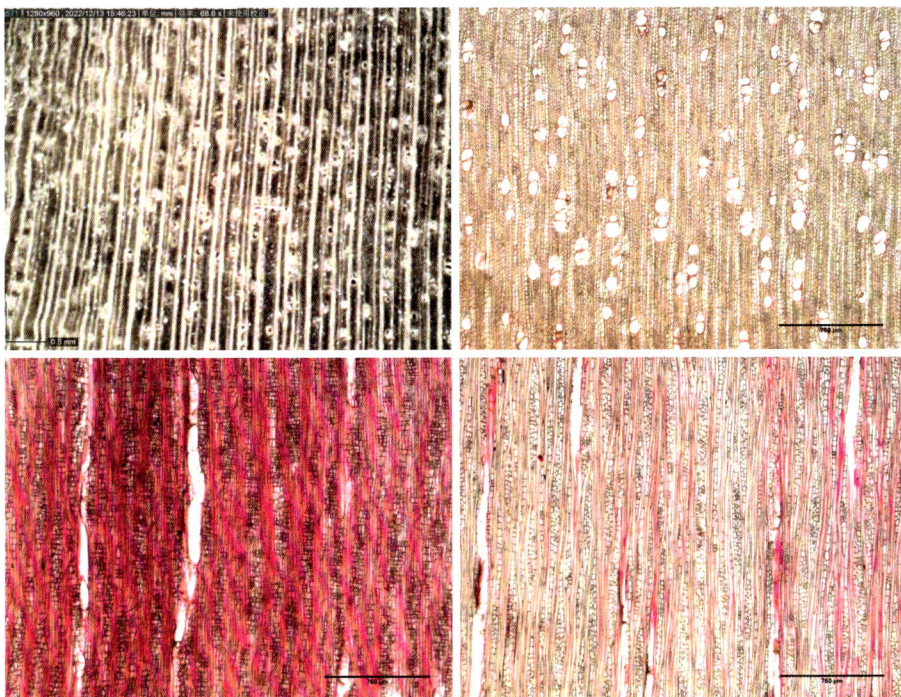

射线上有淡色且亮的小点，局部密而显著，是部分射线细胞含晶体。此外，木材呈单宁反应，反应快，10倍镜下观察，见一些管孔和射线先变色，固定后呈深黑色，纵切面上较易观察，见固体堆积物和射线先变色，切面上滴上水滴，很快溶出黄色物质，这种溶液呈显著的单宁反应。

木材利用： 木材纹理略通直、结构细致、木质稍硬、加工容易。干燥后不开裂，亦不变形，耐腐。纵切面平滑且具光泽，但材色不分明，湿水后又较易脱色。适于作梁、柱、门窗、车辆、农具、家具、器具及其他较轻用材。

白背算盘子

Glochidion wrightii Benth. 大戟科算盘子属

别名：柿子椒、算盘珠、野南瓜

\ 四类材 /
16

树皮： 皮面灰白或灰褐色，木栓发达，纸质或层状脱落外皮更像夹心饼干，内皮红，皮纤维痒人。

木材： 散孔材。材色红褐或紫红褐。心边材区别不明显。光泽弱，无特殊气味，微有咸味。生长轮明显，宽度均匀，在生长轮外部，部分管孔略小、略少，肉眼下略见。管孔多，每平方毫米25~30个，较小，最大直径83μm以上，多数5~60μm，

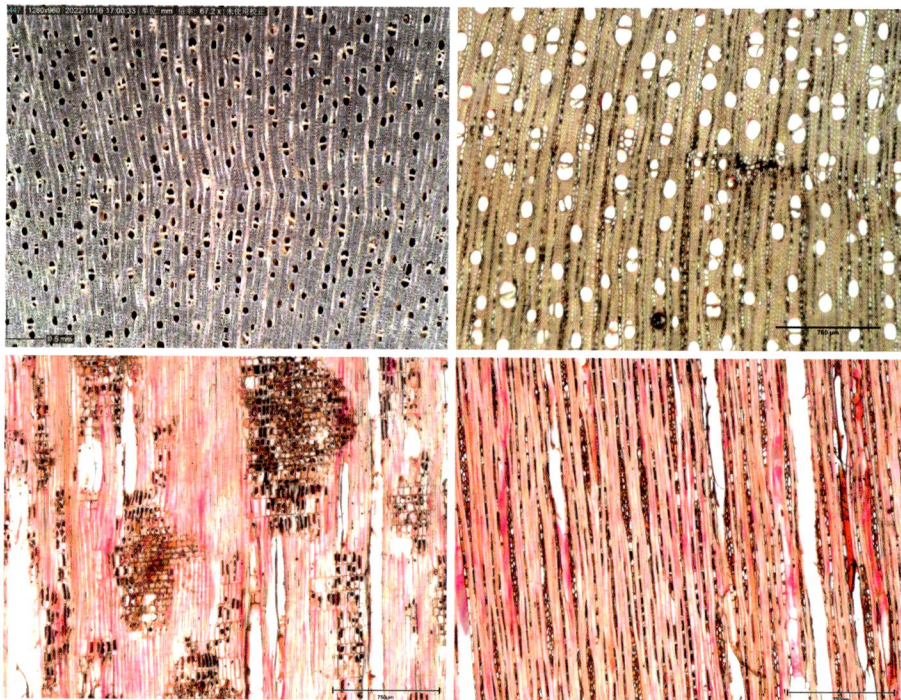

轴向薄壁组织未见。射线非叠生，具单列和多列射线，多列射线宽2~4细胞，同一射线内间或出现2~3次多列部分。木射线中至多，极细至中，在放大镜下明显比管孔小，径切面上有射线斑纹。

木材利用： 纹理斜或直，结构细至甚细，重量及硬度中等，干缩中至大，天然耐腐性中等。木材作当地建房、农具、雕刻等原料。

注： 算盘子、大叶算盘子、榉叶算盘子与本种木材结构相似。

脉叶虎皮楠

Daphniphyllum paxianum K. Rosenth.

虎皮楠科虎皮楠属

\ 四类材 /
17

别名：海南虎皮楠、水红朴、枸色子、枸血子、豆腐头、山黄树、交让木

树皮： 厚仅2毫米，灰黄绿色至灰赭色或灰紫，平滑，内皮暗褐色，久后变灰黄，略有酸味，石细胞长条状。

木材： 散孔材。材身浅黄，断面暗棕带紫色，纵切面为暗淡的棕色微带紫红。生长轮明显，因常有似轮末的较深色纤维层呈现，年轮界有时难以确定。髓心为很淡的棕色，圆形，直径约3毫米，松软。管孔很小，肉眼不见，10倍镜下难计算，

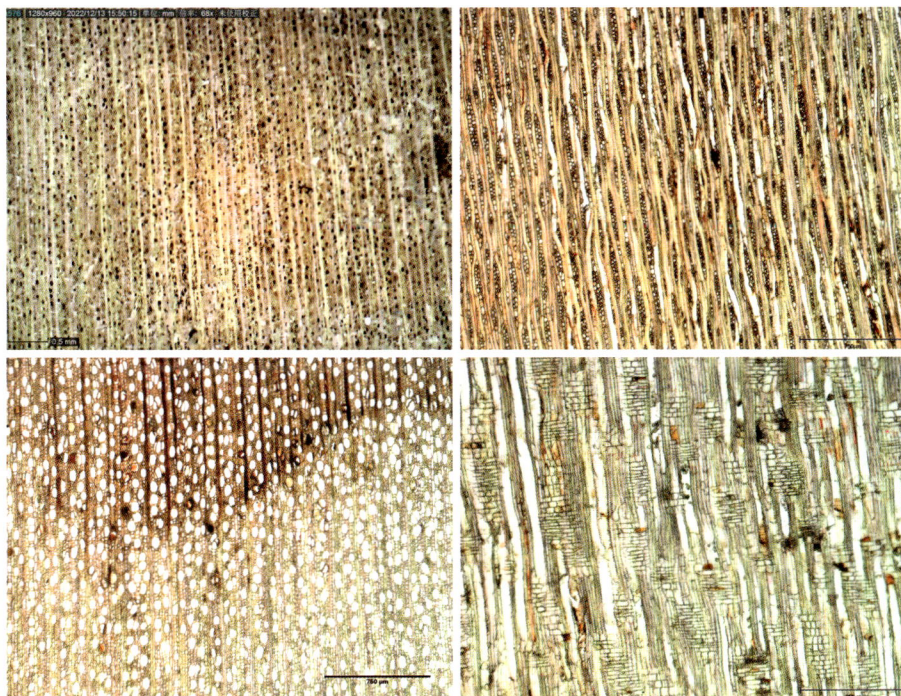

全为单管孔，多数略起棱。管孔分散分布，均匀、轮末较少，而略现纤维层，可借此确定年轮界，但局部在年轮中也有1~2层，类似的层次易与轮界混淆。管孔极多，每平方毫米80~90个，弦切面上管孔肉眼不见，10倍镜下也不清楚，呈极纤细线。普遍具侵填体，反光强。薄壁组织丰富，肉眼不见，10倍镜下可判别，离管型为主。星散薄壁组织呈极短的纤维细线和小点，分布于射线两侧和纤维间，多与管孔接触，有时局部弦向连接成近似较长的细线；傍管型的薄壁组织，仅少数管孔具有，常仅呈很窄的环或不完整的环包围管孔。射线非叠生，单列射线少、多列射线宽2~3细胞，同一射线出现2次多列部分。射线极窄，肉眼隐约可见，10倍镜下可计算。射线大小不一致，间距不等，每毫米12~14条，弦切面上10倍镜下才看得清楚，不呈纺锤形。

木材利用： 木材纹理通直、结构细致、材质稍软且轻、易加工。干燥后少开裂，但会变形。材色一致，但不鲜明，纵切面平滑且有光泽，旋切性能良好。可以作纺织木梭和小件旋刨用材。一般可作桁桷、门窗、家具、箱板等用材。应注意干燥，在加工上注意变形的缺点。

籽仁含油分较多，可供榨油，用于燃灯。

多香木　*Polyosma cambodiana* Gagnep.　鼠刺科多香木属

别名：绿楠公、金烛、甘笋、山甘蔗

四类材 18

树皮： 厚7~10毫米，皮面浅灰纵凹沟，内皮浅黄色（不久变成金黄色）灯纱纹，具沙示气水气，锯齿状花纹（或不显），材身波纹起伏。

木材： 散孔材。暗灰棕色，纵切面淡灰棕色带黄。生长轮明显略现较大的不规则的波浪形，年轮界不分明，又因常有似轮末的深色纤维层呈现，年轮界很难确定。管孔小，肉眼不见，10倍镜下可计算，除很少数外，管孔略起棱。单管孔占多数，复管孔普遍以径向复管孔为主，由2~3个或达4个管孔组成；管孔团仅偶见，由3~4个管孔组成。管孔分子末端重叠所呈的弦向孔对颇常见，常会误认为复管孔。管孔径向排列、分布均匀，无助以确定年轮界。管孔很多，每平方毫米21~22个，侵填体未发现。弦切面上导管线肉眼可见，呈纤细线，10倍镜下见普遍局部充满侵填体，乳白色且反光强。薄壁组织丰富，肉眼不见，10倍镜下可见薄壁组织呈断续离管带状；星散－聚合及星散状薄壁组织，呈极短的纤细弦向线和小点，常与管孔接触分布射线间和两侧，均匀密布于生长轮中，每毫米11行，与射线构成网状，年轮末和年轮局部位置稀疏，且略现纤维层，仅局部轮末纤维层较显著，可借以确定轮界。射线非叠生，一个年轮内常有1~2层，纤维层略现。射线为明显的窄和极窄两种大小，单列射线多，多列射线少，宽2~3细胞，同一射线内间或出现2次多列部分。窄射线与管孔等宽，间距不等，肉眼隐约现。极窄射线10倍镜下易计算，大

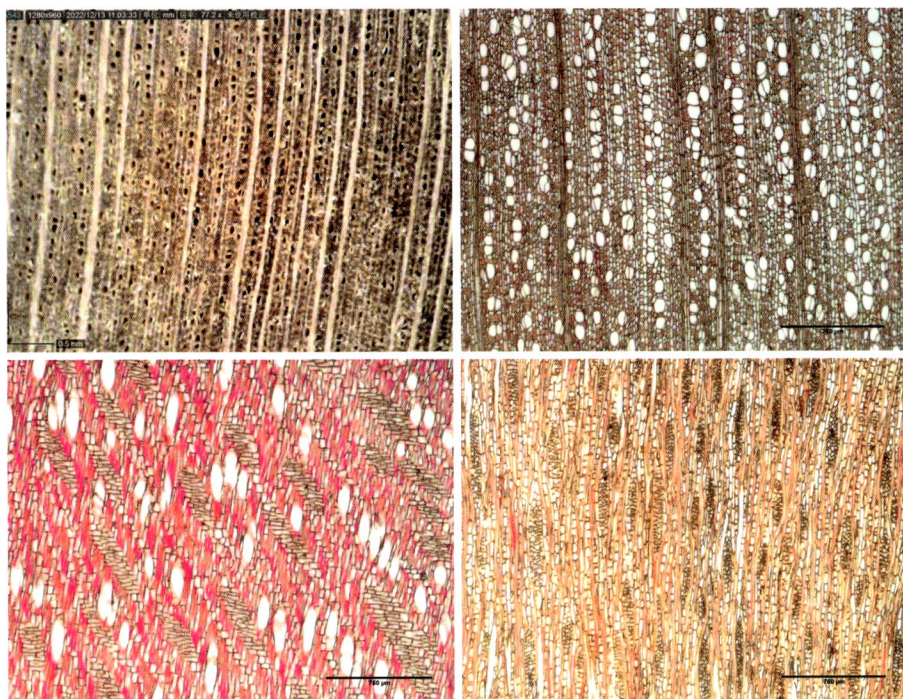

小一致、间距相等，窄射线间的极窄射线可达1~13条，以6~10条者较多。射线很多，每毫米13~14条，其中窄射线2~3条。弦切面上射线肉眼隐约可见，10倍镜下清楚，呈纺锤形，高达1毫米，极窄射线在10倍镜下也辨不出来。

木材利用： 木材纹理通直，结构很细致。材质稍硬和稍重，加工容易，旋切性能好。干燥后稍开裂，亦稍有变形。纵切面平滑且有光泽，唯材色不很鲜明，适于作建筑上一般柱、桁桷、门窗和家具材料，亦可作旋刨用材。

大花五桠果

Dillenia turbinata Finet & Gagnep.
五桠果科五桠果属
别名：山牛彭、岭牛耙、大叶第伦桃、山枇杷、野枇杷、小脉五桠果

树皮： 厚6~8毫米，淡灰褐色或灰白色，平滑，内皮暗褐色，脆，无味。

木材： 散孔材。心边材略见，界限不分明。心材大，约占直径60%，暗红棕褐带紫色，纵切面色较淡而鲜明。生长轮在心材部分较明显，因常有似年轮界的深色层次呈现，年轮界常难确定。髓心棕色，圆形，直径约8毫米，结实。管孔中等大

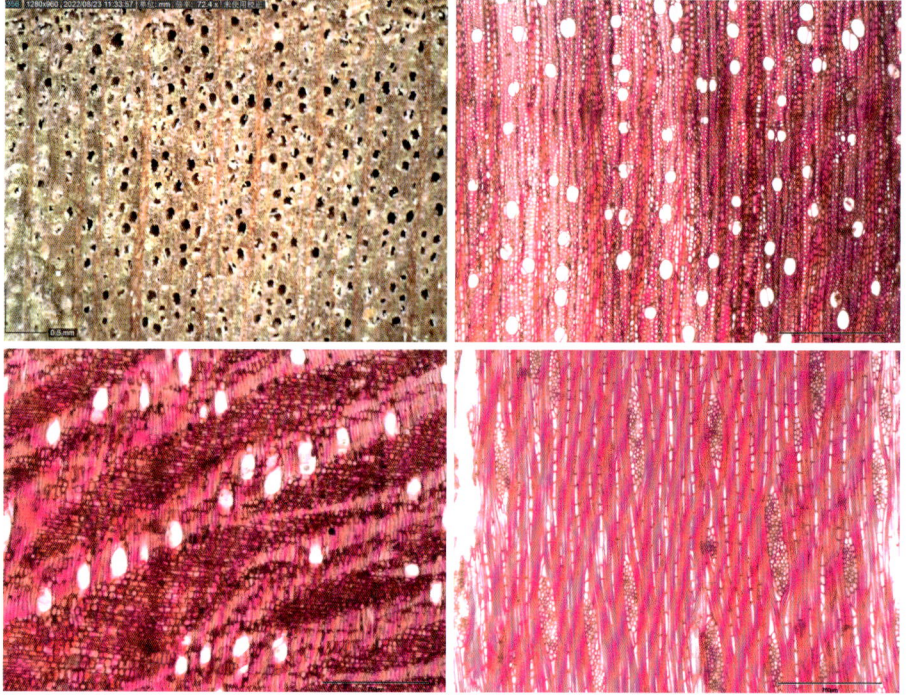

小至大，肉眼隐约可见，10倍镜下易计算。全为单管孔，管孔分子末端重叠，所成的弦向孔对颇常见。管孔分散分布，常倾向于径向排列，局部显著，年轮内部显著地比外部多，轮末略现纤维层，易与年轮界混淆。管孔多，每平方毫米11~13个，侵填体偶见，呈极小的反光点，固态堆积物普遍，有些呈白色、不规则的分布。弦切面上导管线肉眼可见，呈细小沟，10倍镜下偶见少量侵填体，反光，普遍具少量固体堆积物，淡褐色或黄褐色也有白色，不反光。薄壁组织很不丰富，肉眼不见。10倍镜下也难判别，离管型为主。星散薄壁组织呈短的纤细弦向线，不规则地分布于射线内，常与管孔接触而成似环管薄壁组织不完整的环，傍管薄壁组织仅少数管孔具有，多或很窄的或不完整的环。射线具有宽的和极窄的两种，肉眼可见宽射线。射线非叠生，10倍镜下可计算，极窄射线仅可辨别，射线间距不等宽，射线间的极窄射线可有2~8条不等。射线很多，每毫米8~12条，其中宽射线2~3条，弦切面上射线颜色不突出，肉眼隐约可见，10倍镜下较清楚，呈纺锤形，高度可达6毫米。此外木材呈单宁反应，反应缓慢。10倍镜下部分射线先变黑，固定后呈黑色，纵切面变色不深。

木材利用：木材纹理通直，结构粗糙，材质稍软且重，加工不难。各切面不够平滑，且较易耗钝刀具，干燥后稍开裂。并稍有变形，能耐腐，纵切面上生长轮略现花纹，径切面上射线呈现花纹，略具光泽但颜色不鲜明。适用于作柱、矿柱、梁柱、门窗及一般建筑及农具用材、家具用材等。较宜作方材用。

臀形果

Pygeum topengii Merr.

蔷薇科 臀果木属

别名：山桃仁、鹿角紫、乌骨、木虱罗、木虱槁、肾果木

树皮： 厚3~4毫米，灰褐色且有灰绿色斑印，内皮平滑，深褐色，有芳香杏仁气味。皮韧，能剥成条，边缘锯齿状，细砂纹。

木材： 散孔材。心边材略现，界限不明。心材大，约占直径60%，橙红色，纵切面棕红色。生长轮不明显，年轮界不分明，除局部范围外，年轮界难以确定。管孔中等大小至小，肉眼隐约可见，10倍镜下易计算。单管孔占多数，复管孔普遍，局部占多数。以径向复管孔为主，由2~5个管孔组成，管孔团偶见由3或达5个管孔组成。管孔分散分布，年轮外部呈斜向排列或倾向于此，分布均匀，轮末常显著地少，呈纤维层，借以确定年轮界。管孔少，每平方米3~4个，侵填体偶见，呈极小反光点，固体堆积物普遍呈褐色。弦切面上导管线肉眼可见，呈小沟，10倍镜下偶见少量侵填体，反光强或弱，普遍具淡褐色或黄白色固体堆积物。薄壁组织丰富，肉眼可见，10倍镜下易判别，傍管型为主。全部管孔具有环管薄壁组织，有些呈短翼状，宽度比管孔大，离管型薄壁组织呈弦向细线状，长短不一，不规则地分布于一些年轮中或轮界上；星散薄壁组织呈小点，分布于纤维间，局部较显著。木射线非叠生，单列射线多，多列射线少，宽2~6细胞。射线极窄，肉眼隐约可见，10倍镜下易计算。射线大小一致，间距不等，多，每毫米9~10条，弦切面上肉眼隐约可

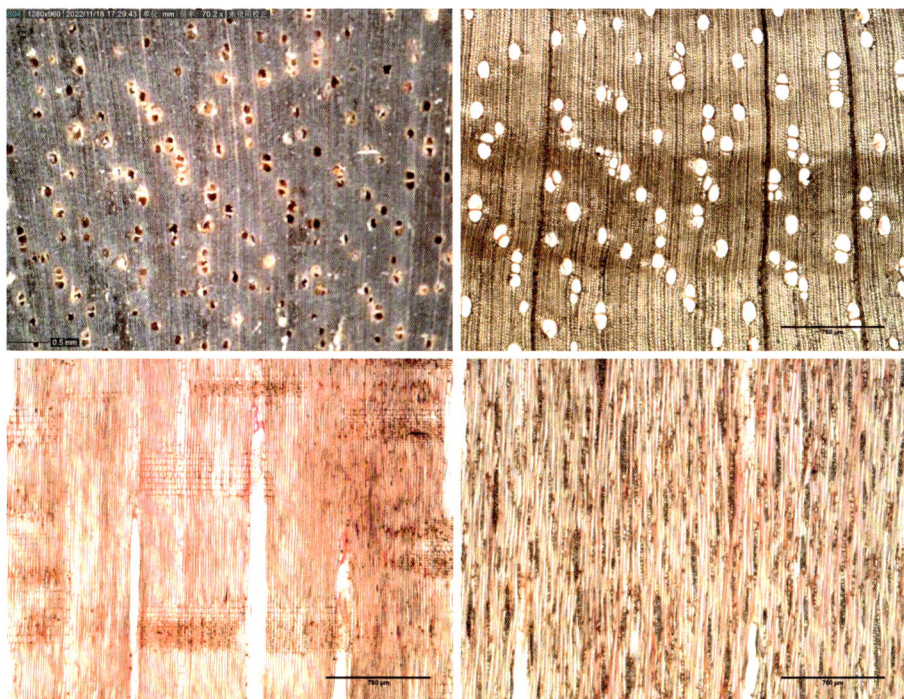

见，10倍镜下清楚，不呈纺锤形，常局部倾向于层状构造。此外，心材呈单宁反应，反应缓慢，10倍镜下观察不出变化过程，固定后呈黑色，纵切面较淡。

木材利用：木材纹理通直、结构细致、材质硬且重、加工容易。干燥后稍开裂，亦稍有变形，边材不耐腐，易被虫蛀，但心材则能耐腐。切面平滑且有光亮的色泽，材色鲜明、美致，但为小径材，心材不大。心材可作上等家具、枪托及其他美工等用材。

猴耳环	*Archidendron clypearia* (Jack) I.C.Nielsen	
	含羞草科猴耳环属	\四类材\ **21**
	别名：围诞树、鸡心树	

树皮：深灰褐至暗褐色，平滑，有环纹及斜纹（有时似藤缠状），内皮红色，具油色黏液，湿水后生皮酸菜气。

木材：散孔材至半环孔材。心边材区别明显，边材黄褐色，心材红褐色。木材有光泽，无特殊气味和滋味。生长轮明显，轮间呈深色带，宽度均匀至略均匀，每厘米1~2轮。单管孔及径列复管孔，短径列由2~4个管孔组成；偶见管孔团，散生

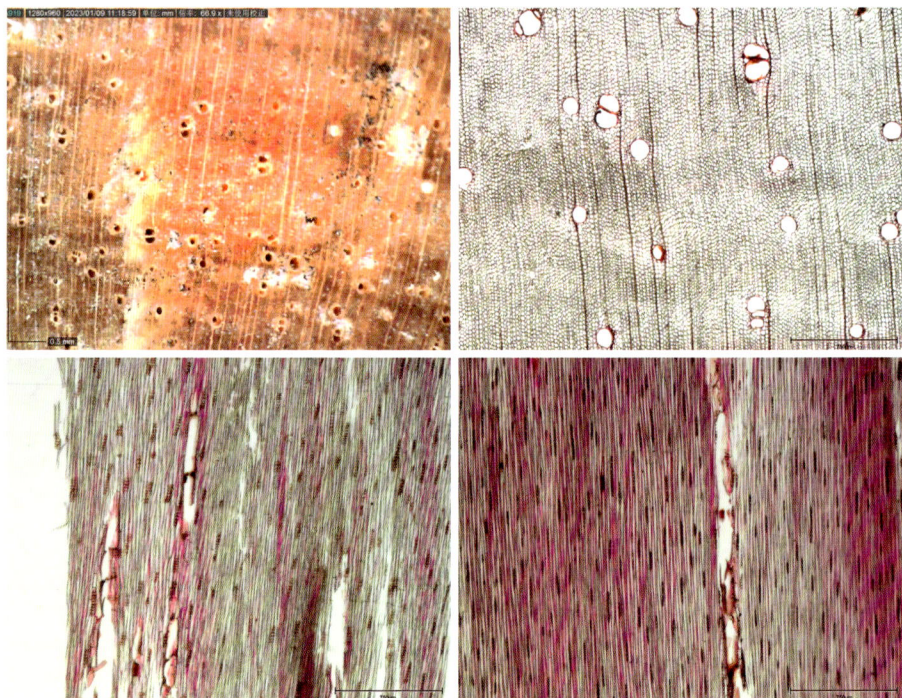

或斜列。管孔少，中等大至略大，肉眼下可见至明显。大小不一致，分布不均匀，生长轮外部逐渐减小和减少，含树胶。轴向薄壁组织，肉眼下可见，环管束状。木射线局部呈整齐斜列，单列射线多，多列射线极少，宽2细胞。木射线稀至中，极细至略细，10倍镜下可见，弦切面上可见射线斑纹。

木材利用：木材纹理直，结构细至中，略均匀。甚轻，软，干缩小。干燥容易，无翘曲现象产生。天然耐腐性中等，天牛危害严重。加工容易、切面光滑，可作旋切板、一般家具、室内装修、包装箱盒，更合适制作造纸纸浆。

楂树 *Albizia chinensis* (Osbeck) Merr. 含羞草科合欢属

别名：水相思、山施、母引、牛尾树、华楹

四类材 **22**

树皮：厚约7毫米，皮灰、粗糙（皮孔圆形），且有横皱纹，表层下绿色、内皮粉红，具细粒状，最内层麻韧。

木材：散孔材。心边材界限颇分明，心材小，约占直径40%，暗红棕色，纵切

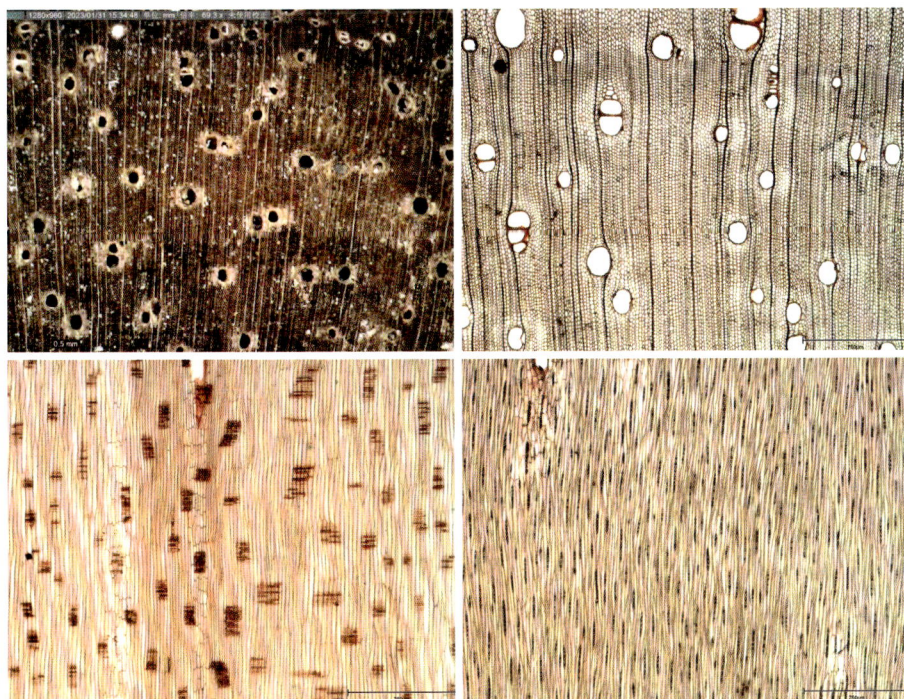

面色较淡，且鲜；边材暗淡灰色，纵切面淡灰白色且带微红。生长轮略明显，年轮界局部分明。髓心红棕色，圆形，直径约1毫米，松软。管孔大，肉眼可见，10倍镜下易计算，单管孔占多数。复管孔普遍，以径向复管孔为主，由2~3个或达6个管孔组成，偶见斜向。管孔团仅偶见，由3~5个管孔组成。管孔分散分布，局部倾向于成斜向排列，年轮外部较少和较小，借以确定年轮界。管孔少，每平方毫米2个，侵填体未发现，固体堆积物偶见，黄白色。弦向面上导管线，肉眼清晰可见，呈小沟，10倍镜下见，普遍具有少量固体堆积物局部显著黄白色。薄壁组织丰富，肉眼可见，10倍镜下易判别，傍管型为主，全部管孔具有，多数具短翼状薄壁组织，或倾向于此，余为环管薄壁组织。离管型的薄壁组织约与射线等宽，常局部断续。木射线非叠生，单列射线多，多列射线甚少，宽2细胞，射线极窄，肉眼隐约可见，10倍镜下可计算。射线大小一致，间距相等，多，每毫米7~9条，弦切面上肉眼可见，呈微点，10倍镜下清楚，不呈纺锤形，倾向于成层状构造。此外，木材呈单宁反应，反应缓慢，10倍镜下观察不出变化过程，固定后呈灰黑色，纵切面上较淡。

林木利用： 木材纹理通直，结构细致，很轻。加工容易、切面光滑，干燥后不开裂，亦少变形，边材不耐腐，易受虫蛀和变色菌侵蚀。心材较好，但也很不耐腐，纵切面具光泽，材色鲜淡，可普遍用于家具、农具、箱、板用材。心材、边材宜分别利用。因其木纤维较长，更适合用于造纸。

酸豆	*Tamarindus indica* L.	苏木科酸豆属	四类材 **23**
	别名：酸梅、酸梅树、酸胶、罗望子、酸角		

树皮： 厚2~4毫米，嫩树皮为灰黄色，老时为黄褐色，深纵裂，粗糙，内皮土黄色，皮韧，具腥味。

木材： 散孔材。淡黄色，纵切面黄白色。生长轮略明显，因轮末具有深色的纤维层呈现，年轮界分明。管孔小，肉眼不见，10倍镜下可以计算。单管孔占多数，复管孔普遍，以径向复管孔为主，由2~3个或达4个管孔组成；管孔团偶见，由3个管孔组成。管孔分散分布，局部倾向于斜向或弦向排列，分布颇均匀，轮末的管孔常显著小，常于年轮开始处无管孔带的纤维层。管孔少，每平方毫米4~5个，侵填体偶见，呈小反光点，固体堆积物普遍。弦切面上导管线肉眼可见，呈细线，10倍镜卜偶见少量侵填体、反光强，普遍具固体堆积物，呈黄色和黄白色。薄壁组织丰富，肉眼清楚可见，10倍镜下易判别，傍管型为主，全部管孔具有翼状薄壁组织，呈金刚石形，有些呈聚翼薄壁组织，宽度比管孔大，离管型的薄壁组织稍比射线宽，呈细线，分布于多数年轮的轮界上，有时断续，常与较小的管孔及其傍管薄壁组织相连；星散薄壁组织呈小点，不规则地分布于年轮中，局部较显著。木射线

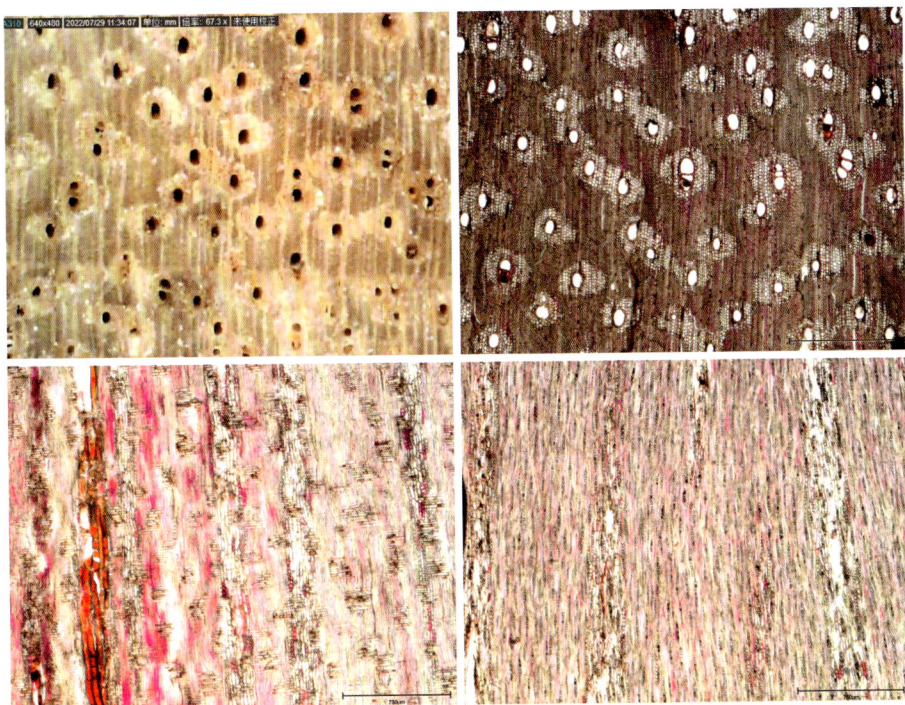

局部呈整齐斜列，单列射线多，多列射线极少，宽2~3细胞。射线极窄，肉眼不见，10倍镜下易计算。射线大小一致，间距亦相等，多，每毫米7~8条，弦切面上肉眼隐约可见，10倍镜下也不清楚，呈不规则的层状结构，每毫米3~5层。

木材利用： 木材纹理局部交错、结构细致、材质硬且极重、加工容易。干燥后稍开裂，且会变形，不很耐腐，较易受变色菌侵害。材色淡、纵切面平滑，略具光泽。适合制作梁、柱、桁桷、门、窗、车辆、农具。当地一般多用于建筑，滑车、家具、蒸米器、油与糖的压榨器，轱辘、木槌、可用制火药用的木炭。是重、硬材之一（尖峰岭野生木料比重大于1）。

海南鹅耳枥

Carpinus londoniana var. *lanceolata* (Hand.-Mazz.)P.C.Li

桦木科鹅耳枥属

别名：披针叶鹅耳枥、亮叶鹅耳枥

24 \四类材/

树皮： 灰白色、嫩树、平滑，老树有细纹裂且有灰绿斑，表层下面红褐色，内皮浅红，树干材身不圆，材身大波状起伏，有粗密而平直的槽纹，平底。

木材： 散孔材。木材黄褐色至浅灰褐色，心边材区别不明显，有光泽，无特殊

173

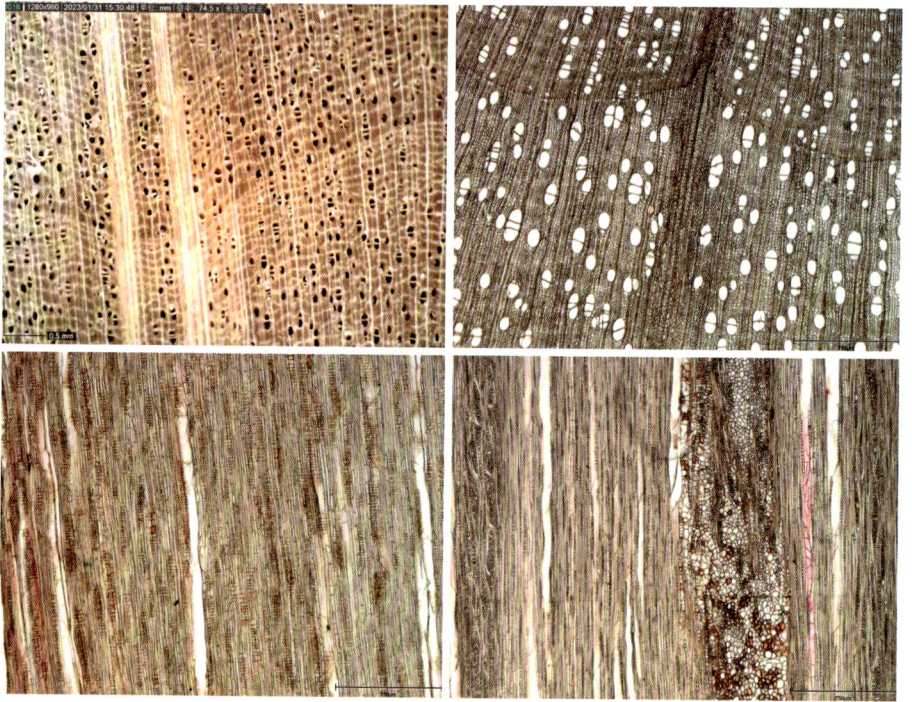

气味和滋味。生长轮明显，具聚合射线，遇聚合射线向内弯曲，在轮间呈波浪形细线。管孔甚小至略小，在10倍镜下可见，大小略一致。管孔分布不均匀，短径列管孔，侵填体未见。轴向薄壁组织在放大镜下可见，干切面上可见，湿切面上明显在木射线间排列呈短细弦线。木射线非叠生，木射线略密至密，分宽、窄两类。窄射线极细至略细，在10倍镜下可见，肉眼下径切面上，射线斑纹可见；宽射线（聚合射线）普遍可见，在横切面上肉眼下明显，被许多窄木射线分隔，弦切面上呈黑色纵线，长1~2厘米以上，弦切面上有宽射线斑纹。

木材利用： 木材干燥时稍有开裂，边材变色严重，切削不难。切面光滑，漆后板面光亮，适于制作农具及家具、镶嵌、雕刻、车工，也可作房建及胶合板材。

印度锥

Castanopsis indica (Roxb. ex Lindl.) A. DC.
壳斗科锥属

别名：丝丝粟、坡椎、黄榍、裂斗锥

树皮： 厚5~7毫米，暗灰色至暗灰褐色，略有浅裂纹，近平滑，以韧皮纤维为主能剥成块。

木材： 半环孔材。暗黄棕色，纵切面较浅。生长轮明显，在引伸自髓心的五个方向的宽射线间呈弓形，构成近梅花形，年轮界局部分明。髓心浅褐色，近星形，宽3毫米，结实。管孔大至中等大小，肉眼可见，10倍镜下易计算，全为单管孔，管孔略呈火焰状排列，年轮内部密集，至外部逐渐呈弯曲的径向或斜向排列，局部显著的斜向或近分枝状排列，年轮外部呈显著的少，局部相反。管孔少，每平方毫米3~4个，侵填体偶见，呈小反光点。弦切面上导管线肉眼可见，呈小沟，10倍镜下偶见侵填体，略反光。薄壁组织丰富，肉眼隐约可见，10倍镜下可判别仅离管型。星散薄壁组织呈纤细的短线或小点，密集，局部作带状，每毫米可达6行。轮末较疏且略现窄的纤维层，也有分布于管孔周围，薄壁组织色较浅且亮。木射线非叠生，单列射线多，多列射线偶见，宽2细胞。射线极窄，肉眼不见，10倍镜下可计算。射线大小一致，间距相等，很多，每毫米11~13条，由几条极窄的射线组合而成的宽射线，自髓心5个方向各引伸出来2条，沿半径方向长度可达到9厘米，肉眼可见。

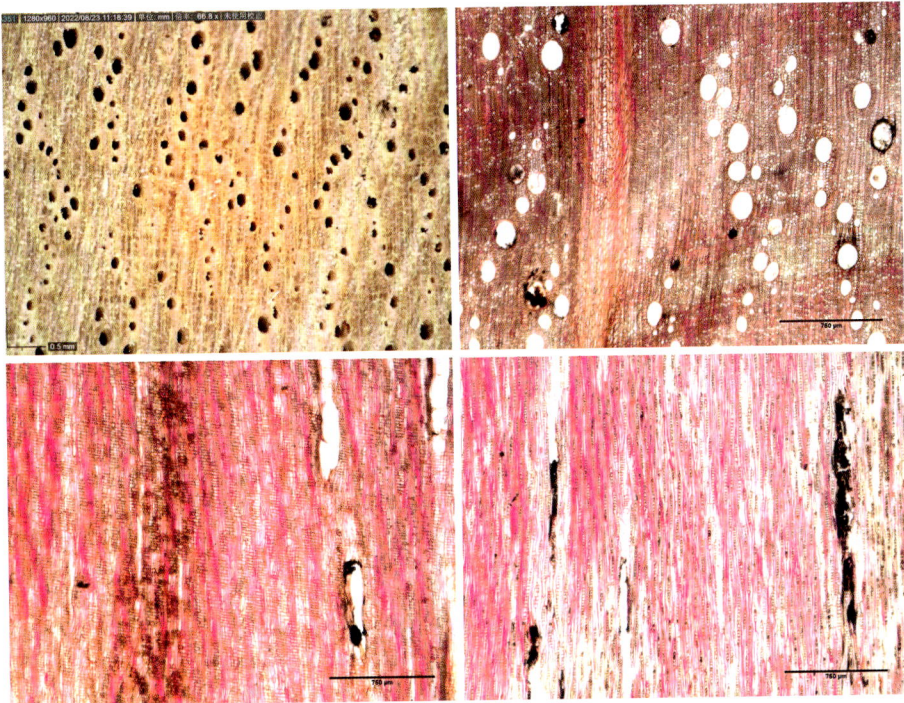

弦切面上在10倍镜下隐约可见。射线环管管胞显著，10倍镜下较易判别，包围多数管孔，似环管薄壁组织，但色稍暗，常有发亮小点的薄壁组织，分布于附近和当中。木材呈单宁反应，反应较慢，10倍镜下观察见部分薄壁组织和射线先变色，固定后呈蓝色，纵切面上色较浅。

木材利用：木材纹理略通直，结构细致，材质硬且稍重，加工容易。干燥后稍开裂，不很耐腐。切面平滑且有光泽，材色略鲜明且浅淡，生长轮现花纹。适于作门窗、家具、车辆、农具等用材。

种子含淀粉可熟食，亦可酿酒。

犁耙柯

Lithocarpus silvicolarum Chun

壳斗科柯属

别名：白椆、大叶椆、姜磨椆、犁耙石栎

\四类材/
26

树皮：厚约5毫米，灰黑色且粗糙，内皮暗褐色，略有甜味，有小皮孔。

木材：散孔材。灰棕带紫色，纵切面浅灰棕色带红。生长轮不明显，年轮界不分明，很难确定，仅从管孔分布，局部大致可以确定。髓心紫棕色，近星形，约1毫米，结实。管孔大，肉眼可见，10倍镜下容易计算，全为单管孔。管孔呈分支排

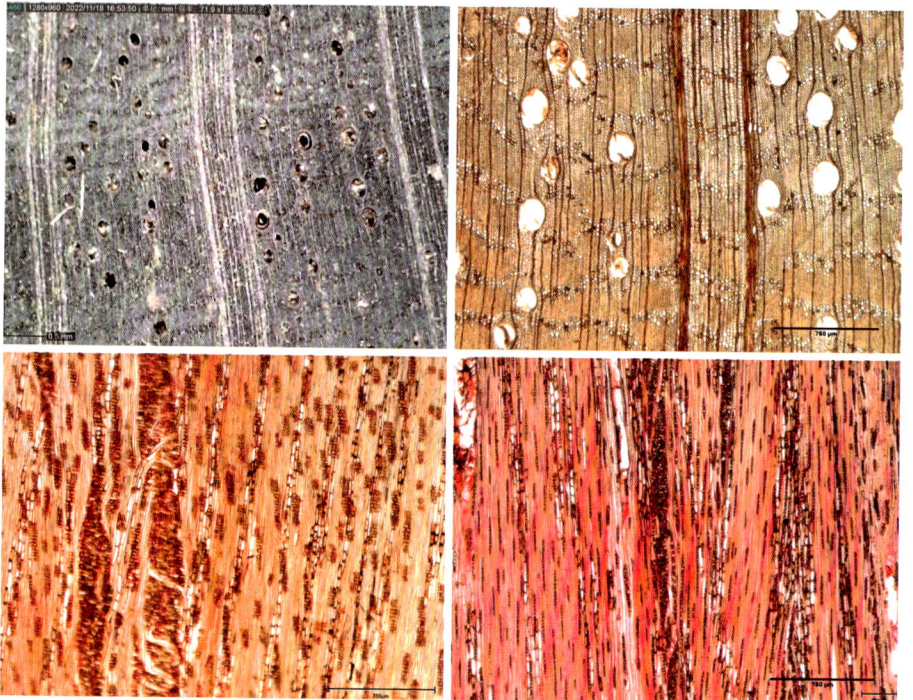

列、常聚集成径向或稍弯曲的行列，年轮内部常较多，局部稍密集成群，可借以确定年轮界。管孔不多，每平方毫米2个，侵填体未发现，固体堆积物多，局部普遍。弦切面上导管线肉眼可见，呈小沟，10倍镜下可见，局部普遍固体堆积物紫棕色。薄壁组织丰富，肉眼可见，10倍镜下易判别，仅离管型。星散薄壁组织呈极纤细的短线和小点，分布射线间和两侧，聚集作带状，比极窄的射线稍宽，颇均匀地分布于年轮中，每毫米有带6行。在宽射线间呈向外凸出的弧形，常与管孔接触，有时颇多地分布于管孔周围的局部位置上，薄壁组织较淡且亮。木射线非叠生，射线宽和极窄两种。宽射线肉眼显著可见，大小不一致、间距不等。自髓心附近及头几轮向外增宽，可达0.5毫米。局部可见由极窄的射线集合而成，也有些再集合而成更大的宽度。极窄射线10倍镜下清楚，大小近一致、间距不等。宽射线的极窄射线为10~22条。射线很多，每毫米9~11条。弦切面上宽射线肉眼清楚，呈窄纺锤形，高度达17毫米；极窄射线10倍镜下清楚。环管管胞不显著，10倍镜下可判别，仅少数管孔具有，分布于管孔周围，似环管薄壁组织，但色较暗，有星散薄壁组织，分布于附近及当中。木材呈单宁反应，反应极缓慢，10倍镜下观察，见管孔周围的薄壁组织先变色，固定后呈较淡的灰黑色，纵切面上色较淡，以径向切面较易观察。

木材利用： 木材纹理颇通直，结构细致、材质稍软、加工容易。干燥后有时易于宽射线处开裂，并稍有变形。材质稍软稍重。纵切面颇具光泽，材色一致，在加工时可使纵切面接近于径向切面，使宽射线呈现花纹。适于制作木梁、柱、桁椽、门窗柜、天花板、上等家具、车辆、农具、器具和运动器械等。也可用于木船的舵板、橹、杆轴、棒和各种板料。

麻栎

Quercus acutissima Carruth.　　　　壳斗科栎属

别名：万树、万木、石母、橡椀树、橡树（江浙一带）

树皮： 厚约1厘米，灰黑褐色，不规则的深纵裂，极粗糙，韧皮部褐色，略有甜味。

木材： 半环孔材。心边材略现，界限不分明。心材小，约占直径40%，暗红棕色，边材淡黄棕色，纵切面较淡。生长轮略明显，略呈规则的波浪形，年轮界分明。髓心淡黄褐色，近星形。径约2毫米，结实。管孔中等大小至大，环孔带的管孔大，肉眼显著可见，非环孔带的中等大小至小，10倍镜下容易计算，全为单管孔。管孔呈径向排列，聚集成单行或成串，常有10~20个管孔成径向，6~10个成斜向排列，常略弯曲。环孔带由一行大管孔弦向构成，有时局部达2~4行，环孔带的管孔少，每平方毫米4个。非环孔带的管孔中等，多，每平方毫米6个，侵填体局部普遍，呈反光点，有些充满管孔，局部普遍具有固体堆积物，呈淡红褐色。薄壁组织丰富，肉眼可见，10倍镜下可判别，仅离管型。星散薄壁组织呈短的纤维线和小点，

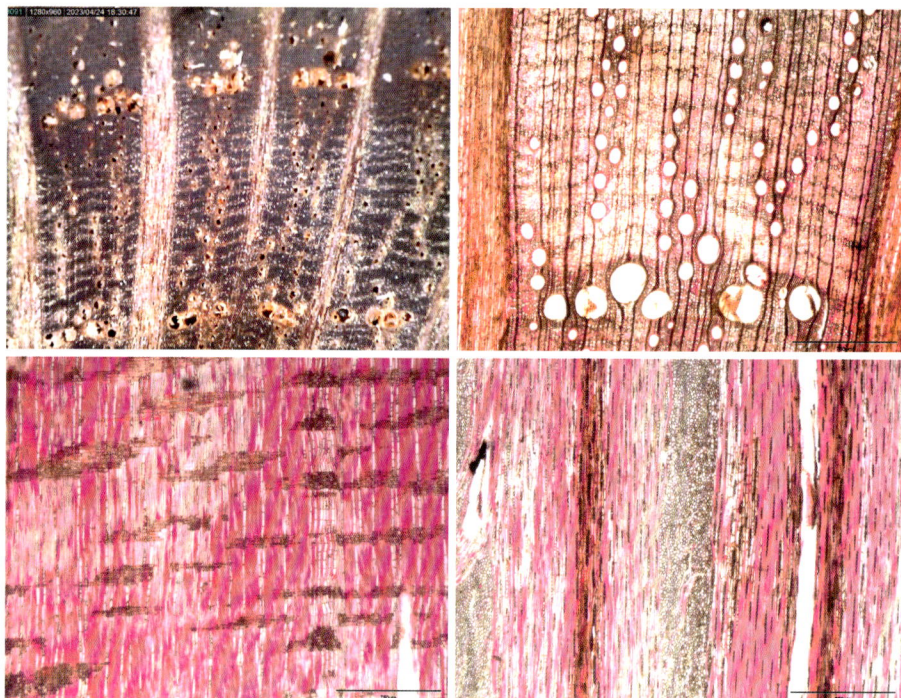

分布射线内和两侧密集作带状，规则地密布于年轮中，每毫米有带6行，在宽射线间呈现向外凸出的弓形，也有呈小点分布于带的附近和管孔周围。薄壁组织色较淡且亮。常呈很密集的、稍大的小点，显著。木射线非叠生，射线有宽和窄两种大小。宽射线肉眼可见，自髓心头几轮向外增宽。髓心附近可见极窄的射线集合，宽可达0.5毫米或稍大，弯曲。宽射线大小不一致，间距也不等；极窄射线10倍镜下可计算，大小一致，间距相等。宽射线间的极窄射线，多数为12~25条。射线很多，每毫米11~14条，弦切面上宽射线显著可见，纺锤形，高度可以达到5毫米；极窄射线在10倍镜下仅可辨别。环管管胞显著，10倍镜下易判别，包围大多数管孔，相连成宽带，似环管薄壁组织，但色稍深和暗。常有呈发亮小点的星散薄壁组织，分布其附近和当中，环孔带的管孔周围的薄壁组织更显著，其环管管胞不多。

木材利用： 木材纹理交错，结构也较粗糙。材质硬、很重，加工较难。切面很难平滑，干燥后有时沿宽射线开裂，但并不变形，不很耐腐，较易为变色菌侵染。纵切面缺乏光泽，材色不鲜明。适于作木梁、柱、机械器具和农具等用材。宜制成木方材利用或木板（以麻栎和盘壳栎的环管管胞最显著，易被误为环管薄壁组织）。

铁灵花

Celtis philippensis var. *Wightii* (Planch.) Soepadmo

榆科朴属

\四类材/
28

别名：菲岛朴、朴子树、朴榆、桑仔（海南）

树皮： 浅灰色，不开裂，粗糙，石细胞脆，层片状、带黑（芝麻糖状）。

木材： 环孔材。黄褐色、灰黄褐或栗褐色。心边材区别不明显，易呈蓝变色，有光泽，无特殊气味和滋味。生长轮明显，宽度不均匀至略均匀，每厘米2~3轮。早材管孔中至略大，在肉眼下可见至明显，连续排列成早材带，宽2~5个（通常2~3个）管孔，侵填体可见；早材至晚材略急变，晚材管孔小至略小，在放大镜下可见，排列成断续弦向带或斜列，间或呈波浪形。轴向薄壁组织，在肉眼下可见，傍管状，通常围绕晚材管孔排列成斜列或波浪形弦列。木射线非叠生，单列射线少，多列射线数多，宽2~10细胞。木射线密度中，在肉眼下可见至明显，比管孔小，径切面上有射线斑纹。

木材利用： 纹理通直、结构略细、切割容易、切面光滑，干燥时无严重缺陷产生，边材易呈蓝变色。木材弦向锯板富于花纹，适于制作家具、建筑用门窗、地板及其他室内装饰等，车辆、船舶、弯曲木（如凳子脚等），农具及其他用具、体育用具、胶合板、车工、箱盒等。

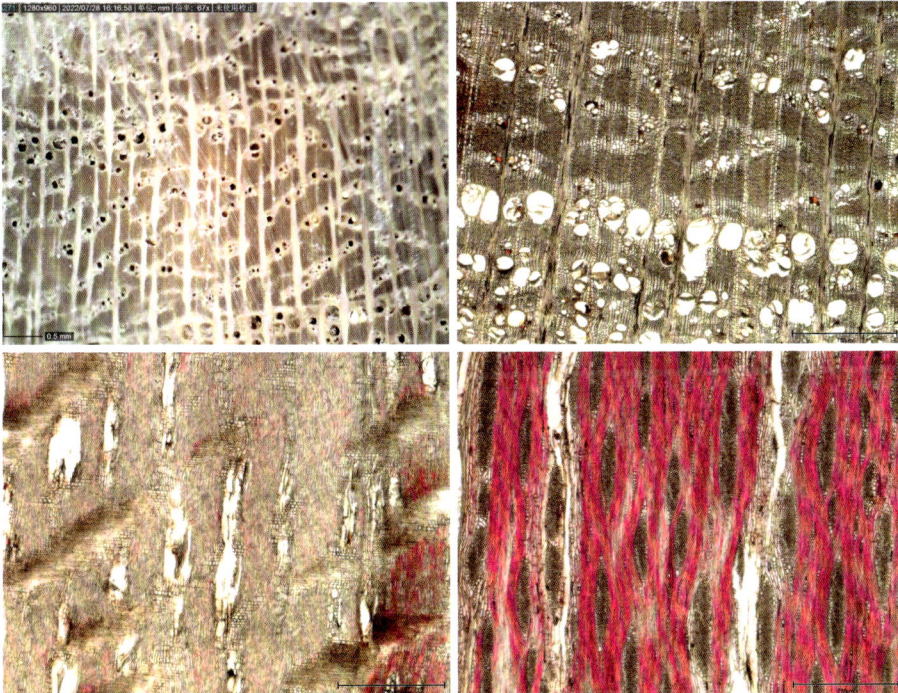

麦珠子

Alphitonia incana (Roxb.) Teijsm. & Binn. ex Kurz

鼠李科麦珠子属

别名：山油麻、岭白蒲、白面松、白肉松、叶山亮、白鸽树、银树、蒙蒙木

树皮： 厚2~3毫米，灰白色至灰褐色，近平滑，微纵裂，有环纹，表层薄，可剥出，下层表面紫红，内皮血红，皮底浅红沙示气浓，皮麻韧，易剥离。

木材： 散孔材，淡红棕色带紫，纵切面较淡。生长轮明显，因通常轮末呈现很窄的稍深色纤维层，年轮界颇明显。髓心红褐色，圆形，径约2毫米松软。管孔中等大小，肉眼隐约可见，10倍镜下易计算。单管孔占多数，复管孔普遍，以径向复管孔为主，由2~3个或达4个管孔组成。管孔分散分布，局部呈斜向排列，或倾向于此，年轮末通常较少，且略显纤维层。管孔中等多，每平方毫米9个，侵填体未发现，固体堆积物则普遍为淡黄色和白色。弦切面上导管线肉眼可见呈小沟，10倍镜下见沟壑，普遍反光，偶见少量侵填体，乳白色并反光，局部普遍充满堆积物呈淡黄色和白色。薄壁组织丰富肉眼不见，10倍镜下易判别，仅傍管型，几乎全部管孔具有环管薄壁组织。木射线非叠生，单列射线数多，多列射线少，宽2细胞，通常仅成窄的环。射线很窄，肉眼不见，10倍镜下可计算。射线大小不一致，间距不等，普遍具棕色微点局部很显著，多，每毫米9条。弦切面上肉眼隐约可见，10倍镜下清楚，呈窄纺锤形，常局部倾向于呈梯阵排列。

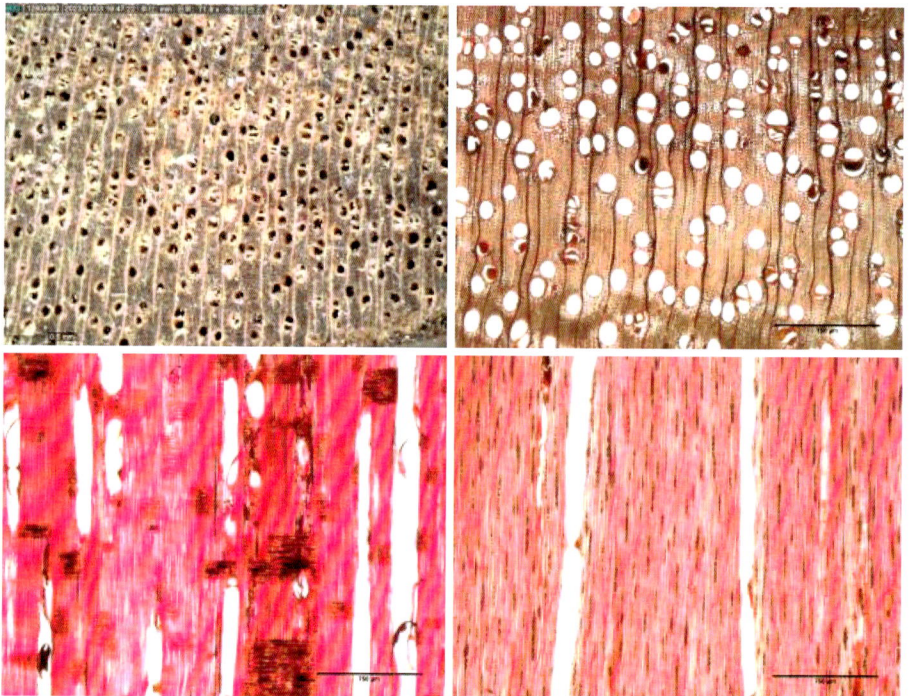

木材利用： 木材纹理通直、结构细致、材质稍软且轻，加工容易。干燥后稍开裂、稍变形，不很耐腐。纵切面具光泽，材色淡且一致，颇美观。适于作天花板、门窗、家具、文具用品、箱板及其他板材用料。

长柄鼠李

Rhamnus longipes Merr.et Chun

鼠李科裸芽鼠李属

别名：鼠李

树皮： 皮面灰褐色，具浅纵裂并有微横裂，外皮硬，或有小块脱落，表层下面鲜红色，内皮棕黄，层片状，细砂纹，具臭蛋气，材身深黄，波状起伏。

木材： 散孔材，有半环孔材倾向。边材淡黄色，心材粟褐或浅红褐。生长轮明显，早材管孔约4列，轮间呈深色纤维层，宽度均匀，每厘米4~8轮。管孔甚小，稀至略少，10倍镜下明显。管孔大小一致、分布不均匀，排列呈树枝状，Y字形。轴向薄壁组织可见轮界状及傍管状。木射线非叠生，单列射线数少，多列射线为多，宽2~3细胞，木射线略密，细至极细，小于孔径，10倍镜下可见，径切面上射线斑纹可见。

木材利用： 木材纹理直、结构细、均匀、干缩小、质硬、重量中等。干燥容易，

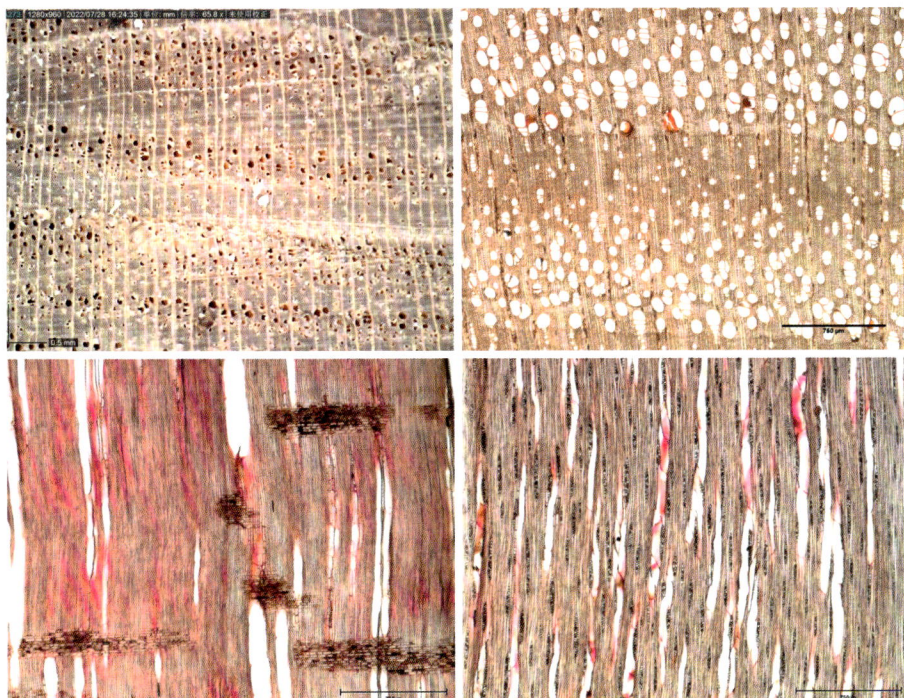

无开裂，耐腐。本种无大材，通常用作车璇，如擀面杖、农具柄、钻辘、雕刻、日用小器具等。

十蕊槭

Acer laurinum Hassk.

槭树科槭属

别名：白背槭、白叶材、阔翅槭、海南槭、长翅槭、十蕊枫

\四类材/
31

树皮： 厚3~5毫米，灰白色质淡灰绿色，近平滑，有细纵裂纹，内皮淡褐色，纤维柔韧，有腥味

木材： 散孔材。淡棕色，纵切面为很淡的红棕色。生长轮略明显，因薄壁组织带存在，年轮末处管孔并不明显减少，年轮界很难确定，仅局部稍微清楚。髓心淡褐色，橄榄形，短径1毫米，长径2毫米，松软。导管小、肉眼不见，10倍镜下可计算。单管孔占多数，复管孔普遍，以径向复管孔为主，由2~3个或达4个管孔组成，有少数斜向；管孔团个别，由3~5个管孔组成。管孔分散分布，局部倾向于呈斜向或径向排列，分布均匀，通常轮末并不显著减少。管孔多，每平方毫米17个，侵填体和固体堆积物未发现；弦切面上导管线肉眼可见，呈细线，10倍镜下偶见少

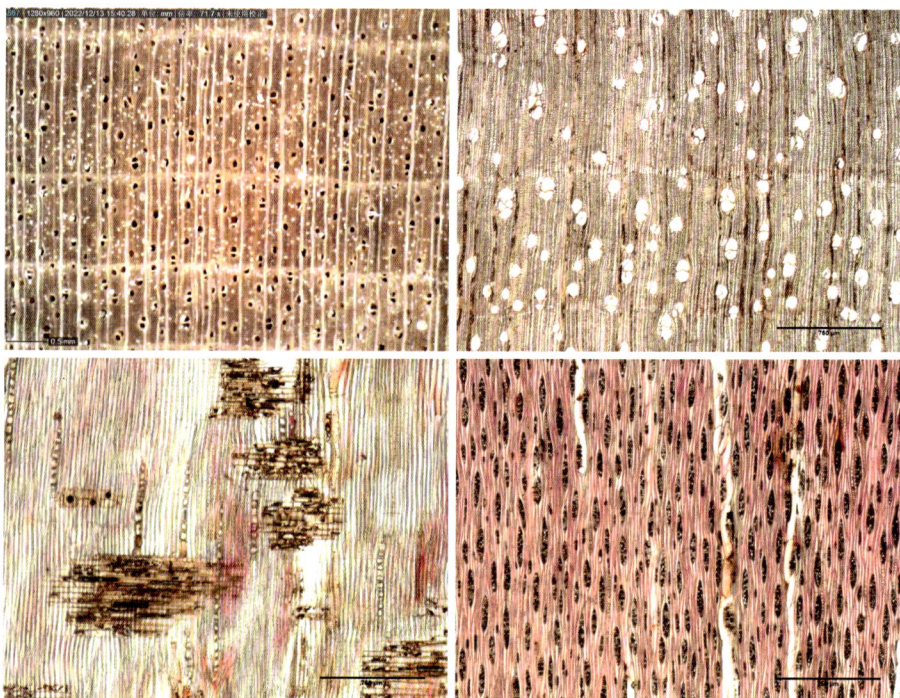

量侵填体、乳白色、略反光。薄壁组织丰富，肉眼隐约可见，10倍镜下易判别；傍管型稍多，多数管孔具有环管薄壁组织，宽度比管孔小，离管型的薄壁组织比射线宽，显著可见，多数年轮中常有类似的薄壁组织带，有时达2条，与轮界薄壁组织很难区分，借管孔的分布情况可以帮助区别。另有少量星散薄壁组织，呈小点，分布于射线间。木射线非叠生，多列射线为多，宽2~4细胞。射线很窄，肉眼隐约可见，10倍镜下可以计算。射线大小近一致，间距不等，每毫米9~10条，弦切面上隐约可见，10倍镜下清楚，不呈纺锤形。

木材利用： 木材纹理通直，结构细致、均匀，材质硬且重，加工容易。干燥后会开裂，稍变形，不很耐腐，材色鲜明美观。适宜制作房建、上等家具、造船、桥梁、农具等，较适于作室内木料。

乌材柿

Diospyros eriantha Champ.ex Benth.　柿树科柿属

别名：乌蛇、乌材、海南柿、米汉、米来、乌眉、乌木、小叶乌椿、乌杆仔、乌材仔

\四类材/
32

树皮： 厚3~4毫米，暗灰色，鳞片状开裂，近韧皮部有一黑色薄层，韧皮部为淡棕褐色，脆，有甜味。

木材： 散孔材。淡黄褐色，纵切面淡黄褐色带棕，切面久置后逐渐变成灰黑色。生长轮不明显，年轮界不分明，仅局部轮末管孔较小、较少，大致可以确定年轮界。髓心灰褐色，圆形，直径2毫米，结实。导管大至中等大小，肉眼可见，10倍镜下易计算。复管孔占多数，以径向复管孔为主，由2~3个或达7个管孔组成；管孔团仅偶见，由3~4个管孔组成；单管孔普遍，管孔呈不显著的径向或斜向排列，方向不一、分布均匀，仅局部年轮末较显著的少；管孔少，每平方毫米2~4个，侵填体未发现。弦切面导管线肉眼可见，呈小沟，10倍镜下仅局部呈侵填体，乳白色，略发光，偶见固体堆积物，淡黄褐色。薄壁组织丰富，肉眼不见，10倍镜下可判别，离管型为主，星散薄壁组织呈纤细弦向细线，形成小点，分布于射线间，常弦向聚集作纤细的带状，约与射线等宽，颇规则地分布于年轮中，每毫米约6行带；傍管型薄壁组织多数管孔具有，宽度比管孔小，但仍显著可见。木射线非叠生，异形单列，射线极窄，肉眼隐约可见，10倍镜下难以计算，射线大小一致，间距近等，很多，每毫米10~12条，弦切面上呈层状构造，肉眼清楚可见，10倍镜下且射线排列成层，每厘米23层。

木材利用： 木材纹理通直、结构细致、材质稍软且轻、加工容易。干燥后稍变形，不很耐腐，纵切面平滑，略有光泽。材色淡，久置后渐变黑色。适宜制作一般建筑、梁、柱、门窗，制作小件用器和一般家具。果实可制柿饼，熟可生食，也可酿酒，柿带可作药用。

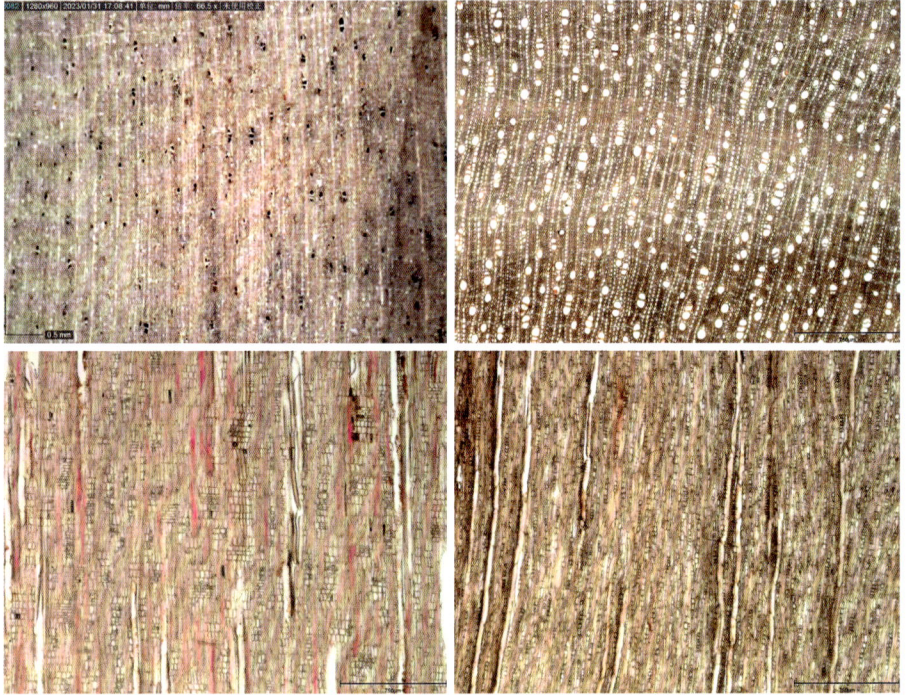

Ardisia densilepidotula Merr.

紫金牛科紫金牛属

\四类材/
33

密鳞紫金牛

别名: 山龟、龟树、大叶紫金牛、仙人血树、黑度、山麻皮、罗芒树

树皮: 厚1厘米，暗灰褐色，近平滑，内皮赭褐色，砍伤后分泌有少许深褐色黏乳状液体，无味。

木材: 散孔材。暗棕褐色，纵切面淡棕褐色，生长轮不明显，年轮界很难确定。髓心淡褐色，近圆形，宽4毫米，10倍镜下见有分泌沟，充满深褐色内含物，呈小圆点，很密。管孔很小，肉眼下不见，10倍镜下可计算。复管孔占多数，以径向复管孔为主，由2~3个管孔组成，少数斜向至弦向；管孔团偶见，单管孔普遍。管孔分散分布，倾向于呈径向排列，局部在轮末呈现很窄的较深色的纤维层，借以确定年轮界。侵填体未发现。弦切面上导管线呈细线，因射线宽且高，10倍镜下不清楚。薄壁组织不丰富，仅傍管型，多数管孔具有窄的环管薄壁组织，常不呈完整的环。木射线非叠生，异形多列，多列射线宽2~10细胞，肉眼可见，宽度比管孔大，常局部变窄，微弯曲，间距不等，少，每毫米2条。弦切面上肉眼显著可见，呈长而窄的纺锤形，高度可达20毫米，通常2~9毫米。此外，木材呈单宁反应，反应缓慢，

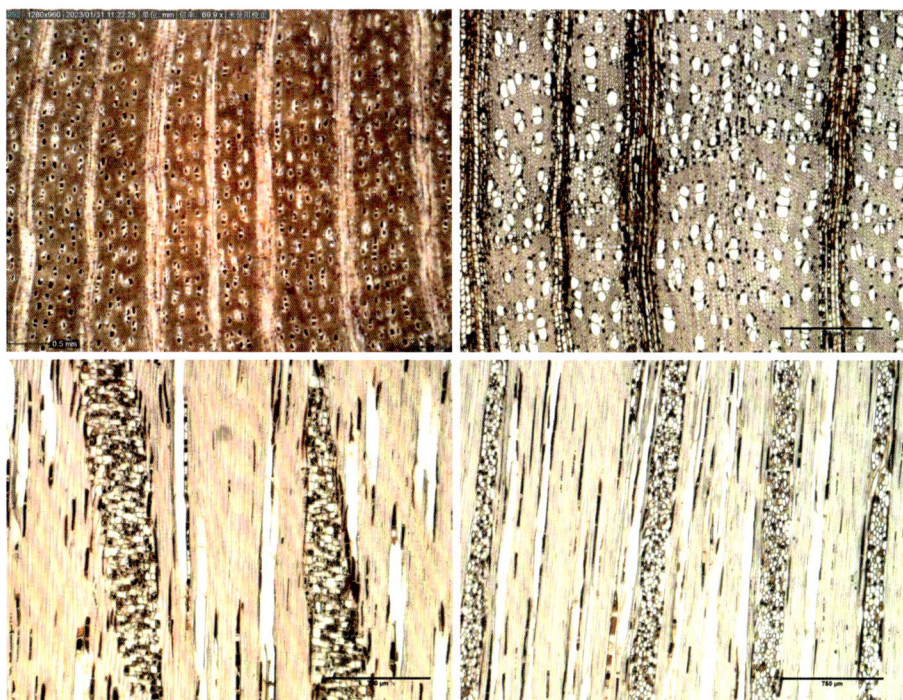

固定后呈蓝黑色。

木材利用： 木材纹理交错、结构细致、材质硬且重。干燥后会沿宽射线开裂，不变形，不很耐腐，色泽较沉。适于制作农具、器具、梁柱、把柄、家具等，一般只见小、中径材，较宜作枋材用。树皮、树根可入药。

<table>
<tr><td>密花树</td><td>*Myrsine seguinii* H. Lév.
别名：山花、打铁树、长叶打铁树</td><td>紫金牛科密花树属</td><td>\四类材/
34</td></tr>
</table>

树皮： 厚5~7毫米，暗灰色，平滑，内皮深褐色，由射线延伸成规则的层次，略有甜味。

木材： 散孔材。紫棕色，纵切面棕红色。生长轮不明显，年轮界不分明，难确定，通常轮末管孔稍少，局部较显著，可借以确定年轮界。髓心淡褐色，圆形，直径3毫米，松软。管孔小，肉眼不见，10倍镜下可计算。复管孔占多数，以径向复管孔为主，由2~3个或达4个管孔组成，偶见斜向；管孔团局部常见，由3~5个管孔组成；单管孔普遍。管孔分散分布，常倾向呈径向排列，少与射线接触，分布均匀，通常年轮末梢较疏，局部在年轮开始处较密集。管孔很多，每平方毫米23~28个，

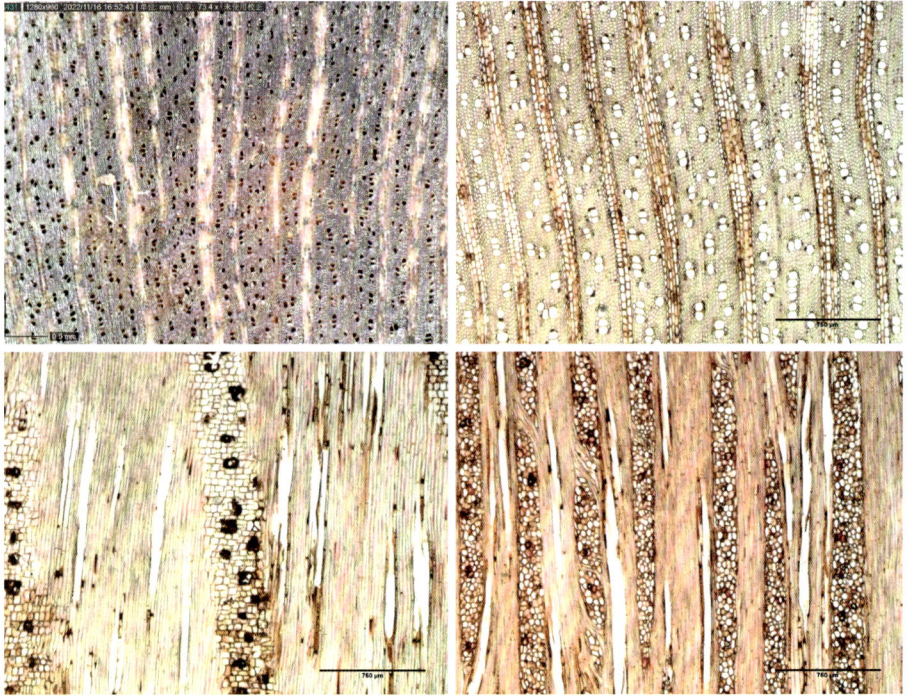

侵填体未发现。弦切面上导管线肉眼隐约可见，呈纤细线，10倍镜下可判别，仅傍管型。多数管孔具有环管薄壁组织，通常仅呈很窄的环或不完整的环包围导管。木射线非叠生，异形多列，射线宽至10余细胞，肉眼可计算。大小近一致，间距不等，自髓心及头几轮向外略增宽，通常为管孔的2~3倍，每毫米2条；弦切面上肉眼可见，10倍镜下清楚，呈长纺锤形，高度可达20毫米。射线在各切面上，10倍镜下清楚见橙黄色点，为射线上的异细胞囊。木材呈单宁反应，反应较慢，10倍镜下观察不出变化过程，固定后呈黑色，纵切面色较淡。

木材利用：木材纹理交错、结构细致，材质稍硬且重、略韧，加工较难。干燥后稍开裂，并变形，颇耐腐。切面光滑具光泽，材色一致，木材久置后色变得深暗，宽射线在近于径向切面上呈现花纹。适于制作房建门、窗、柱、车辆、农具、家具等。利用时应注意干燥和加工上的变形和开裂。

倒吊笔

Wrightia pubescens R. Br.　　夹竹桃科倒吊笔属

别名：苦常、刀柄、马凌、广东倒吊笔

树皮： 薄，厚约3毫米，灰白色至灰黄色，稍粗糙，薄片状脱落，内皮淡黄色，有大量白色乳液，韧皮纤维柔韧。

木材： 散孔材。黄白色，纵切面色更淡。生长轮明显，因年轮末呈现较深色纤维层，年轮界易确定。髓心淡黄色，近椭圆形，短径1毫米，长径2毫米，松软。管孔小至很小，肉眼不见，10倍镜下可计算。复管孔占多数，以径向复管孔为主，由2~3个或达5个管孔组成；管孔团常见，由3~4个管孔组成；单管孔不普遍。管孔分散分布，局部倾向于呈径向或弦向排列，分布均匀，年轮末梢较少和小，借以帮助确定年轮界。管孔多，每平方毫米15~17个。弦切面导管线肉眼可见，呈细线，10倍镜下普遍具少量侵填体，乳白色，反光。薄壁组织丰富，肉眼不见，10倍镜下可判别，几乎全为离管型。星散薄壁组织，呈极短的纤细线和小点，分布于射线间或两侧，均匀密布于年轮中，轮末局部稍疏，通常呈现较深色层次，借以确定年轮界。傍管型薄壁组织，仅少数管孔具有，常不呈完整的环包围导管。木射线非叠生，单列射线较多，多列射线宽2~4细胞。射线极窄，肉眼不见，10倍镜下难以计算。射线大小不一，常局部稍增宽，有时呈两种大小，间距不等，每毫米12~14条，弦切面上肉眼不见，10倍镜下易难判别。

木材利用： 木材纹理通直、结构细致，材质稍软且轻，加工容易。刨切性能佳，

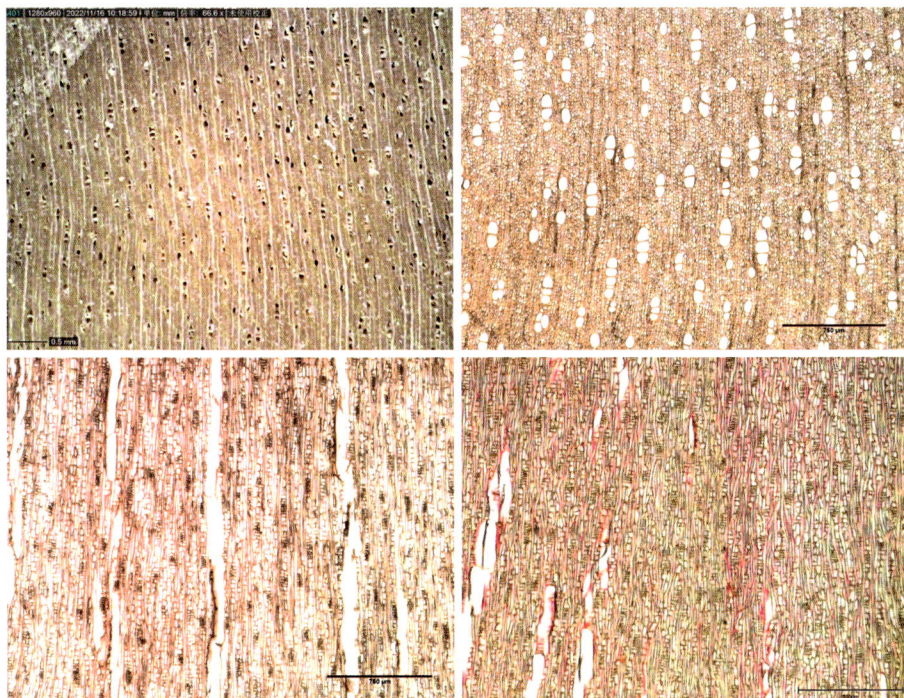

干燥后不变形、不开裂，不耐腐，易受变色菌侵染。适于作室内细木工用材，可雕刻、用于图章和乐器小提琴。树皮具丰富纤维，可制人造棉和造纸，也可为庭院观赏树木。

<table>
<tr><td>猫尾木</td><td>*Markhamia stipulata* Seem.
别名：猫尾、齿叶猫尾木、西南猫尾木</td><td>紫葳科猫尾木属</td><td>\四类材/
36</td></tr>
</table>

树皮： 厚6~7毫米，灰黄色，平滑，薄片状脱落，韧皮褐色纤维层，略有甜味。

木材： 半环孔材。暗淡的红棕色，纵切面淡黄棕色带红。生长轮明显，年轮界分明。髓心淡红棕色，星形，宽4毫米，松软。管孔中等大小至小，肉眼局部可见，10倍镜下易计算。复管孔占多数，以径向复管孔为主，由2~4个管孔组成，有少数斜列；管孔团常见，由3~6个管孔组成；单管孔普遍。管孔斜向排列或弦向，并常呈不规则的微波浪形，年轮内部较密集，外部显著少和小。生长轮中常出现局部较大的管孔带，易与年轮界混淆。导管中等多，每平方毫米9~10个，侵填体偶见，呈极小的反光点。弦切面上，导管线肉眼可见，呈小沟，10倍镜下偶见侵填体，乳白

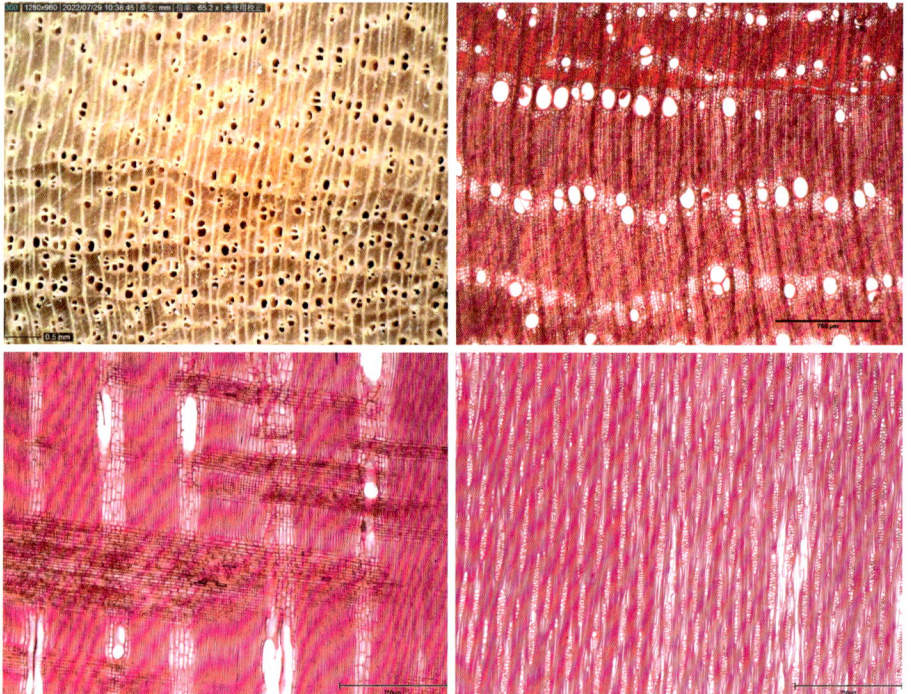

色且略反光。薄壁组织丰富，肉眼可见，10倍镜下可判别，傍管型为主。全部管孔都具有，除少量环管至翼状外，多为聚翼状薄壁组织，并且连成长短不一的带；离管型的轮界薄壁组织，约与射线等宽，显著可见，常与傍管型相连；星散薄壁组织呈小点，偶见。木射线非叠生，单列射线甚少，多列射线多，宽2~3细胞。射线窄，肉眼隐约可见，10倍镜下易计算。射线大小不一致，间距不等，每毫米6~7条，弦切面上肉眼隐约可见，10倍镜下清楚，呈窄纺锤形。

木材利用： 木材纹理通直、结构细致，材质稍硬且轻，加工容易。干燥后不变形、少开裂，略能耐腐。切面平滑具光泽，材色浅淡而略鲜明。适于用作梁柱、桁椽、门窗、家具、板料（床板、房板）等用材。

海南菜豆树

Radermachera hainanensis Merr.

紫葳科菜豆树属

别名：大叶牛尾林、牛尾林、大叶牛尾连、绿宝、幸福树、大叶牛尾

\四类材/ 37

树皮： 厚1~2厘米，暗灰黄色，呈细薄片状脱落，内皮发达，纤维呈层片状，暗褐色，略有腥味。

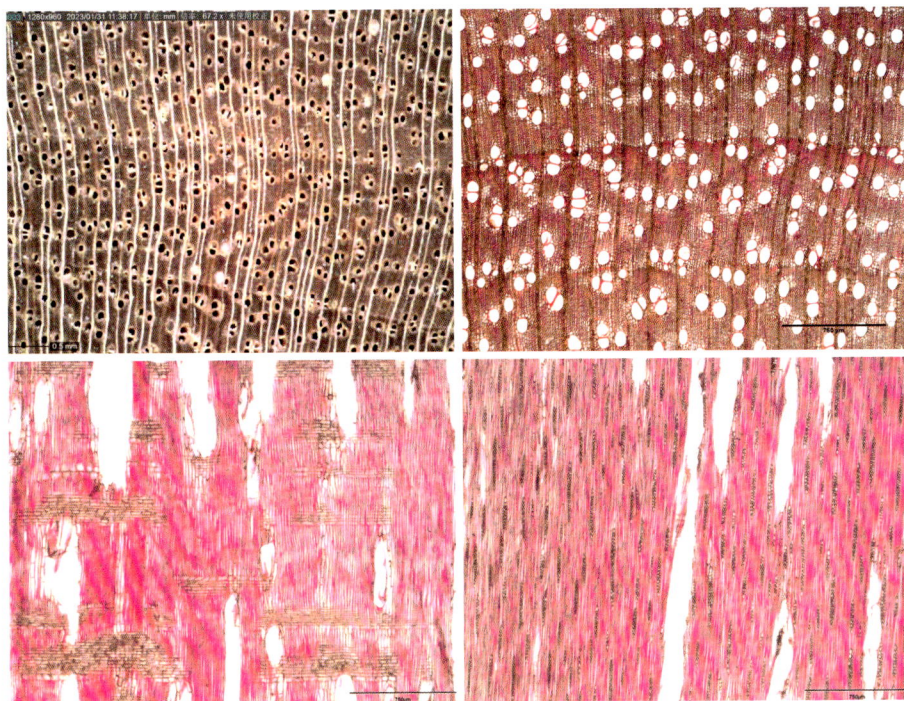

木材: 散孔材。暗淡的红棕色,纵切面淡黄棕色带红,生长轮不明显,年轮界不分明,但从管孔的分布仍可确定。髓心黄棕色,椭圆形,短径2毫米,长径3毫米,结实。管孔中等大小至小,肉眼不见,10倍镜下可计算。复管孔占多数,以径向复管孔为主,由2~3个管孔组成,有少数斜向;管孔团常见,由3~5个管孔组成;单管孔普遍,局部占多数,头几轮更显著。管孔分散分布,常局部呈斜向或弦向排列,通常年轮末稍疏,局部显著,可借以确定年轮界。管孔多,每平方毫米16~19个,侵填体未发现。弦切面上导管线肉眼可见,呈细线,10倍镜下偶见少量侵填体,乳白色,略反光,局部见固体堆积物,深黄色。薄壁组织丰富,肉眼隐约可见,10倍镜下可判别,傍管型为主。全部管孔具有,多数为环管薄壁组织,宽度通常比管孔小,多数为短翼状至聚翼状薄壁组织;离管型的轮界薄壁组织带,比射线窄,借以确定年轮界,但常局部断续,一些年轮中的局部也有类似带。木射线非叠生,单列射线数少,多列射线多,宽2~3细胞。射线极窄,肉眼不见,10倍镜下可计算。射线大小一致,间距不等,每毫米6~8条,弦切面上隐约可见,10倍镜下清楚,呈纺锤形。

木材利用: 木材纹理通直、结构细且均匀,材质硬且稍重,加工容易。干燥稍开裂,不变形,耐腐。纵切面平滑且有明亮光泽,生长轮略现于花纹,颇美观。适于作梁柱、桁桷、门窗、地板、车辆、农具等用材,尤适于作美工用材。

山牡荆	*Vitex quinata* F. IV. Williams	马鞭草科牡荆属	\四类材/ **38**
	别名:乌苇、牡荆、越南牡荆、灰牡荆、大叶莺哥、五叶牡荆、薄姜木、乌甜、莺歌		

树皮: 厚2~3毫米,灰黄色至灰黑色,具细皱纹而仅平滑,内皮灰黄褐色无味或略带甜味。

木材: 散孔材。黄白色,纵切面带灰色。生长轮不明显,年轮界不分明,从管孔的分布大致可以确定。髓心白色,近矩形,短边1毫米,长边约2毫米,松软。管孔中等大小,每平方毫米9~10个,肉眼隐约可见,10倍镜下易计算。单管孔占多数,复管孔不普遍,其中以径向复管孔为主,由2~3个管孔组成,有少数斜列;管孔团偶见,由3个管孔组成。管孔分散分布,局部倾向于斜向排列,通常在年轮内部或中部,管孔显著增多,在年轮开始的界限不明显。侵填体未发现。弦切面上导管线可见,呈细小沟,10倍镜下见沟壁发光,偶见少量侵填休。薄壁组织不丰富,肉眼不见,10倍镜下可判别,傍管型为主。大多数管孔具有环管薄壁组织,宽度比管孔小,有些呈不完整的环包围导管;离管型薄壁组织比射线窄,仅见于局部轮界上,年轮中局部有类似的短带。木射线非叠生,单列射线甚少,多列射线多,宽2~4细胞,同一射线内间或出现2次多列部分。射线窄,肉眼隐约可见,10倍镜下不易计

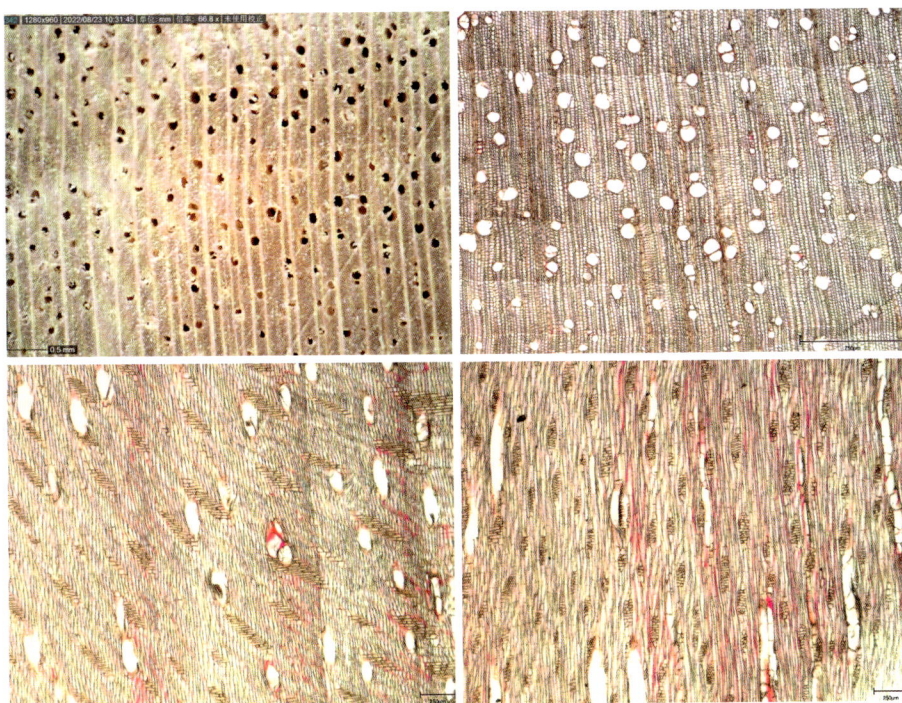

算，射线大小不一致、间距不等，每毫米6~8条，弦切面上肉眼隐约可见，10倍镜清楚，呈纺锤形，常呈梯阵排列，或倾向于此。

木材利用： 木材纹理通直、结构细致，材质稍软且轻，加工容易。干燥后不变形、少开裂，不耐腐。纵切面平滑且具较强的光泽，材色鲜淡，颇美观。适于作桁桷、门窗、天花板、文具等用材，也可作家具床板等。

参考文献

成俊卿, 杨家驹, 刘鹏 . 中国木材志 [M]. 北京 : 中国林业出版社, 1992.

成俊卿 . 中国热带及亚热带木材识别、材性和利用 [M]. 北京 : 科学出版社, 1980.

卫广扬 . 东南亚木材识别与用途 [M]. 合肥 : 安徽科学技术出版社, 1988.

郑万钧 . 中国树木志 [M]. 北京 : 中国林业出版社, 1983.

中国科学院华南植物研究所 . 中国广东植物志 [M]. 广州 : 广东科技出版社, 1987.

陈焕镛 . 海南植物志 [M]. 北京 : 科学出版社, 1965.

符国瑗 . 海南岛热带雨林主要经济立木彩色图鉴 [M]. 北京 : 人民日报出版社, 2008.

符国瑗 . 海南岛热带雨林主要经济树皮彩色图鉴 [M]. 北京 : 人民日报出版社, 2011.

邢福武, 秦新生, 张荣京 . 等中国热带雨林地区植物图鉴 [M]. 武汉 : 华中科技大学出版社, 2014.

腰希申 . 中国主要木材构造扫描电子显微镜 [M]. 北京 : 中国林业出版社, 1988.

广东省林业科学研究所 . 海南主要经济林木 [M]. 北京 : 农业出版社, 1964.

附　录

1. 壳斗科小结

①管孔可见。散孔材（青冈、槠）、半环孔材（锥木属）、环孔（麻栎）；②几乎全为单孔。火焰状（锥木属）、长径列溪流状（槠、青冈）；③射线明显（少数锥不明显）。

红绸：皮麻韧，可层分，槽纹短，曲浅，薄壁组织可见（每毫米有短弦带），材端部分油斑（可燃），油气与树皮同。

槠木：（如脚板槠）皮脆，不易层分，槽纹长、直、深，薄壁组织较不明晰，每毫米有带9行，材端部无油斑。

白槠（如姜磨槠）：射线特别宽，两条射线在皮部合二为一所造成，材身槽棱整齐，槽底平，木材易开裂，质较软。

毛果槠：材身常具大疤块凸起，材身上的槽棱远比正常者细小，横面有夹皮，心材明显，生长轮不明显。

2. 乌榄与白榄

相同点：①气味；②树脂；③髓心；④树干型；⑤大树材身多有凹槽或波纹起伏；⑥材身呈斑点状至细砂纹；⑦管孔见至明显。

不同点：乌榄，皮硬脆，皮面色浅，脱落层下粗糙（皮孔状）。心材明显，界限分明。材稍重，稍硬，材质较密致。材身射线呈斑点状。

白榄，皮较韧，皮面色稍深，脱落层下光滑。心材不显至略显，界限不分明。材稍轻稍软，较疏松，管孔明显，材身射线略呈细砂纹（白榄五类材）。

3. 木姜类树皮区别

①大萼木姜，皮面灰黑、紫黑，平滑。内皮浅黄。剥后即变黄褐，姜辣味。材稍黄，质稍软，气味同皮层。创伤色斑灰黑色，髓心呈细沟状。

②潺胶木姜，皮面灰色，浅纵裂，内皮灰黄。砍后即变紫褐、黏、姜辣气。松软石细胞米粒状，皮底不见，材色浅黄。

③柿叶木姜，皮面灰黄，内皮浅黄，石细胞砂粒状，有白纤毛，且经晒后，仍呈黄色。树十通常不直，常具留疤突，木材常呈泥鳅孔。

④变叶木姜，皮面灰褐，平滑，内皮黄色，材色姜黄色，香气浅，小乔木（鼠刺木姜同此）。

4. 山茶科和五列木科几个树种的宏观区别

红楣、厚皮香、多萼塌捷木、山赤木材。

相同点：木材红褐色，甚细致，管孔不见，单管孔数量多，射线不见或略见。

不同点：红楣、厚皮香为散孔材；多萼塌捷木、山赤为半环孔材。

从树皮区别以下树种：

①金荣，即红淡比（*Cleyera obscurinervia*），内皮呈灰紫或蓝紫色，石细胞米粒状，皮底不见。

②五列木，内皮紫红，石细胞米粒状在皮底凸出，材身有米粒状压痕，生长轮可见。

③红楣，即海南红楣（*Anneslea fragrans*），内皮深褐色，皮厚达25厘米，脆、石细胞长条状。

④厚皮香（*Ternstroemia* spp.），内皮紫红，石细胞较小，木射线略见，在材身呈细条状或不明显，树皮较五列木、金荣、红楣薄，通常1厘米。

⑤柃木（*Laplacea* spp.），包括光柃、毛柃等。皮厚，内皮紫红，石细胞米粒状至长条状，充满皮层，且皮底石细胞可见。

5.托盘青冈与青冈栎、早毛青冈宏观区别

①托盘青冈（盘壳青冈）：皮面黄灰色或黄褐色，鳞片状，脱落层粗糙，坚硬，不易捏碎，内皮血红，味苦，略黏，材色槽纹纺锤形，比红椆稍大，材色棕红，坚硬较易晒裂。射线明显，大小不均，间距不等。管孔明显，短线状列。

②青冈栎：皮面灰色而粗糙，常具环纹，内皮红，略黏，材身槽棱均匀，而平行，材暗红。心材不明显。射线明显，自髓心射出星散，呈短弦线。薄壁组织明显（椆类较不明显，或射线、聚合射线在与髓心一定距离处才聚合）。

③早毛青冈：皮褐灰色，纵深沟（似枫香或海棠），厚，内皮粉红色，材身波状起伏，心材明显，红褐色，边材浅。

6.樟科琼楠属部分树种树皮区别

①二色琼楠、平滑琼楠、厚叶琼楠、肉柄琼楠、曾氏琼楠：皮面灰白色，平滑或微纵裂，有环纹，内皮棕红色、石细胞长条状，在皮底凸起，材身有米粒状或长条状压痕，横面石细胞呈粟状，皮砍不成大块，硬、脆，皮具焦糠气，晒后横裂，再后便裂成小方块。

②粉背琼楠：皮面平滑或小方块型，内皮棕红色，火焰状，微糠气，表层部分白色（皮底白色），黏、材浅棕红（较其他种色深），材身米粒状起伏。树皮干后，具红椿香气。

③脱落琼楠：皮面灰紫，皮有时厚达2~3毫米，条纵裂，块状脱落，内皮黄褐，具浓烈的马樱丹气，石细胞及木材似一般琼楠。

④山潺琼楠：内皮及树叶具有丰富黏质，可粘捕鸟类，吊罗山叫山赏。

7.樟科厚壳桂属部分树种树皮、髓心区别

①华南厚壳桂：石细胞集中皮丛外侧，髓心小。

②纯叶厚壳桂：石细胞分布于整个皮层，髓心明显，多角形。

③海南厚壳桂：石细胞长条状，在皮底凸起，髓心较小。

④白背厚壳桂：树皮棕灰色，稍平滑，纵裂，有明显的深色皮孔。

中文名索引（按拼音排序）

B

八角	080
八角带	086
八角枫	135
八角枫科	135
八角枫属	135
八角科	079
八角楠	087
八角属	079
白背槭	182
白背算盘子	164
白茶树	106
白茶树属	106
白楣	176, 192
白椿	035
白肚槁	153
白鸽树	180
白格	111
白垢哥	111
白花含笑	017
白榄	192
白梨公	107
白蜾	106
白面槁	153
白面松	180
白肉松	180
白相思	111
白颜树	121
白颜树属	121

白叶	102
白叶材	182
柏浪崖	134
拜氏荆	034
半枫荷	102
蚌壳树	062
包蜜	067
包子	135
薄姜木	190
薄叶嘉赐木	099
薄叶嘉赐树	089
抱木	150
鼻涕果	132
闭花木	105
闭花木属	105
扁担木	155
滨松	042
柄果木	037
柄果木属	037
波罗蜜	067
波罗蜜属	067, 068

C

擦罗木	071
才槁	124
菜豆树属	189
槽裂木属	139
插抽柴	143
叉脉五桠果	159
茶梨属	090

车轮梅	061
陈木	064
陈氏蒲桃	021
秤星树	124
齿叶猫尾木	188
赤兰	160
赤营	057
翅子树	102
翅子叶属	102
串羊树	163
春花	061
纯叶厚壳桂	193
刺篱木属	050
刺血	052
粗钓樟	045
粗枝崖摩	031
醋酸树	132
皴柄新木姜	083
长柄鼠李	181
长柄新木姜	078
长翅槭	083
长序厚壳桂	046
长叶打铁树	185
长叶黄柳	139

D

达仑	143
打铁树	185
大萼木姜子	153
大风子科	050,

195

海南
主要用材树种木材鉴定图谱

中文名索引（按笔画排序）

学名索引